“十二五”职业教育国家规划教材
经全国职业教育教材审定委员会审定

公路环境保护工程

(第4版)

张庆宇　翟晓静　主　编
李和志　副主编
何兆益　王　凯　主　审

人民交通出版社
北　京

内 容 提 要

本书为“十二五”职业教育国家规划教材。全书由9个项目组成，主要内容包括：基本知识、公路生态环境的保护、公路声环境建设、公路景观环境设计、公路空气环境建设、公路的其他环境建设、公路建设环境影响评价、公路工程环境监理、公路环境质量监测。

本书可作为高等职业院校道路与桥梁工程技术专业及其他土建类专业教材，也可供相关工程技术人员培训参考使用。

图书在版编目(CIP)数据

公路环境保护工程/张庆宇,翟晓静主编.—4版.
北京:人民交通出版社股份有限公司,2025.1.
ISBN 978-7-114-19860-1

Ⅰ. X322

中国国家版本馆CIP数据核字第2024YL4266号

“十二五”职业教育国家规划教材
Gonglu Huanjing Baohu Gongcheng

书　　名：公路环境保护工程（第4版）
著 作 者：张庆宇　翟晓静
责任编辑：滕　威
责任校对：龙　雪
责任印制：刘高彤
出版发行：人民交通出版社
地　　址：(100011)北京市朝阳区安定门外外馆斜街3号
网　　址：http://www.ccpcl.com.cn
销售电话：(010)85285911
总 经 销：人民交通出版社发行部
经　　销：各地新华书店
印　　刷：北京市密东印刷有限公司
开　　本：787×1092　1/16
印　　张：14
字　　数：320千
版　　次：2004年2月　第1版
　　　　　2008年7月　第2版
　　　　　2016年5月　第3版
　　　　　2025年1月　第4版
印　　次：2025年1月　第4版　第1次印刷　总第16次印刷
书　　号：ISBN 978-7-114-19860-1
定　　价：57.00元

第 4 版

前·言

Preface

党的二十大报告提出推动绿色发展，促进人与自然和谐共生。

2023 年 7 月，在广西南宁召开了全国交通运输职业教育教学指导委员会路桥工程专业委员会职业教育路桥类专业教材建设研讨会，会后决定对本教材进行修订。

本版修订主要是强化职业教育的类型特点，沿用了第 3 版的体例框架，对第 3 版中的个别文字错误、陈旧过时标准规范表述进行修订，调整、增加了部分典型公路工程实例。案例均来自公路工程实际，将岗位职责和工作流程对接，体现了产教融合，增强了教学内容的实践性。

由于年龄及工作岗位变动等原因，原编写组推荐组成了第 4 版编写团队，由河北交通职业技术学院张庆宇教授、翟晓静教授担任主编，湖南城建职业技术学院李和志副教授担任副主编，重庆交通大学何兆益教授和中建路桥集团有限公司王凯正高级工程师担任主审。项目一由河北省高速集团工程技术有限公司王海蛟高级工程师编写，项目二、三由张庆宇教授编写，项目四、五由翟晓静教授编写，项目六、九由李和志副教授编写，项目七、八由湖南城建职业技术学院陈庆讲师编写。

本版教材编写过程中，第 3 版编写人员田平、钟建民、钱晓鸥、卞贵建、刘芳以及河北省交通规划设计研究院有限公司魏贵岭给予了大力支持和帮助，尤其是第 3 版主编河北交通职业技术学院田平教授对再版工作全程进行了指导，在此表示诚挚的谢意。

由于编写人员水平所限，书中错误和疏漏在所难免，敬请读者批评指正，不胜感激。

编　者

2024 年 6 月

第3版

前·言

Preface

根据2013年8月教育部《关于“十二五”职业教育国家规划教材选题立项的函》(教职成司函〔2013〕184号)，本教材获得“十二五”职业教育国家规划教材选题立项。

本教材编写人员在认真学习领会《教育部关于“十二五”职业教育教材建设的若干意见》(教职成〔2012〕9号)、《高等职业学校专业教学标准(试行)》、《关于开展“十二五”职业教育国家规划教材选题立项工作的通知》(教职成司函〔2012〕237号)等有关文件的基础上，结合当前高等职业教育发展和公路行业发展的实际情况，对第2版作了全面修订，形成了本教材第3版。本书于2014年8月，被教育部评定为“十二五”职业教育国家规划教材。

本书第3版主要在如下几个方面作了修订或完善：

(1) 全面吸收职业教育课程改革的精华，取消“篇章节”的编排形式，全书以“项目驱动、任务引领”的形式重新编写。

(2) 依据交通运输部最新标准规范，对原第二版有关内容作了补充或完善。

(3) 调整或增加了典型环保工程实例。

(4) 本书第3版继续聘请东南大学李昶教授和河北省交通运输厅副厅长刘中林教授级高工担任主审，使本教材在理论性和实用性方面更加突出。

本教材由河北交通职业技术学院田平教授、山西交通职业技术学院钟建民副教授和青海交通职业技术学院钱晓鸥副教授任主编。项目1、项目2、项目3、项目4由河北交通职业技术学院田平编写；项目5、项目6由青海交通职业技术学院钱晓鸥编写；项目7、项目8由山西交通职业技术学院钟建民编写；项目9由湖南交通职业技术学院彭东黎编写；项目10由山东交通职业学院卞贵建、江西交通职业技术学院刘芳编写。

本书在编写中，得到了人民交通出版社股份有限公司公路职业教育出版中心主任卢仲贤、副主任丁润铎和编辑任雪莲，以及交通运输部公路科学研究院副院长（正厅级）常行宪教授级高工的帮助，尤其得到了河北交通职业技术学院教授史恩舒、马彦芹和副教授翟晓静的大力帮助，在此表示衷心感谢！

由于编者水平所限，书中错误和疏漏在所难免，敬请读者批评指正，不胜感谢。

编　者

2015年12月

目 · 录

Contents

项目一
基本知识

学习目标

1. 掌握环境的概念及分类；
2. 了解环境保护的内容、意义和基本任务；
3. 学会分析公路建设的生态效应；
4. 掌握公路环境工程的基本任务和公路环境的主要问题；
5. 能够根据公路所在地区的实际情况分析可能产生的环境问题；
6. 掌握公路环境的敏感区和环境敏感点的概念；
7. 能够根据公路建设项目所经地区的实际情况确定环境敏感点；
8. 能够准确描述公路建设各阶段的环境保护基本措施。

生态文明建设是关系中华民族永续发展的根本大计。我国经济社会发展已进入加快绿色化、低碳化的高质量发展阶段。在加快交通强国建设进程中，以安全、便捷、绿色、高效、经济、包容、韧性为主要内容的可持续交通发展方向，对公路环境保护提出了更高的要求。我们要深刻理解可持续交通发展的深刻内涵和重大意义，做生态保护的坚定捍卫者，节约集约的模范践行者，绿色发展的示范引领者。

任务一　认识环境与环境保护

一、环境

环境是指周围所存在的条件，总是相对于某一中心事物而言。对不同的对象和学科来说，环境的内容也不同。通常情况下，环境是指人类和生物生存的空间。对于人类来说，环境是指可以直接和间接影响人类生存、生活和发展的空间以及各种自然因素和社会因素的总体。

《中华人民共和国环境保护法》中将“环境”定义为影响人类生存和发展的各种天然的和经过人工改造的自然因素的总体，包括大气、水、海洋、土地、矿藏、森林、草原、湿

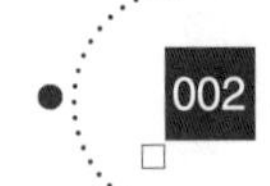

地、野生生物、自然遗迹、人文遗迹、自然保护区、风景名胜区、城市和乡村等。

按照环境的自然属性和社会属性分类，环境分为自然环境和社会环境。

（一）自然环境

自然环境是指可以直接和间接地影响人类生存和发展的一切自然形成的物质和能量的总体。它是人类赖以生存和发展的物质基础。自然环境的分类比较多，按照其主要的环境组成要素，自然环境可分为大气环境、水环境、土壤环境、声环境等。

1. 大气环境

大气是自然环境的重要组成部分，是人类生存所必需的物质。在自然状态下，大气由混合气体、水气和杂质组成。除去水气和杂质的空气称为干洁空气。干洁空气中的三种主要气体氮（N_2）、氧（O_2）、氩（Ar）的体积占大气总体积的99.96%，其他各种气体含量合计不到0.1%。在地球表面向上，大约85km以内的大气层里，这些气体组分的含量几乎可认为是不变的，称为恒定组分。

在大气中还存在不定组分：一是来自自然方面（自然源），如火山爆发、森林火灾、海啸、地震等灾害形成的污染物，如尘埃、硫、硫化氢、硫氧化物、碳氧化物等；二是来自人类活动方面（人为源），如人类的生活消费、交通、工农业生产排放的废气等。

洁净的大气对生命至关重要。大气中超过洁净空气组成物质应有的浓度称为大气污染。大气污染使得大气质量恶化，对人类的生活、工作、健康及生态环境等都产生破坏。

2. 水环境

水是人类生存的基本物质，是社会经济发展的重要资源。水环境一般指河流、湖泊、沼泽、水库、地下水、冰川、海洋等地表储水体中的水本身及水体中的物质和生物。

地球上约有97.3%的水是海水，人类生命活动和生产活动所必需的淡水水量有限，不到总水量的3%，可较容易地使用和开发的淡水量则更少，仅占总水量的0.3%，而且这部分淡水在时空的分布又很不均衡。

由于人类活动的加剧以及一些自然原因，水污染已成为当今世界一个突出的环境问题。造成污染的原因是水体受到了人类或自然因素的影响，使水的感观性状、物理化学性能、化学成分、生物组成及底质状况恶化，其中人为污染是最严重的。人为污染是指人类在生产和生活中产生的废水、废气和固体废弃物“三废”对水源的污染。水污染及其所带来的危害更加剧了水资源的紧张，对人类的健康和生存产生威胁。防治水污染、保护水资源已成为当今人类的迫切任务。

3. 土壤环境

在地球陆地地表有多种自然体存在，其中土壤作为一个重要的独立的自然体发挥着不可替代的作用，是一个非常重要的环境要素。土壤环境是指土壤系统的组成、结构和功能特性及其所处的状态。土壤是陆地表层能够生长植物的疏松多孔物质及其相关自然地理要素的综合体。土壤系统具有的独特结构和功能，不仅为人类和其他生物提供资源，而且对环境的自净能力和容量有着重大贡献。

土壤也是人类排放各种废弃物的场所，当进入土壤系统的各种物质数量超过了它本身所能承受的能力时，就会破坏土壤系统原有的平衡，造成土壤污染。同时土壤污染又会使大气、水体等进一步受到污染。

一些建设项目对土壤环境也产生诸如土壤侵蚀、土壤酸化、次生盐渍化等多方面的土壤污染影响。所以在社会经济发展的同时，注意保护土壤环境，协调两者的关系，加强土壤环境管理具有十分重要的意义。

4. 声环境

声音是充满自然界的一种物理现象。声是由物体振动而产生的，所以把振动的固体、液体和气体称为声源。声能通过固体、液体和气体介质向外界传播，并且被感受目标所接受。声学中把声源、介质、接收器称为声的三要素。

生物的生存需要声音。对于人类来说，良好的声环境有利于正常的生活和工作，也有利于人们的健康。但是不良的甚至是恶劣的声环境会直接影响人们的活动，对人类产生危害。这些不需要的声音，称为环境噪声。噪声污染的危害在于它直接对人体的生理和心理产生影响，诱发疾病，进而影响到人们的生活和工作，同时噪声对其他动物也存在不良影响。

环境噪声的来源，按污染种类可分为交通噪声、工厂噪声、施工噪声、社会生活噪声和自然噪声等。其中交通噪声是由各种交通运输工具在行驶中产生的。交通噪声大，影响区域分布广，受危害的人数众多。对噪声进行控制，保持良好的声环境是保护环境和人类健康的重要任务。

（二）社会环境

社会环境是人类在利用和改造自然环境中创造出来的人工环境以及人类在生活和生产活动中所形成的人与人之间关系的总体。

1. 社会环境的广义概念

从广义上来说，社会环境是在自然环境的基础上，人类通过有意识的长期的劳动，加工和改造了的自然物质，形成的人造物质，创造的物质生产体系，积累的物质文化，产生的精神文化的综合体，是人类活动的必然产物。

社会环境包括了除自然环境以外的众多内容，如自然条件的利用、土地使用、基础设施、社会结构、经济发展、文化宗教、医疗教育、生活条件、文物古迹、旅游景观、环境美学和环境经济等内容，在一些特殊场合也包括政治、军事等。可以说，社会环境是人类物质文明和精神文明发展的标志，又随着人类文明的演进而不断地丰富和发展，所以也有人把社会环境称为文化—社会环境。

根据社会环境的广义概念，社会环境包括以下三个方面的基本内容，反映社会环境的结构、功能和外貌。

（1）社群环境。反映社会群体的特征和结构。

①社会构成：包括性别、年龄、民族、种族、职业、家庭、宗教、社会团体和机构等。

②社会状况：包括健康水平、文化程度、居住环境、社会关系、生活习俗、通俗水平、就业与失业、娱乐、福利等。

③社会约束与控制系统：包括行政、法律、宗教、舆论等。

（2）经济与生活环境。反映生产、生活环境及其结构。

①第一、第二产业：包括农业、工业等，相应的技术、设施、条件等称为生产环境。

②第三产业：绝大多数第三产业为生活服务，属生活环境。

（3）社会外观环境。包括自然与人文景观，即自然和人文的有形体与环境氛围协调配合的系统。

2. 社会环境的狭义概念

从狭义的角度来说，社会环境仅指人类生活的直接环境。有些文献对社会环境作了这样的解释：社会环境是指人类的生活环境条件，如居住、交通、绿地、噪声、饮食、文化娱乐、商业和服务业。有的文献认为社会环境是与人类基本生活条件有关的环境，包括居住环境、交通、文化教育、商业服务以及绿化等要素，实际上是指居民的衣食住行等方面；一个开发行动或一项拟建工程项目产生的社会环境影响表现在人体健康水平、劳动和休息条件、生态平衡、自然景观和文物古迹保护等方面。有些文献认为社会环境是城市居民环境，是人为环境，并提出了社会环境质量的三原则，即舒适原则、清洁原则和美学原则。这些解释实质上是对社会环境狭义概念的解释。

3. 其他几种提法

（1）社会经济环境。

由于经济发展和生产力的提高直接促进着社会的发展和进步，一些文献习惯用社会经济环境的提法，或是把经济环境与社会环境作为同一层次上两个不同的概念，以强调经济发展的重要性。我国是一个以经济建设为中心的发展中国家，所以强调经济发展的重要性是必然的。实质上，经济环境隶属于社会环境。

（2）工程环境。

有的文献提出工程环境的概念，把环境分为自然环境、工程环境和社会环境。认为工程环境是在自然环境的基础上，由人类的工业、农业、建筑、交通、通信等工程所构成的人工环境。这种提法是在表明人类技术因素对自然的作用，同时强调工程环境与自然环境相互作用，形成"工程—自然"统一的系统。工程环境的概念和意义很重要，但在环境概念分类中它也隶属于社会环境。

（三）环境质量

环境素质的好坏及人类活动对环境的影响程度称为环境质量。环境质量包括自然环境质量和社会环境质量。自然环境质量包括物理的、化学的和生物的质量等。根据自然环境的构成要素，自然环境质量可分为大气、水、土壤、声、生态等环境质量。

社会环境质量是人类物质文明和精神文明的标志。社会环境质量包括人口、经济、文化、美学等多方面的质量。各地区的基本条件不同、社会经济发展水平不同、人口密度不同、科学技术和文化水平也不同，所以社会环境质量存在着明显的差异。衡量社会环境质量的标准：是否适宜于人类健康地生存、生活和工作，是否具有良好的社会经济效益。

拓展阅读

一、生态环境

生态环境是与自然环境在含义上十分相近的一个概念。生态环境并不等同于自然环境。自然环境的外延比较广，各种天然因素的总体都可以说是自然环境，但仅有非生物因素组成的整体，虽然可以称为自然环境，但并不能称为生态环境。生态环境是由一定生态关系构成的系统整体。生态环境仅是自然环境的一种，二者具有包含关系。

环境科学所指的生态环境是人类的生态环境，它是人类生存的自然环境和社会环境的综合体（图 1-1）。

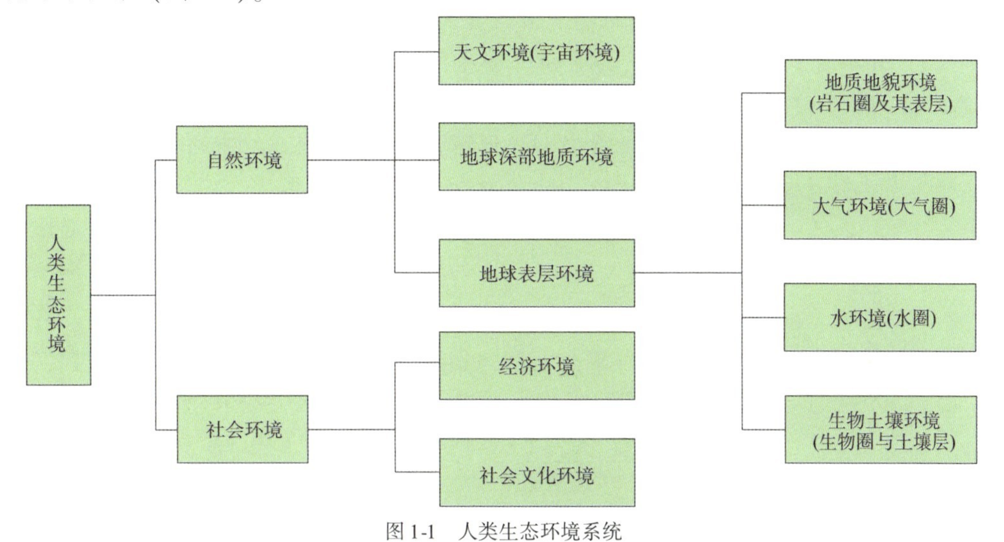

图 1-1　人类生态环境系统

二、生态系统与生态平衡

1. 生态系统

“生态系统”是英国生态学家坦斯利（A. G. Tansley）于 1935 年提出来的，是指任何一个生物群落与其周围非生物环境所构成的综合体。按照现代生态学的观点，生态系统就是生命系统和环境系统在特定空间的组合。在生态系统中，各种生物彼此间以及生物与非生物的环境因素之间相互作用、相互制约，不断进行着能量流动、物质循环和信息传递。

生态系统的类型是多种多样的，下面介绍其一般分类。

按主体特征分，有森林、草原、荒漠、冻原、河流、湖泊、沼泽、海洋、农村、城市等生态系统。

按地域特征分，有全球最大的生态系统——生物圈生态系统、陆地生态系统、海洋生态系统，还有山地、平原、岛屿等生态系统。

按性质分，有自然生态系统和人工生态系统。农田、农村、城市、水库等生态系统都属于人工生态系统。

任何一个生态系统，不论范围大小，简单还是复杂，都具有一定的结构。一个完整的生态系统由非生物的物质和能量、生产者、消费者和分解者四部分组成。

（1）非生物的物质和能量。包括太阳辐射能、水、CO_2、O_2、N_2、矿物盐类及其他元素和化合物。它们是生物赖以生存的环境条件。

（2）生产者。包括所有的绿色植物。它们通过光合作用把从环境中摄取的无机物质合成为有机物质，并将太阳能转化为化学能储存在有机物质中。它们是有机物质的最初制造者（为自养生物），为地球上其他一切生物提供得以生存的食物。

（3）消费者。动物为异养生物，是消费者有机体。以植物为食的称植食动物，如牛、马、羊等，以动物为食的称肉食动物，如虎、狮等，在食物链中它们可依次称为初级消费者、次级消费者和三级消费者或更高级消费者。

（4）分解者。主要指细菌、真菌和一些原生动物等营腐生性的生物，也是异养生物。它们依靠分解动植物的排泄物和死亡的有机残体取得能量和营养物质，同时把复杂的有机物降解为简单的无机化合物归还到环境中，使生态系统中的物质得以循环。

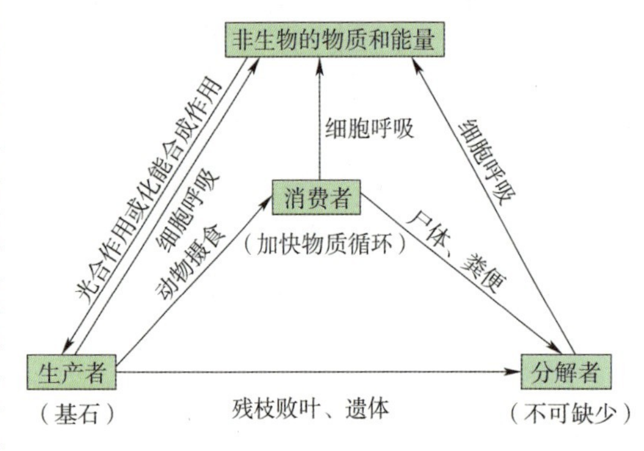

图1-2 生态系统中的物质循环与能量流动

2. 生态平衡

生态系统是一个开放系统，非生物的物质和能量、生产者、消费者和分解者之间，不停地进行着能量交换、物质循环与信息传递（图1-2）。任何一个生态系统都需经过由低级向高级，由简单向复杂的发展过程而达到相对稳定的状态。当生态系统处于相对稳定状态时，生物之间和生物与环境之间出现高度的相互适应，其动、植物数量上也相对保持稳定，生产与消费和分解之间，即能量和物质的输入与输出之间接近平衡，以及结构与功能之间相互适应并获得最优化的协调关系，这种状态就叫作生态平衡。

生态平衡具有以下重要特点：

（1）达到生态平衡的生态系统，其有机体个体数目、生物量、生产力均最大。

（2）生态平衡是一种动态平衡，任何内部或外部因素的变化都可能使这种平衡发生变化。生态系统具有自动调节能力，以保持平衡稳定。系统越成熟、组成种类越多、营养结构越复杂，对外界压力、冲击的抵抗能力就越大，受到某些破坏可以自我恢复。但是，系统的这种调节能力是有限度的，其界限称阈值，稳定系统的阈值较高。当外界干扰造成的破坏超过系统的自我恢复能力或阈值时，系统平衡被破坏，食物链关系失常，生物个体数变少，生物量下降，生产力衰退，系统的结构与功能失调，系统内物质循环及能量流动中断，最终导致生态系统的崩溃瓦解。

（3）人类是生态系统中最积极活跃的因素，人类的活动对生态平衡影响很大。一方面，过度开发与环境污染，使生态系统遭到严重破坏，甚至崩溃。另一方面，人类可以按照客观规律，用更合理的人工生态系统来替代旧的自然生态系统，建立生产力更高的良性生态平衡。

三、自然资源

自然资源是在一定的发展状况下，能被人类所利用的，存在于自然环境中的部分自然物质和自然能量，如阳光、空气、矿物、土壤、水与水能、野生动植物、森林、草场等，它们是人类赖以生存和发展的物质与能量基础。

（1）自然资源的类型。

自然资源有多种分类方法，目前较常用的且与环境保护关系密切的是根据资源的再生性等特征的分类，自然资源分类系统如图 1-3 所示。

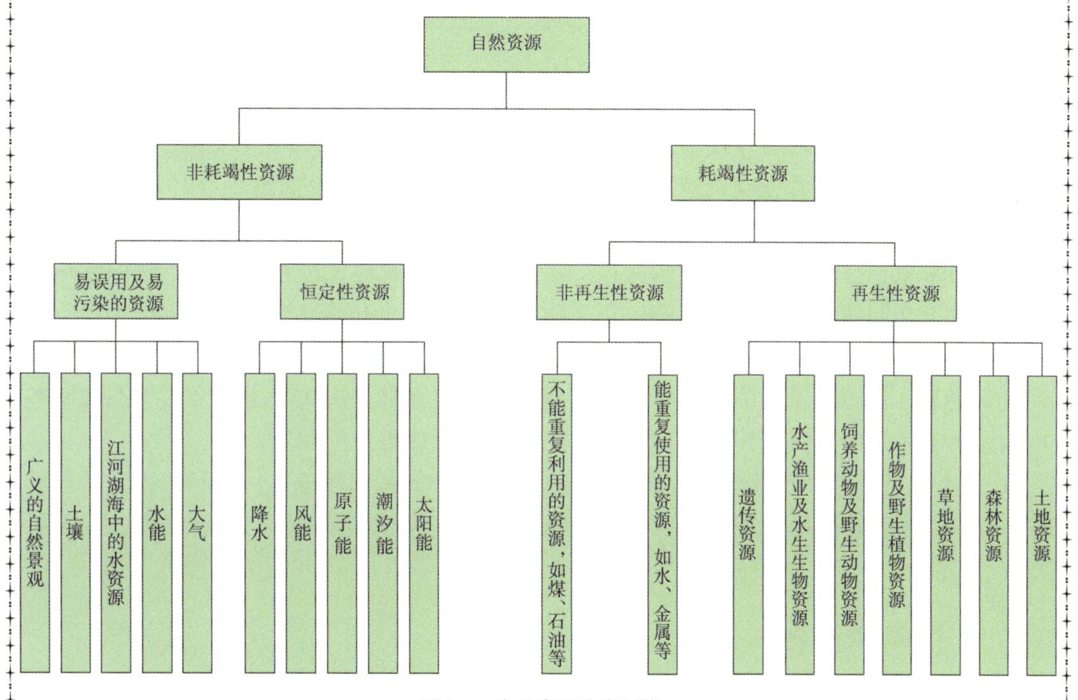

图 1-3　自然资源分类系统

（2）自然资源的主要特征。

自然资源具有整体性、有限性、地域性、变动性与稳定性、层次性、多用性、国际性等特点。随着科学技术的进步与社会经济的发展，自然环境中更多的物质和能量，都将成为可被人类利用的自然资源。因而自然资源的类型、数量都将随着社会发展而不断增加。

对自然资源的开发利用必须坚持科学规划、合理开发、有效保护、永续利用的原则。资源开发不当或过度开发，对资源及环境的影响是多方面的。以森林资源为例，大面积森林破坏造成的恶果如下：

①森林资源减少以至枯竭。

②多种林下植物大量减少或消失。

③多种林内动物大量减少或消失。
④水土流失加重，洪水、泥石流、滑坡等灾害增多。
⑤森林防风沙及保护环境功能减弱或消失。
⑥森林景观消失。
⑦释氧量减少，森林保健功能减弱或消失。
⑧小气候变劣等。

二、环境保护

中华民族历史悠久的农耕文明造就了朴素的生产与环境相协调的绿色发展思想，强调“天人合一”，倡导顺天时，约地宜，忠人和。《孟子·梁惠王》中提到：“不违农时，谷不可胜食也；数罟不入洿池，鱼鳖不可胜食也；斧斤以时入山林，材木不可胜用也。”从世界范围来看，随着工业革命的开展，人类改造自然的力度不断加大，对全球造成的不可逆的伤害也随之加深。气候异常变化带来的各种自然灾害频发，地球生物的生存环境面临极大挑战，因此也赋予了绿色发展思想新的、紧迫的现实意义。

我国历来重视自然环境的开发与保护，在社会主义国家建设进程中更是不断探索适合中国实际的生态文明建设方案。我国的生态文明思想不同于西方，具有鲜明的中国特色，从因势利导，造福百姓的官厅水库，到脱胎于执政实践的“两山论”思想，再到碳达峰碳中和重大战略决策，都体现了中国古代智慧和马克思主义唯物辩证法的有机结合。生态文明在人与自然和谐共生的中国式现代化建设进程中必将发挥更加重要的作用。

《中华人民共和国环境保护法》明确提出了环境保护的基本任务是保护和改善生活环境和生态环境，防止污染和其他公害，保障公众健康，推进生态文明建设，促进经济社会可持续发展。

（一）环境保护的概念

环境保护（简称环保）是指人类为解决现实的或潜在的环境问题，协调人类与环境的关系，保障经济社会的持续发展而采取的各种行动的总称。其方法和手段有工程技术的、行政管理的，也有法律的、经济的、宣传教育的等。

环境保护涉及的范围广、综合性强，它不仅涉及自然科学和社会科学的许多领域，还有其独特的研究对象。

（二）环境保护的意义

环境是人类生存和发展的基本前提。环境为人类生存和发展提供了必需的资源和条件。

随着社会经济的发展，环境问题已经作为一个不可回避的重要问题被提上各国政府的议事日程。保护环境，减轻环境污染，遏制生态恶化趋势，成为政府社会管理的重要任务。对于我国，保护环境是我国的一项基本国策，解决全国突出的环境问题，促进经济、社会与环境协调发展和实施可持续发展战略，是政府面临的重要而又艰巨的任务。

环境保护至少包含以下三个层面的意思。

1. 自然环境的保护

为了防止自然环境的恶化，对青山、绿水、蓝天、大海进行保护，就涉及不能私采（矿）滥伐（树）、不能乱排（污水）乱放（污气）、不能过度放牧、不能过度开荒、不能过度开发自然资源、不能破坏自然界的生态平衡等。这属于宏观层面，主要依靠各级政府行使自己的职能、进行调控来解决。

2. 地球生物的保护

地球生物的保护包括物种的保全，植物植被的养护，动物的回归，维护生物多样性，转基因的评估、慎用，濒临灭绝生物的特殊保护，灭绝物种的恢复，栖息地的扩大，人类与生物的和谐共处，不伤害其他物种等。

3. 人类生活环境的保护

人类生活环境保护的目的是使环境更适合人类工作和劳动的需要。这就涉及人们的衣、食、住、行、玩的方方面面，都要符合科学、卫生、健康、绿色的要求。这属于微观层面，既要靠公民的自觉行动，又要依靠政府的政策法规作保证，依靠社区的组织教育来引导，要工、农、兵、学、商各行各业齐抓共管，才能解决。

（三）环境保护的内容

环境保护的内容世界各国不尽相同，同一个国家在不同时期的内容也有所不同。一般地，环境保护的内容大致包括两个方面：一是保护和改善环境质量，保护人们身心健康，防止机体在环境污染影响下产生遗传变异和退化；二是合理开发利用资源，保护自然环境，加强生物多样性保护，以求维护生态平衡和生物资源的生产能力，恢复和扩大自然资源的再生产，保障人类社会的可持续发展。

环境保护的主要内容包括以下几点

1. 防治生产和生活的污染

防治生产和生活的污染包括防治工业生产排放的“三废”（废水、废气、废渣）、粉尘、放射性物质以及产生的噪声、振动、恶臭和电磁微波辐射，交通运输活动产生的有害气体、液体、噪声，海上船舶运输排出的污染物，工农业生产和人民生活使用的有毒有害化学品，城镇生活排放的烟尘、污水和垃圾等造成的污染。

2. 防止建设和开发的破坏

防止建设和开发的破坏包括防止由大型水利工程、铁路、公路干线、大型港口码头、机场和大型工业项目等工程建设对环境造成的污染和破坏，农垦和围湖造田活动、海上油田、海岸带和沼泽地的开发、森林和矿产资源的开发对环境的破坏和影响，新工业区、新城镇的设置和建设等对环境的破坏、污染和影响。

3. 保护有价值的自然环境

保护有价值的自然环境包括对珍稀物种及其生活环境、特殊的自然发展史遗迹、地质现象、地貌景观等提供有效的保护。另外，城乡规划，控制水土流失和沙漠化、植树造林、控制人口的增长和分布、合理配置生产力等，也都属于环境保护的内容。环境保护已成为当今世界各国政府和人民的共同行动和主要任务之一。我国则把环境保护作为一项基本国策，并制定和颁布了一系列有关环境保护的法律、法规，以保证这一基本国策的贯彻执行。

1. 什么是环境？
2. 什么是自然环境、社会环境、生态环境？三者的关系是怎样的？
3. 什么是环境保护？环境保护有什么意义？

任务二 公路环境与公路环境保护

一、公路环境

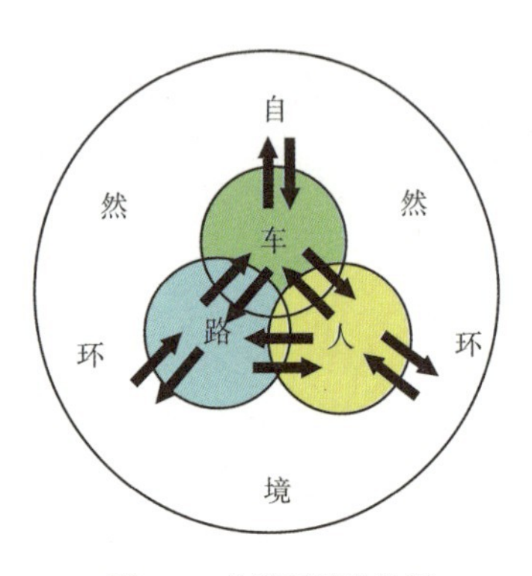

图1-4 公路环境结构图

公路环境是指与公路建设活动相关的影响人类生存和发展的各种天然的和经过人工改造的自然因素的总体（图1-4）。

与其他建设项目相比，公路项目具有点线结合，以线为主的特点。一条公路往往跨越几个省、市、地区，途经环境千差万别。由于这个特点，决定了公路环境包括环境保护法所定义的所有环境因素，包括大气、水、海洋、土地、矿藏、森林、草原、野生生物、自然遗迹、人文遗迹、自然保护区、风景名胜区、城市和乡村等。

二、公路交通的生态学效应

（一）阻隔效应

公路是连接城市与城市的道路，但是对生物来说，尤其是对地面的动物来说，它却是一道屏障，起着分割与阻隔的作用。

阻隔效应亦称为廊道效应。一方面，四通八达的道路网将均质的景观单元分割成众多的岛状斑块，在一定程度上影响景观的连通性，阻碍生态系统间物质和能量的交换，导致物质和能量的时空分异，增加景观的异质性。另一方面，公路在增加景观破碎度的同时，也可促进景观间的物质和能量交换，使系统更为开放，起着通道作用。公路的通道作用最明显地表现在公路的运输功能上。这种物质与能量的时空位移对大尺度生态系统的发展演变及生态平衡的影响是巨大的。公路的阻隔效应如图1-5所示。

公路的分割使景观破碎，将自然生态环境切割成孤立的块状，即生态环境区域化。公路对生态系统的分割包括地面上的机械分割和空间上的噪声分割。机械分割是由于公路路基工程和交通隔离工程对生态系统物质流的阻截、屏障作用，使生长在其中的生物变得脆弱（生物不能在更大的范围内求偶与觅食），如果隔离延续若干世代以后，则有可能发生种内分化，不利于生物多样性保护。噪声分隔是汽车噪声、振动等对生态系统信息流的阻隔、误导作用。据荷兰学者 Deijnen 在“交通噪声与鸟类繁殖密度关系研究”一文中所述，经过对 43 种鸟类的观察研究得出，交通噪声可能影响鸟类的繁殖率，噪声级的大小是影响鸟类繁殖密度的主要因素。

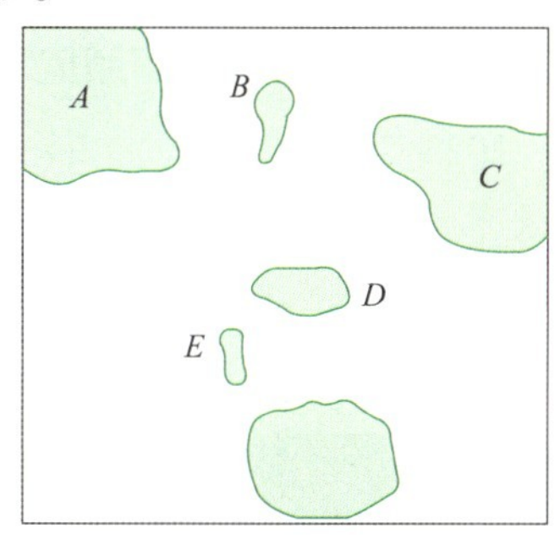

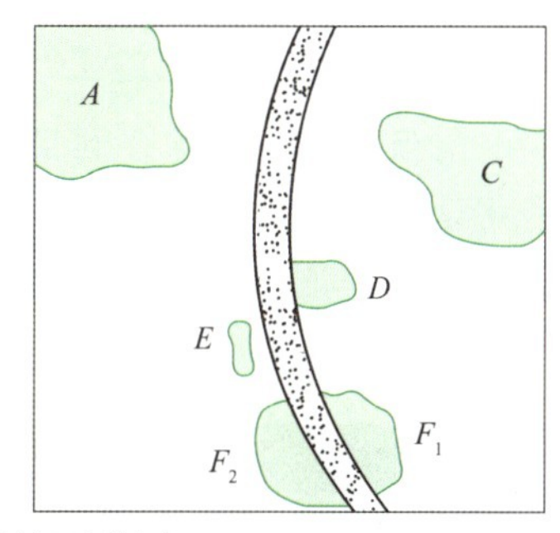

图 1-5 公路的阻隔效应

（二）接近效应

公路的开通使沿线地区的人流和物流强度增加，速度加快，同时也扩大了人类活动的范围，使许多原先人类难以到达或难以进入的地区变得可达和易于进入。这对自然保护和珍稀资源的保护构成巨大威胁。接近效应是公路对环境的一种间接影响。

（三）城镇化效应

公路可以改变某一城市或乡村发展和扩大的方式，这种改变表现出的主要特征之一为：当一条公路建成不久，在公路走廊地带的某些区域，会有新的工业、商业及民用建筑的大量涌现。公路为出行提供的交通便捷性是工商业建筑和民用住宅倾向于建筑在公路两侧不远区域的主要原因，公路刺激城市区域的扩展以及农村向城镇的发展，导致公路沿线街道化、城镇化，从而间接地造成城镇景观代替农村景观或自然景观的巨变。

（四）小气候效应

公路小气候主要是由下垫面性质和大气成分所决定的。由于公路路面的组成材料往往与周围地区地表不同，大量水泥、沥青路面和路基的植入，改变了地表地下水环境。下垫面性质不同，其对太阳辐射的吸收和反射作用也不同。裸露的沥青路面和水泥混凝土路面热容量小，反射率大，蒸发耗热几乎为零，近地面温度高，升温快，灰尘和二氧化碳（CO_2）含量高，形成一条“热浪带”，使局部的小气候恶化。

由于公路的小气候环境效应，在公路周围会逐渐形成一个温度、热量、湿度、风及土壤条件等均与周围环境有所差别的独特小气候环境。经过一定时间的演变，在公路周围景观元素有可能产生局地分异，出现新的适生生物群落和边缘物种，而呈现出一定的过渡性。例如，在公路两旁通常会出现野草、灌丛、鸟类和昆虫等物种。

（五）公路交通环境污染效应

公路交通排放的汽车废气、交通噪声、路面雨天径流以及危险品运输交通事故，给公路两侧环境质量带来严重影响。这种影响不仅表现在人类活动区域环境质量的下降，也使公路两侧自然生态系统中生物的生存环境质量下降，影响了生态系统的稳定。

案例

咸九高速推行“绿色施工”　呵护绿水青山“美丽颜值”

边坡复绿、水土保持、弃土综合利用……2023年5月29日，由湖北交通投资集团有限公司投资建设的咸九高速公路项目建设现场，各施工单位严格落实环保措施，倾力打造高速公路绿色建设示范段。这条46km长的咸九高速公路（湖北境内），宛如一条美丽绿色长廊，穿行在满目苍翠的幕阜山麓。

绿色施工，工地变“公园”。在位于南林桥镇张家垅的一标段弃土场，新栽的180棵香樟郁郁葱葱，新植的草坪绿意盎然，排水沟、挡土墙等设施一应俱全，好一个美丽的“口袋公园”。在咸九高速公路罗成岭隧道出口，又一个300多m^2的“口袋公园”已然成型，隧道边、大桥下、路基旁均被青草绿树围护，两侧10多米高的边坡上“绿意”盎然。有别于传统修路建成后集中绿化，咸九高速公路项目严格执行“开挖一级、防护一级、绿化一级”施工原则，边修路边复绿，全面开展“绿化提升”行动。一标段仅2023年利用春季植绿的最佳季节撒播的苏丹草、狗牙根等种子就达1000kg。

绿色设计，节地又节水。湖北交通投资集团有限公司着力将咸九高速公路打造为绿色工程、环保工程，向社会和大自然兑现绿色“承诺”。工程设计依山就势，尽量利用山地和荒地，少占农田；尽量避免“大开大挖”，减少土石方工程量。二标段一号T梁预制场规模较大，承担1509片T梁建设任务，如果选择其他地方需占用土地58亩（约38667m^2），如今建在公路主线上，没有占用一分土地。材料仓库、钢筋加工场、拌和站等临时结构都设在施工红线内，整个标段节约用地达300多亩（约20万m^2）。预制场旁边建有三级沉淀池，工地污水在池里三次沉淀后成为清水，可以用于路面养生，实现水资源循环利用。实行“表土剥离”，将清表挖出的可利用耕植土用于绿化种植，既减少弃方又保证环境，目前用于边坡复绿的弃土共计30多万m^3。

绿色工艺，环保智能化。咸九高速公路控制性工程——九宫山2号隧道位于三标段。项目负责人介绍，在这条横跨鄂赣、长达6km的隧道施工过程中，大量采用节能环保新技术、新工艺、新材料、新装备“四新技术”。比如，用三臂凿岩车取代传统人工手持风钻开挖，隧道钻爆施工精准度大大提升，而且作业人数减少，远距离作业，大大降低了噪声污染、尘土污染，大大提高了安全系数，实现机械化换人、自动化减人。隧道口安装摄像头，边坡上安装感应器，遇到滑坡等地质灾害，可以提前感知、自动报警、及时处置。

“绿色是咸九高速公路的底色，绿色高速公路建设理念贯穿于设计、施工、管养的全生命周期。”湖北交投鄂南建设管理有限公司党委书记、董事长、总监理工程师倪四清介绍，项目启动之时便成立环水保领导小组，每个施工单位设有专职环水保工程师，公司还聘请第三方每月监测环保质量，共同打造低碳环保绿色路，向社会和大自然兑现绿色“承诺”，以行动践行“绿水青山就是金山银山”理念。

（摘编自《湖北日报》，2023年5月）

三、公路环境工程

公路环境工程是近年来人们针对公路环境污染治理、利用和保护自然资源、改善生态环境而产生的一门技术环境学科，是环境工程学的组成部分。由于该学科产生的时间较短，尚未形成成熟的学科体系。

（一）公路环境工程的内容

目前，一般认为公路环境工程研究的主要内容为：公路环境问题的特征、规律，环境污染防治技术与方法，保护和合理利用自然资源、改善生态环境的技术措施，环境影响评价等。公路环境工程的内容、技术、方法等，还有待不断研究与完善。

（二）公路环境工程的基本任务

公路环境工程的基本任务是采取工程技术措施来消除和控制交通环境问题，重点是治理和控制环境污染，合理利用与保护自然资源，利用公路工程、环境工程和系统工程等综合方法，寻求解决公路环境问题的最佳方案，使公路交通建设与环境建设相协调，达到社会经济可持续发展的目标。

（三）公路环境中的主要问题

推进公路绿色发展，是国家公路“十四五”规划中提出的重点任务，要贯彻落实绿色发展理念，推动公路交通与生态保护协同发展，继续深化绿色公路建设，促进资源能源节约集约利用，加强公路交通运输领域节能减排和污染防治，全面提升公路行业绿色发展水平。2020年，中国正式作出“力争于2030年前实现碳达峰、努力争取2060年前实现碳中和”的“双碳”目标承诺。公路绿色发展和“双碳”目标承诺，都要求我们将生态环保理念贯穿于交通基础设施规划、建设、运营和养护全过程，对公路环境保护提出了更高的要求，公路环境保护的任务更加艰巨。

公路环境存在的主要问题如下。

1. 占用土地资源

2023年，全国批复建设用地预审项目17168个，涉及用地总面积3290km^2，同比分别增长15.3%和14.9%。其中，交通运输、水利设施、能源和其他项目用地分别占用地总面积的57.8%、4.2%、13.7%和24.3%。截至2022年底，全国交通运输用地达到了101860km^2。促进资源节约集约利用，成为解决公路建设用地的首要选择。

公路建设对土地资源的影响主要有：一是公路永久性占用土地数量大，填挖高差大，特别是高速公路。据统计，四车道高速公路及一级公路建设，每公里占用土地约80亩（1亩≈666.67m^2），一般耕地占70%～90%，六车道高速公路则占地更多。除公路本身长期占地外，建设中的土场、临时设施等也将在一定阶段内占用大量土地。二是公路开通后的城镇化效应使公路两侧的土地改作他用，特别是在高速公路互通区附近，大量的农田被规划开发为工业园区。三是公路交通环境污染效应可能使公路两侧的农田土壤质量下降。因此，在公路设计、施工等各个环节，必须珍惜每寸土地，合理利用每寸土地。

2. 改变当地生态环境

公路是一种线形、带状的三维立体空间结构物。公路建设势必会对其沿线所经过的路域环境产生影响，并使之发生，尽管公路路域环境在沿线环境系统中所占面积的宽度不大，但长度却很大，因而产生的影响非常大。一般有植被破坏、局部地貌破坏（如高填、深挖、大切坡等）、土壤侵蚀、自然资源（土地、水、草场、森林、野生生物等）影响、景观影响及生态敏感区（著名历史遗产、自然保护区、风景名胜区和水源保护区）影响等。公路建设不仅破坏路域生态，而且对整个生态的影响也是相当严重的。每条公路涉及的具体生态问题各不相同，主要取决于其所经地域的自然环境、生态环境及地貌状况等。

3. 环境污染

公路运输还会带来噪声、水、空气、土壤污染等，影响人类的生活环境和自然环境。如噪声扰民，汽车尾气污染空气，服务区污水及路面径流对水环境的污染等，其中噪声影响最为突出，已成为居民投诉的主要问题，机动车的尾气则是城市空气污染的主要来源。公路运输带来主要环境问题如图 1-6 所示，影响最大的噪声源调查结果如图 1-7 所示。

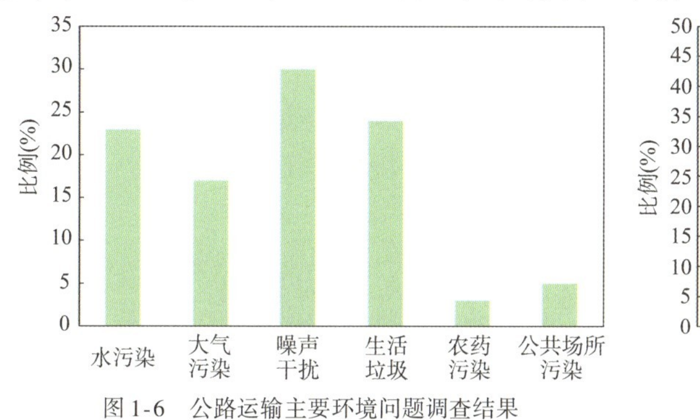

图 1-6 公路运输主要环境问题调查结果

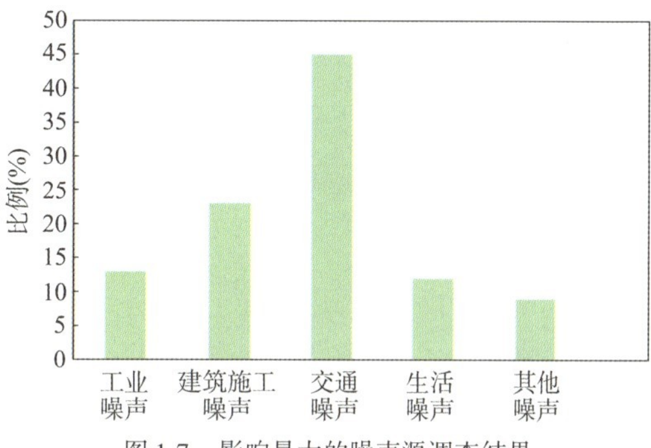

图 1-7 影响最大的噪声源调查结果

4. 资源消耗量大

公路建设需要消耗大量原材料和设备，如钢铁、水泥、沥青及电子产品、通信器材等。例如，修筑 20cm 厚、7m 宽的水泥混凝土面层，每公里需耗费水泥 400 ~ 500t，水约 250t，还不包括养生在内的用水。

公路运输也需要消耗大量的能源，发达国家交通运输消耗的能源已占到能源消费总量的 1/3 左右。随着我国经济的发展及人民生活水平的提高，家用轿车数量激增，对能源的需求和消耗也将会持续增长。

四、公路环境保护

“十四五”时期，我国生态文明建设进入以降碳为重点战略方向、推动减污降碳协同增效、促进经济社会发展全面绿色转型、实现生态环境质量改善由量变到质变的关键时期。交通运输进入加快建设交通强国、推动交通运输高质量发展的新阶段，公路建设既迎来了继续深入、全面、快速发展的难得机遇，又面临着生态环境保护的巨大挑战，新时期生态文明建设对公路建设提出了更高标准、更严要求。

（一）公路环境保护的原则

公路交通环境保护应执行国家环境保护法规及有关规范。为使环境保护工作取得成效，应遵循下列原则。

1. 以防为主、防治结合

公路交通环境保护最有效的措施是路网规划和路线布设时考虑环境因素，通过全面规划和合理布局，将环境影响降至最低程度。在此基础上，采取必要的环境治理措施，实现环境保护目标。

2. 执行环境影响评价制度

编制环境影响报告书或环境影响报告表是国家对建设项目（包括新、改扩建）实行强制性环境保护管理的制度，是对建设项目从环境方面做可行性研究报告，对建设项目具有一票否决权的作用。环境影响报告书或报告表是建设项目工程设计中的环保工程设计、环境保护设计、施工期和营运期的污染防治措施及环境管理的依据。随着公路建设项目环境影响评价工作的普遍开展，环境评价技术的不断提高和有关技术资料的积累，原交通部于2006年对《公路建设项目环境影响评价规范（试行）》（JTJ 005—96）进行了修订，修订后为《公路建设项目环境影响评价规范》（JTG B03—2006），进一步提高了环境影响评价的有效性，有效地保证了环境影响评价的质量和推动落实公路建设项目环境保护工作。

3. 综合治理

环境综合治理有两层含意：一是必须采取法律的、行政的、技术的、经济的综合措施来实现环境保护；二是为防治环境污染，改善环境质量应考虑多种技术措施综合治理，以达到环境保护最佳效果。

4. 技术、经济合理

实施环境保护措施时，应做多方案分析论证，以达到技术可靠、经济合理，使环境效益和社会效益最佳。此外，还应使环保措施可能产生的负面影响最小，或为防止负面影响的投资最少。

5. 实行“三同时”原则

根据国家《建设项目环境保护管理条例》的规定，经环境影响评价及有关部门审批确定的环境保护措施，如管理处、生活服务区、收费站等的污水处理设施及其他环保设施，应与主体工程同时设计、同时施工、同时投产使用。由于公路交通噪声对环境的影响与交通量有关，根据环境影响预测评价，噪声防治设施可采取分期实施方案。

（二）公路环境保护的内容

公路主要分布在我国城市之间广大田野以及山岭、丘陵地区。对环境的影响集中表现在公路交通沿线两侧地带范围内的各类敏感点，如学校、医院、疗养院、居民点、饮用水水源、各类自然保护区、地质不良地段及需要保护的野生动植物、农牧业生态环境等。

公路环境保护由两项基本工作组成：一是分析因修建公路而对环境产生的各种影响及其影响的程度和范围，根据需要采取专门的环境保护措施，积极开展环境保护的有关工作；二是在公路的设计、施工及运营管理过程中，注意凸显公路各组成部分的环保功能，使公路在发挥运输功能的同时，对沿线环境的负面影响最小。

1. 环境敏感区的概念

环境敏感区，是指依法设立的各级各类自然、文化保护地，以及对建设项目的某类污染因子或者生态影响因子特别敏感的区域，主要包括：

（1）自然保护区、风景名胜区、世界文化和自然遗产地、饮用水水源保护区。

（2）基本农田保护区、基本草原、森林公园、地质公园、重要湿地、天然林、珍稀濒危野生动植物天然集中分布区、重要水生生物的自然产卵场及索饵场、越冬场和洄游通道、天然渔场、资源性缺水地区、水土流失重点防治区、沙化土地封禁保护区、封闭及半封闭海域、富营养化水域。

（3）以居住、医疗卫生、文化教育、科研、行政办公等为主要功能的区域，文物保护单位，具有特殊历史、文化、科学、民族意义的保护地。

除以上所述地区以外的具有一般环境条件的地区，属于非环境敏感地区。

2. 环境敏感点

环境敏感点是针对具体目标而言的，通常分为声环境、环境空气、生态环境、水环境、社会环境等各类环境敏感点。

（1）声环境敏感点。指学校教室、医院病房、疗养院、城乡居民点和有特殊要求的地方。

（2）环境空气敏感点。指省级以上政府部门批准的自然保护区、风景名胜区、人文遗迹以及学校、医院、疗养院、城乡居民点和有特殊要求的地区。

（3）生态环境敏感点。主要是指各类自然保护区、野生保护动物及栖息地、野生保护植物及生长地、水土流失重点防治区、基本农田保护区、森林公园以及成片林地与草原等。

（4）水环境敏感点。主要是指河流源头、饮用水水源、城镇居民集中饮水取水点、瀑布上游、温泉地区、养殖水体等。

（5）社会环境敏感点。主要是指与城市规划的协调，重要的农田水利设施、规模大的拆迁点、文物、遗址保护点等。

（三）公路环境保护的基本措施

1. 规划、设计阶段采取的措施

（1）依法做好公路规划环境影响评价工作，严格公路建设项目准入条件。交通主管部门根据本地区经济社会发展需要，在组织编制公路规划时，应结合生态功能区划、土地利用总体规划及其他相关规划，按照“统筹规划、合理布局、保护生态、有序发展”的原则，从优化交通资源配置，完善网络结构等方面出发，科学合理地确定公路建设布局、规模和技术标准，并按规定程序审批。在组织编制或修编国、省道公路网规划时，应当编制环境影响报告书，对规划实施后可能造成的环境影响进行分析、预测和评估，提出预防或减缓不利环境影响的对策措施。对未进行环境影响评价的公路网规划，规划审批机关不予审批，对未进行环境影响评价的公路网规划所包含的建设项目，交通主管部门不予预审，环保主管部门不予审批其环境影响评价文件。

（2）进行局部路线方案比较时，应考虑环境影响因素，妥善处理好主体工程与环境保护之间的关系。公路工程线长面广，对环境的影响自然不可忽视。路线方案的确定应以保护沿线自然环境、维护生态平衡、防治水土流失、降低环境污染为宗旨，以环境敏感点为主，点、线、面相结合，充分研究工程与环境的相互影响，论证不同公路路线方案给沿线环境带来的不同影响。尽可能从路线方案、指标的运用上合理取舍，而不是过多地依赖环境保护设施来弥补。当公路工程对局部环境造成较大影响时，应进行主体工程方案与采取环保措施间的多方案比选。

（3）高速公路、一级公路、二级公路和有特殊要求的公路工程项目必须依据《公路环境保护设计规范》（JTG B04—2010）进行环境保护设计，其他等级的公路可参照执行。

（4）处理好公路与城镇关系。公路对于城镇具有双重作用，一方面公路服务于城镇，另一方面公路也会干扰城镇，对社会环境产生直接和间接影响。如交通量增加所致的汽车排放的尾气污染空气环境、噪声超标等。因此，要正确处理好公路与城镇的关系。一般原则如下：

①高等级公路应尽量避免直穿城镇工矿区和居民密集区，必要时可考虑支线联系。布线时，应与城镇规划相结合。

②一般公路，经地方政府同意可以穿过城镇，但要注意在保证线形设计要求的前提下，尽量少占地、少拆迁，设置必要的交通服务设施，以保证行人、行车的安全要求和环保要求。

（5）处理好新线路与旧线路的关系。虽然另辟新线较容易达到高标准的线形，施工干扰较少。但另辟新线会造成二次占地，对路线周边的路域环境进行再一次分割，产生新的环境影响。因此，公路建设应该尽量做到“充分利用老路”。当利用老路的工程量较大且拆迁严重时，则需要和另辟新线对比分析，综合考虑工程造价及对路域环境的影响以确定最优方案。一般可考虑以下做法：

①合理利用老路的几何线形。采用曲线形法，依据控制测量所得的精确基础资料，运用复合曲线技术，使老路更加合理的利用，从而构成流畅多变的以曲线为主的平面线形，同时亦能更好地控制造价。

②对于线形流畅、顺直的路段应充分利用，尽量保证利用半幅老路。

③在受房屋、河流和其他地形地物限制的路段，主线尽量在不受限制或限制较小的一侧加宽。

④在进行纵断面设计时，在保证路面结构厚度及加固厚度的前提下，尽量控制老路面以上的填土高度，避免破坏老路因运营多年而形成的硬壳层。

⑤对利用老路困难的路段，在满足安全运营的前提下，对圆曲线最小半径、圆曲线和缓和曲线最小长度、最大纵坡、最小坡长、最大坡长、竖曲线最小半径、竖曲线最小长度中的部分指标采用降低一级设计速度时的技术指标。

（6）进行线形设计时，应与地形、自然环境相协调。高等级公路设计应采用与自然地形相协调的几何线形，使之顺适自然，与周围景观有机融为一体。对以平、纵、横为主体的公路线形，应采用匀顺的曲线和低缓的纵坡吻合周围地形景观，组成协调流畅的线形及优美的三维空间。

（7）在公路横断面几何构造物上采取的措施。高等级公路在几何构造上应结合自然地形、调整平面纵断面线形，选择适当的横断面。在横断面的路基设计上应充分听取地质勘察人员的设计意见，在保护好地下水的原则下，确定公路横断面尺寸，以保护自然生态环境不被破坏。

2. 在管理和运营上采取的措施

（1）公路环境管理的措施。在公路环境管理上，从环境决策、环境规划、环境立法、环境监督和环境管理体制等方面采取相应措施，使公路环境保护有法可依，有管理体制，有健全的机构，有科学的规划和决策。

（2）对机动车辆排放的废气采取控制和改进措施。合理利用沿线土地，建立缓冲建筑物，把废气污染严重地区的机关、事业单位，以及居民迁移到合适地区；改善公路环境，采取在高等级公路两侧设置设施带、绿化带等办法建立缓冲区域；改进机动车发动机结构，削减废气排放量，加强交通管理系统，控制好交通流量。

（3）采取减少振动的措施。一方面从振动源和传播路线上采取措施；另一方面对受振动物体采取防护措施，如修筑防振沟、墙，改善路面、改良地基等。

（4）减少噪声的措施。通过改进机动车结构、改进车辆运行状况的办法对噪声源进行控制；通过控制交通量，调整公路网，诱导交通流，采取合理的物资流通对策，对交通流进行控制；通过在公路两侧设置隔声墙、绿化带、改进路面结构的办法对公路结构进行改进；通过对噪声超限的学校、医院、居民区等设置防噪声屏障、防声沟，控制高等级公路沿线开发中与环境保护相冲突的各类设施。

分析图1-8中道路所经地区的环境敏感点。

图1-8 能力训练图

1. 什么是公路环境？公路环境中存在哪些问题？
2. 公路交通有哪些生态学效应？
3. 公路环境保护应遵循的原则和主要内容是什么？
4. 什么是环境敏感区？环境敏感点有哪些？
5. 公路环境保护的基本措施有哪些？

项目二
公路生态环境的保护

学习目标

1. 掌握公路建设各阶段生态环境的保护措施；
2. 能够根据公路所经地区的环境特点分析公路建设对生态环境产生的影响；
3. 能够针对公路所经地区的环境特点提出对沿线植被的保护措施；
4. 能够针对公路所经地区的环境特点提出对沿线动物的保护措施；
5. 能够针对公路所经地区的环境特点提出如何防治水土流失；
6. 能够针对不同阶段的泥石流采取合适的措施；
7. 能够准确描述在公路施工阶段如何保护施工区的生态环境。

公路是长距离带状人工构造物，它改变了所经区域的生态环境特征。公路建设与运营过程中会在沿线一定范围内引发山体崩塌、滑坡、泥石流等地质灾害，造成坡面土壤侵蚀、水土流失、地表动植物生态平衡被破坏等环境污染问题。

遵守“预防为主，保护优先，防治结合综合治理”的原则，在设计中从路线方案的选择上应采用地质生态选线，避开大型不良地质地带，对无法避免的不良地质路段，设置合理的防治措施。适量增加隧道、桥梁设施，避免大填大挖，最大限度地减少公路建设对自然地形、地貌和植被的破坏。在施工中应将对自然环境的扰动、破坏努力控制在最小限度内，充分认识生态环境的脆弱性，采取切实可行的地质灾害防治措施，应用环保技术，做好取、弃土场的环保设计，落实水土保持方案，并对公路建设影响范围内的动植物采取必要的保护措施。

任务一　公路建设对生态环境的影响

一、公路建设对重要生态系统及自然资源的影响

公路交通自身所具有的跨越一切地域或环境要素的特点，使得公路建设不可避免地占用土地，穿过森林，跨越河流、湖泊和穿越各种生态系统，其中会涉及如热带森林、原始森

林、湿地、自然保护区和水源区等一些特殊的、敏感的生态目标，有的公路建设要穿越上述各类特殊地区，对这些区域的自然生态系统或自然资源产生不利影响。因此，对于此类生态敏感目标，关键要加强识别，根据道路的生态效应分析其可能受到的影响，并按照生态敏感目标的具体特点，考虑应采取的保护措施。例如，一条公路必须穿越一片河口湿地，那么用桥梁跨越的生态影响就比填筑路基小得多，因为桥梁能基本保持河口湿地的水文状态，而路基则会使河口封闭和湿地水文状态发生巨变。

（一）对重要生态系统的影响

在地球上，有一些生态系统孕育的生物物种特别丰富，这类生态系统的损失会导致较多的生物物种灭绝或面临灭绝威胁，还有一些生态系统是法律规定的或科学研究确定的需要特别保护的珍稀濒危物种。这些生态系统都需要作为重点保护的对象。

1. 热带森林

单位面积的热带雨林所赋存的植物和动物物种最多。例如，亚马孙热带雨林中，1hm^2雨林就有胸径100m以上的树种87～300种之多。我国的热带森林较少，主要分布在海南和云南西双版纳地区。同世界热带森林一样，我国热带森林也是物种最丰富的地区。目前，这些地区已受到游耕农业、采薪伐木和商业性采伐的威胁，开发建设和农业开垦也是构成威胁的重要因素。如果公路穿过热带森林，则可能通过各种生态效应（阻隔效应、接近效应、小气候效应及污染效应）的综合作用，对热带森林产生危害。

2. 原始森林

我国残存的原始森林已经很少，因而显得格外珍贵。目前，残存的原始森林大多在峡谷深处、峻岭之巅。这些森林不仅是重要的物种保护库，而且是科学研究的基地。原始森林面临的最大威胁是商业性砍伐和人类活动干扰。公路交通通过各种生态效应的综合作用，对原始森林造成危害。如公路交通的建设使许多原先人迹难至的地方通车，就是导致这些森林消失的因素之一。

3. 湿地生态系统

湿地是开放水体与陆地之间过渡带的生态系统，具有特殊的生态结构和功能属性。按照《国际重要湿地特别是水禽栖息地公约》的定义，湿地是指沼泽地、沼原、泥炭地或水域（无论是天然的或人工的、永久的或暂时的，其水体是静止的或流动的，是淡水、半咸水或咸水），还包括落潮时深度不超过6m的海域。这个定义过于广泛而不易把握。美国鱼类和野生动物管理局（FWA）1956年发布的《39号通告》，将湿地定义为："被间歇的或永久的浅水层所覆盖的低地"，并将湿地分为四大类，即内陆淡水湿地、内陆咸水湿地、海岸淡水湿地和海岸咸水湿地。

湿地是许多种喜水植物的生长地，也是很多水鸟、水禽的栖息地，并且是许多鱼、虾、贝类的产卵地和索饵场。湿地是生产力很高的自然生态系统，也是一些毛皮动物如海狸、鼠、貉、水貂和水獭的生息之地。湿地有多种生态环境功能，如储蓄水资源、改善地区小气候、消纳废物、净化水质等。

湿地生态环境中目前研究较多且受到高度重视的是红树林湿地。红树林的生态功能包括防风防潮、保护海岸免遭侵蚀，提供木材和化工原料，为许多鱼、虾、贝类提供繁殖、育肥基地。如美国佛罗里达州，80%有商业价值或娱乐价值的海生生物，在它们生命周期的某个阶段要依靠红树林生态系统。此外，红树林还提供旅游等商业机会。

目前，对湿地的生态特点和环境功能尚未进行充分研究，因而对湿地的开发利用需要特别谨慎。一般而言，大多数湿地的直接使用价值远低于其间接价值，因而往往有“废地”的错误判断。公路交通通过各种生态效应（主要是接近效应、小气候效应及污染效应）的综合作用，对湿地生态系统造成影响。如果对湿地生态系统的重视程度不够，公路以路基形式通过湿地，公路占用、阻隔湿地，则会严重影响湿地生态系统。

4. 自然保护区

自然保护区是国家或地方政府根据某一地域的重要价值及其在国内外的影响划定的必须保护的区域，是重要的自然生态系统。在我国，自然保护区分为国家级自然保护区和地方级自然保护区两级。自然保护区内部一般分为核心区、缓冲区和实验区三部分。核心区是保护区的精华所在，是保护对象最集中、特点最明显的地段，需要严格保护，属于绝对保护区。缓冲区是为保护核心区而设置的缓冲地带，在核心区外围，一般只允许进行科研观测活动。实验区在缓冲区的外围，可以在不破坏生态环境与自然资源的前提下，进行科研、教学实习和生态旅游与优势动植物资源的开发工作。

自然保护区的保护对象包括以下几个方面：

（1）典型的自然地理区域、有代表性的自然生态系统区域以及已经遭受破坏但经保护能够恢复的自然生态系统区域。

（2）珍稀、濒危野生动植物物种的天然集中分布区域。

（3）具有特殊保护价值的海域、海岸、湿地、内陆水域、森林、草原和荒漠。

（4）具有重大科学文化价值的地质构造、著名溶洞、化石分布区及冰川、火山、温泉等自然遗迹。

（5）需要予以特殊保护的其他自然区域。

《中华人民共和国自然保护区条例》（以下简称《自然保护区条例》）明确规定：“禁止在自然保护区内进行砍伐、放牧、狩猎、捕捞、采药、开垦、烧荒、开矿、采石、挖沙等活动；但是，法律、行政法规另有规定的除外。”《自然保护区条例》还规定：“在自然保护区的核心区和缓冲区内，不得建设任何生产设施。在自然保护区的实验区内，不得建设污染环境、破坏资源或者景观的生产设施；建设其他项目，其污染物排放不得超过国家和地方规定的污染物排放标准。”

公路交通对自然保护区的影响，除各种生态效应外，在野生动物保护区内，野生动物穿越公路时发生交通事故引起的伤亡也是主要影响之一。

（二）重要自然资源的影响

1. 土地资源

土地是最基本的资源，是不可替代的生产要素。土地是矿物质的储存所，它能生长草木和粮食，也是野生动物和家畜等的栖息所，是重要的生命保障系统。因此，土地资源的合理利用与保护就成了各种资源保护的中心。土地资源是指土地总量中，现在和可预见的将来，能为人们所利用，在一定的条件下能够产生经济价值的土地。土地资源是农业的基本生产资料，是人类生产和生活活动的场所。

公路建设对土地资源的占用已是不争的事实。但任何发展活动都必然伴随着负面的效应，这是客观存在的规律。公路多修建在平坦的土地上，因为平坦的土地有利于公路的建设，但这些平坦的土地大部分又同时是优质的农用土地。公路建设与耕地的矛盾一直是我国可持续发展过程中的一道难题。

公路建设对土地资源的影响主要有以下几个方面。

（1）公路永久性占地面积大，占地会造成耕地资源的减少，加剧对剩余耕地的压力。

（2）施工期临时用地，包括施工便道、拌和场、施工占地、预制场等。因施工作业土地的农业功能暂时受到限制，所以一般要求在公路施工完成后，对临时占地复土还耕。

（3）公路的开通具有城镇化效应，常使公路两侧的大片优质农田改作他用，这是公路建设对土地资源的间接影响。

（4）公路交通环境污染效应可使公路两侧的农田土壤质量下降，可能使农作物污染物含量超标，从而间接地使土地资源减少。

2. *水资源及其潜在影响*

公路建设对水资源的影响包括对地表水的影响和地下水的影响。

（1）对地表水的影响。

公路工程会改变地表径流的自然状态。公路的阻隔作用使地表径流汇水流域发生改变，加快水流速度，导致土壤侵蚀加剧以及下游河段淤塞，甚至会导致洪水的发生。这是公路设计中需要统筹考虑的问题之一。此外，路面会降低土壤的可渗透性，从而增加该地区地表径流量，产生上述类似的环境影响。

公路工程建设对地表水体的水文条件也会产生影响。弃渣侵占河道、沿河而建的公路或跨越河流湖泊的公路桥梁都会影响河流的过水断面、流量和流速等。冲刷动能增大，是造成河岸侵蚀和发生洪水的因素之一。有些公路建设项目还可能使河流改道，池塘、湖泊、水库被毁，对地表水资源、水环境产生危害。这种影响一般在公路建成后 2 ~3 年内不会明显被觉察到。

（2）对地下水的影响。

挖方路基破坏地表植被，使得土地可蚀性增加，导致水土流失，甚至滑坡等产生，进而破坏生态平衡，破坏景观。在填方路段，路基会使地下水上游水位抬高，下游水位降低，最终导致上述类似的结果。公路隧道的渗水有时也会产生上述类似的后果，这种现象及其后果在我国的公路建设中已不少见。

（3）对水质的影响。

公路建设对水质的影响包括生活污水、路面径流对河流湖泊水质的污染以及施工阶段的水土流失导致的河流湖泊水质浑浊、悬浮物浓度增高等，特别是在水源地路段这种影响会更加严重。

二、公路建设对动植物的影响

公路建设对野生动植物的影响包括以下几个方面。

（一）阻隔作用

对地面的动物来讲，公路是一道屏障，起着分离与阻隔作用，使动物活动范围受到限制，使生态环境岛屿化，生存在其中的生物将变得脆弱，并有可能发生种内分化。因此，公路阻隔效应对动物的潜在影响是巨大的。

（二）接近效应

公路交通使许多原先人类难以到达或难以进入的地区变得可达或易于进入，这对野生动植物构成巨大威胁。

（三）生态环境破坏

（1）公路建设过程中产生大量的水土流失，这些流失的土壤将在下游的地表水体（如河流、湖泊）中沉积，沉积物将覆盖水生生物的产卵和繁殖场所。

（2）因公路建设而使河流改道或水文条件发生变化，使生物的生存环境变化，有可能导致一些生物的消失。

（3）公路施工中大量的弃渣对生长在公路两侧的动植物的活动场所产生影响。

（四）污染作用

公路交通排放的废气、交通噪声、振动和路面径流污染物等对动植物生存环境的污染，降低了动植物的生存环境质量（即污染效应）。

（五）交通事故

野生动物穿越公路时因与快速行驶的车辆相撞引起伤亡。

（六）对地表植物的直接破坏作用

（1）公路工程永久性征用土地，使公路沿线的地表植被遭受损失或损坏。

（2）施工期临时用地，包括施工便道、拌和场、施工营地和预制场等，因施工作业的影响，地表植被遭受损失。

（3）取、弃土石方作业，使原有地表植被遭到破坏。

（4）施工期由于筑路材料运输、机械碾压及施工人员践踏，在施工作业区周围土地的部分植被被破坏。

三、公路建设与营运对沿线地质、土质的影响

公路建设与营运过程中，对沿线一定范围内的地质、土质会产生不同程度的影响。

（1）路基开挖或堆填会改变局部地貌。在地质构造脆弱地带易引起崩塌、滑坡等地质灾害，在石灰岩地区易引起岩溶塌陷，在高寒山区易引起雪崩等灾害。

（2）开挖路基有时会影响河流的稳定性。例如大量弃土倾入河谷、河道，使河床变窄，易引发山洪、泥石流等灾害。

（3）公路建设占用大量土地，尤其是高速公路工程量大、施工期长，其施工场地、运输便道、生活设施等用地面积更大。路面对植被造成长期破坏，路基两侧对植被也造成一定影响，在生态系统脆弱的地区，植被破坏会加剧荒漠化或水土流失。

山区公路建设与营运中易发生崩塌、滑坡、泥石流等地质灾害，往往会造成严重的生态破坏与居民生命财产的巨大损失。这些地质灾害的产生，不仅与自然条件有关，而且与人为因素有关。因而，在丘陵山区、黄土高原、岩溶高原等地表起伏较大地区修建公路时，应采取多种措施，避免或减少地质灾害对公路交通的影响以及对沿线生态环境的破坏。

地质灾害通常指由于地质作用引起的人民生命财产损失的灾害。地质灾害可划分为30多种类型。由降雨、融雪、地震等因素诱发的称为自然地质灾害，由工程开挖、堆载、爆破、弃土等引发的称为人为地质灾害。2003年国务院颁发的《地质灾害防治条例》规定，常见的地质灾害主要指危害人民生命和财产安全的崩塌、滑坡、泥石流、地面塌陷、地裂缝、地面沉降等与地质作用有关的灾害。

（一）崩塌、滑坡

1. 崩塌

（1）崩塌的危害与主要类型。

在比较陡峻的斜坡上，大块岩体或碎屑在重力作用下突然落下，并在坡脚形成倒石堆（又称岩屑堆）的现象称为崩塌。倒石堆是一种倾卸式的急剧堆积，一般为松散、杂乱、多孔隙、大小混杂且无层理。崩塌的运动速度很快，崩塌的体积可由小于1m³到数亿立方米。大规模的崩塌能摧毁铁路、公路、隧道、桥梁，破坏工厂、矿山、城镇、村庄和农田，甚至危及人民的生命安全，造成巨大灾害，在工程建设中被视为“山区病害”之一。甬台温高速公路乐清段山体崩塌如图2-1所示。

图2-1 甬台温高速公路乐清段山体崩塌

崩塌有下列主要类型：

①落石。指悬崖陡坡上块石崩落。一般规模不大，可分为散落、坠落、翻落三种形式。

②山崩。指发生在山区规模巨大的崩塌。例如，由于地震影响，陕西秦岭中的翠华山曾发生山崩，产生的巨大角砾（粒径可超过50cm）遍布山坡，形成“砾海”。巨大的崩积体（倒石堆）堵塞山谷，积水成湖，形成景色优美的翠华山天池。

③塌岸。指发生在河岸、湖岸、海岸的崩塌。

④塌陷。指由地下溶洞、潜蚀穴或采空区所引起的崩塌。

（2）崩塌易发地段的评价。

①地貌条件。地貌是引起崩塌的基本因素。一定的坡度和高差是崩塌发生的基本条件。据调查，由坚硬岩石组成的斜坡，坡度大于50°、高差大于50m时，才可能发生崩塌。由松散物质组成的坡地，当坡度超过它的休止角时可能出现崩塌，一般坡度大于45°、高差大于25m时可能出现小型崩塌，高差大于45m时可能出现大型崩塌。黄土地区，坡度在50°以上

才可能发生崩塌。高山峡谷、悬崖陡岸多数是崩塌易发地段。

②地质条件。岩性与地质构造也是崩塌发生的重要条件。结构致密又无裂隙的完整基岩，即使在坡度很陡的情况下也不发生崩塌。反之，结构疏松、破碎的岩石易发生崩塌。当坚硬岩层与松软岩层成互层出现时，由于差异风化，使坚硬岩层突出，临空面增大，易引起崩塌。大量节理或断层存在，会加速岩石的风化解体过程，是崩塌发生的重要条件。岩层构造（包括断层面、节理面、层面、片理面等）及其组合方式是发生崩塌的又一个重要条件。当岩层层面或解理面的倾向与坡向一致、倾角较大又有临空面时，沿构造面最容易发生崩塌。就区域新构造运动特点而言，构造运动比较强烈、地层挤压破碎、地震频繁的地区，是崩塌的多发区。

③气候条件。强烈的物理风化是崩塌发生的基础性条件。由于干旱、半干旱地区温差大，高寒山区冻融过程强烈，因此在这些地区岩石风化强烈，悬崖陡坡最易出现崩塌。暴雨、连日阴雨及冰雪融化等往往是崩塌的触发因素，岩体和土体中水分的大量渗入，大大增加了负荷，同时还影响岩体内部结构，导致崩塌发生。另外，暴雨、连日阴雨还易引起洪水，导致大范围塌岸，造成严重灾害。山区公路往往沿河岸路段较长，塌岸对公路交通威胁很大。

④人为因素。公路建设或改造过程中，因过分开挖山体边坡，或在坡脚大量采石取土，使坡脚支撑力减弱而引起崩塌。另外，在岩体较破碎地带，大爆破也会引起崩塌。

在公路设计、建设与营运过程中，要根据上述条件，综合分析，确定崩塌易发地段和时段，采取相应的防治措施，以保证施工与营运安全，保护生态环境。

2. 滑坡

（1）滑坡及其危害。

滑坡是山区公路建设中经常遇到的一种地质灾害。坡面上大量土体、岩体或其他碎屑堆积，在重力和水的作用下，沿一定的滑动面整体下滑的现象称为滑坡。滑坡一般由三大部分组成，即滑坡壁、滑动面和滑坡体。大型滑坡体的结构比较复杂，其前端为滑坡舌和滑坡鼓丘。滑坡体上有滑坡阶地、滑坡洼地、滑坡湖、滑坡裂缝等。图2-2所示为赣定高速公路龙回段山体滑坡。

图2-2 赣定高速公路龙回段山体滑坡

滑坡的规模不同，其危害程度也不同，大型滑坡的危害是相当严重的。如1955年8月18日，陇海铁路宝鸡附近发生的卧龙寺大滑坡，把铁路向南推出110m。该滑坡南北长645m，滑坡体最大厚度为88.6m，滑坡体体积约2000万m^3，滑动面积为33万m^2，迫使陇海铁路在这里改线。又如1983年3月7日，甘肃省东乡县洒勒山南坡，在第四纪黄土与下伏第三纪红土层中发生的大型滑坡，南北长1600m，东西宽约800m，滑坡体达5000多万立方米，滑坡影响面积为150万m^2，滑坡快速滑动仅2min，滑动距离达800～1000m，最大速度为46.1m/s，因而破坏性极大。该滑坡使公路毁坏，河道堵塞，水库淤积，附近4个生产队71户被掩埋，220人死亡，200多公顷（1公顷=10000m^2）农田被毁。

（2）滑坡易发地段的评价。

①地质条件。滑坡主要出现在松散沉积层。松散沉积物，尤其是黏土及黄土浸水后，黏聚力骤降，大大增加其可滑性。基岩区的滑坡常和页岩、黏土岩、泥灰岩、板岩、千枚岩、片岩等软弱岩层有关。当组成斜坡的岩石性质不一，特别是上覆松散堆积层，下伏坚硬岩石时，易产生滑坡。

滑坡的滑动面多数是构造软弱面，如层面、断层面、断层破碎带、解理面、不整合面等。另外，岩层的倾向与斜坡坡向一致时，也有助于滑坡发育。

②地貌条件。就地貌特征而言，一般坡度不大，起伏平缓，而且植被覆盖较好的山坡，比较稳定，不易发生滑坡。高陡的山坡或陡崖，使斜坡上部的软弱面形成临空状态，上部土体或岩体处于不稳定状态，容易产生滑坡。据观测，基岩沿软弱结构面滑动时，要求坡度为30°~40°；松散堆积层沿层面滑动时，要求坡度在20°以上。此外，河水侵蚀强烈的凹岸陡坎是滑坡易发地段。在黄土地区的河谷两岸，往往会出现巨大的滑坡带。

③降水和地下水条件。降水和冰雪融水往往是滑坡的触发条件。大多数滑坡发生在降雨时期，一般是大雨大滑，小雨小滑，无雨不滑。地下水也是促使滑坡发生的重要原因，绝大多数滑坡都是沿饱含地下水的岩体软弱面产生的。

④地震。地震是滑坡重要的触发条件。

⑤人为因素。人为因素对滑坡的影响主要表现在以下四个方面：

a. 开挖坡脚，破坏了自然斜坡的稳定状态。

b. 在坡顶上堆积弃土、盖房，加大了坡顶荷载。

c. 不适当的大爆破施工。

d. 排水不当等。

（二）泥石流

1. 泥石流的危害与类型

泥石流是一种含有大量泥沙、石块等固体物质，突然爆发，历时短暂，来势凶猛，具有强大破坏力的洪流。泥石流爆发时，山谷雷鸣，地面振动，几十万甚至几百万立方米的沙石混杂着水体，依仗陡峻的山势，沿着峡谷深涧，前推后拥，猛冲下来。它掩埋村庄，摧毁城镇，破坏交通和一切建筑物，往往造成巨大的灾害。泥石流之所以危害巨大，主要是它的剥蚀、搬运和沉积作用极为强烈，对地表改变很大。泥石流可以搬运大量的粗碎屑和巨砾，并以高速运动，带着强大的能量，对沟道产生强烈的下切和侧蚀。泥石流冲出峡谷后，在较开阔地面沉积下来，形成巨大的锥形或扇形堆积体。典型泥石流示意图如图2-3所示。

泥石流主要有两类：一是黏性泥石流，指固体物质总量占40%以上的泥石流；二是稀性泥石流，指固体物质总量占40%以下的泥石流。

2. 泥石流易发地区的评价

泥石流的发生取决于三个条件：一是要有丰富的固体碎屑；二是要有大量水体，水既是泥石流的组成部分，又是重要的动力条件；三是要有适宜的地貌条件。所以，典型的泥石流流域可分为三个区：上游形成区，是一个三面环山，一面出口的盆地，是组成泥石流固体碎屑和水源的主要汇集区；中游流通区，它是泥石流外泄的通道，地形上为比降较大的深切沟谷；下游堆积区，是泥石流物质的停积地区。

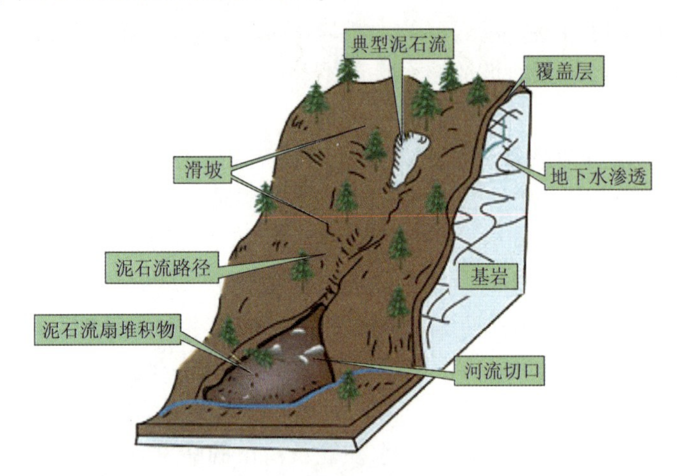

图2-3 典型泥石流示意图

总之，构造变动复杂或新构造运动强烈，而且岩性脆弱的地区，一般是泥石流的易发区。形成泥石流的水源主要来自暴雨或冰雪融水。暴雨中心往往是泥石流的分布区，暴雨量越大，泥石流规模也越大。另外，人为因素对泥石流的影响不可低估，如采矿废渣和修路废弃土石方不合理大量堆积，森林植被严重破坏，工程建筑物不合理布局等，都有可能为泥石流的发生提供条件。

（三）水土流失

水土保持是江河保护治理的根本措施，是生态文明建设的必然要求。根据2023年度全国水土流失动态监测工作，全国水土流失面积下降到262.76万km^2，较2022年减少2.58万km^2，减幅0.97%，减少量和减幅较上年度有所扩大，强烈及以上侵蚀面积占比由2022年的18.74%下降到18.43%，水土保持率由72.26%提高到72.56%，我国水土流失状况连续实现面积强度“双下降”、水蚀风蚀“双减少”，水土保持率稳步提升，生态系统质量和稳定性持续向好。

水土流失在我国也称为土壤侵蚀，是地球陆面上的土壤、成土母质和岩屑，受水力、风力、冻融、重力等外力作用，发生磨损、结构破坏、分散、移动和沉积等的过程与后果。

1. 土壤侵蚀及其危害

（1）土壤侵蚀类型。

根据侵蚀营力，可将土壤侵蚀分为水力侵蚀（水蚀）、风力侵蚀（风蚀）、重力侵蚀和泥石流等类型。

按照侵蚀方式，水力侵蚀又可分为：面蚀，包括溅蚀、片蚀、细沟状面蚀等；沟蚀，是最重要的侵蚀方式，可形成浅沟、切沟、冲沟及河沟等（它们是沟谷发育的不同阶段）；潜蚀等。

考虑人类的影响，还可将土壤侵蚀分为自然侵蚀与加速侵蚀。自然侵蚀是由自然因素引起的不断进行土壤更新作用，即因侵蚀而消失的表土层同时由风化产生的新土层所补偿，消失和补偿基本维持平衡，因而土壤侵蚀速度缓慢，一般危害不大，故又将此称为正常侵蚀。

加速侵蚀，是由人类活动引起的，可使正常侵蚀条件下需千百年才能损失的表土，在极短时间内流失殆尽，其危害严重。在我国，现代侵蚀就是加速侵蚀。

（2）土壤侵蚀的危害。

①破坏土地资源。一方面，土壤侵蚀可使土壤中的有机物质和无机养分大量流失，导致土壤肥力降低，质量变差，土地生产力下降。另一方面，土壤侵蚀使大量耕地遭到蚕食，可利用土地面积减小。

②淤积水库河道，加剧洪水灾害。土壤侵蚀所产生的大量泥沙淤积水库、渠道、河流，是破坏水利设施，加剧洪水灾害的根源之一。

黄土高原是世界上水土流失最严重的地区之一。黄河是世界上泥沙含量最高的河流之一。水土流失不仅使黄土高原地区的生态环境遭到严重破坏，而且对黄河下游地区构成巨大威胁。黄河之所以难治，关键在泥沙，“泥沙不治，河无宁日”。水土流失致使河床淤积如图 2-4 所示。

泥沙的长期淤积，已使洞庭湖基本丧失了调节长江水量的功能，导致长江中下游地区洪水灾害加重。

③生态环境恶化。水土流失严重地区，生态环境恶化，自然灾害增多，直接影响着区域社会经济的发展。在水土流失和荒漠化严重地区，水土流失造成生态环境恶化如图 2-5 所示。

图 2-4　水土流失致使河床淤积

图 2-5　水土流失造成生态环境恶化

2. 影响土壤侵蚀的因素

土壤侵蚀是多种因素综合作用的产物。影响土壤侵蚀的因素可分为自然因素和人为因素两大类。

（1）自然因素。

自然因素主要包括地质、地貌、气候、植被等。

①地质。一般情况下，新构造运动活跃，地表物质较疏松的地区，水蚀、风蚀、重力侵蚀等均较强烈。例如黄土高原地区，地表广覆厚层黄土。由于黄土是一种未被充分胶结的黏土粉砂岩，其结构疏松，垂直节理发育，因此，极易遭受侵蚀。

②地貌。地貌是土壤侵蚀产生的空间条件，其中坡度和坡长对土壤侵蚀的影响最大。有关研究表明，在黄土地区，坡度在 0°～25°之间，土壤侵蚀量随坡度的变大而增大；当坡度超过 25°时，土壤侵蚀量反而减小。坡长对土壤侵蚀的影响比较复杂，在一些条件下，土壤侵蚀量随坡长的增加而增加。

③气候。气候条件是土壤侵蚀的主要外动力条件。降雨，特别是暴雨对土壤侵蚀影响很大。一些地区，一年或几年中，少数几次暴雨所产生的侵蚀量，往往占总侵蚀量的主要部分。1956年8月8日，绥德县韭园沟一带，150min降雨49.3mm，当时一试验区内的侵蚀量占当年总侵蚀量的81.2%。另外，暴雨还是崩塌、滑坡、泥石流等地质灾害的触发因素。风蚀主要发生在多风季节，是导致沙质荒漠化的主要原因之一。

④植被。植被有保护地面免受雨滴直接打击，削减地表径流，减缓流速，提高土壤抗蚀力和改良生态环境等综合作用。所以，植被永远是防治水土流失的积极因素。植被覆盖率越大，保持水土的功能就越显著。在黄土高原地区，灌丛防侵蚀效果最好，草地次之，然后是林地。土壤侵蚀往往从地表植被破坏开始。

（2）人为因素。

人类活动对土壤侵蚀的影响具有两面性。一方面，人类不合理地利用土地资源，特别是掠夺式利用土地资源，超过了其承载能力，破坏了自然生态平衡，使侵蚀过程由自然侵蚀逐渐成为强烈的加速侵蚀。另一方面，人类合理利用和保护土地资源，使土壤侵蚀速度减慢，即通过人为努力防治土壤侵蚀。

3. 公路建设水土流失与水土保持的概念

公路建设水土流失，是在区域自然地理因素即水土流失类型区的支配和制约下，由于各种自然因素，包括气候、地质、地形地貌、土壤植被等的潜在影响，通过人为生产建设活动的诱发、引发、触发作用而产生的一种特殊的水土流失类型。它既具有水土流失的共性，也具有自身的特性。

因为公路建设是线性项目，对地面的扰动特点表现为多种多样，因此施工过程中对水资源和土地资源的破坏是多方面的。公路施工过程中要开挖山体、削坡、修隧道、架桥，高处要削低，低地要填高，因此对土地资源的破坏不仅仅是表层土壤，往往破坏至深层土壤，深者可达几十米。水土流失形式表现为岩石、土壤、固体废弃物的混合搬运。从这一点看，公路建设水土保持和其他一般性的人为水土流失是有区别的。公路建设水土流失应根据其自身的特点确定水土流失防治范围。

水土保持是防治水土流失，保持、改良与合理利用山区、丘陵区和风沙区水土资源，维护和提高土地生产力，以利于充分发挥水土资源的经济效益和社会效益，建立良好生态环境的综合性科学技术。

公路建设水土保持，是在公路施工过程中公路主体工程、取弃土场、临时工程等范围内，预防和治理水土流失的综合性技术。公路建设工程量大，引起的水土流失也较为严重。这不仅影响公路自身的安全运行和周边环境、沿线城镇、村庄、农田及公共设施，而且影响水土资源和生态环境。公路建设水土保持，主要是在工程措施和生物措施等方面把水土保持和公路建设充分考虑进来，处理好局部治理和全线治理、单项治理措施和综合治理措施的关系，相互协调，使施工及营运过程中造成的水土流失减小到最低程度，从而保证工程建设的顺利进行，促进项目区的社会、经济和环境协调统一发展。它涉及公路防护工程、绿化工程、土地复垦、排水工程、固沙工程等多种水土保持技术，是一门与土壤、地质、生态、环保、土地复垦等多学科密切相关的交叉学科。因此，公路建设水土保持总体上看是环境恢复和整治问题，它属于公路建设与区域环境保护和水土保持的交叉范畴。

4. 公路建设水土流失特点

（1）破坏公路用地范围内的地表植被，产生新的裸露坡面，诱发新增的水土流失量。公路建设是一条线，公路建设对地面扰动、破坏类型多。公路建设中修建路基工程将对公路征地范围内的原地面进行填筑或挖方，造成地表的植被破坏，使土壤表层裸露，原地表坡度、坡长改变，从而使它的抗蚀能力降低，诱发新的水土流失。

（2）取土、弃土、弃渣产生的水土流失。工程建设过程中所产生的大量取土或弃土、弃渣，尤其是弃土、弃渣，由于受地形及运输条件的限制，可能被就近倾倒于沟谷、河坎岸坡上。这些松散的岩土，孔隙大、结构疏松，若不采取有效的防治措施，就会导致新的水土流失及生态环境的恶化，并可能影响高速公路的安全运营。

（3）临时占地及土石渣料的水土流失。在公路施工过程中，施工区内的临时施工便道以及土石渣料，缺少必要的水土保持措施，一遇暴雨或大风将不可避免地产生水土流失。

5. 公路建设与水土保持方案

（1）公路建设必须重视水土保持。

水土保持是用农、林、牧、水利等工程措施防治水土流失，保护水土，充分利用水土资源的统称。《中华人民共和国水土保持法》规定："任何单位和个人都有保护水土资源、预防和防治水土流失的义务，并有权对破坏水土资源、造成水土流失的行为进行检举。""修建铁路、公路和水工程，应当尽量减少破坏植被；废弃的砂、石、土必须运至规定的专门存放地堆放，不得向江河、湖泊、水库和专门存放地以外的沟渠倾倒；在铁路、公路两侧地界以内的山坡地，必须修建护坡或者采取其他土地整治措施；工程竣工后，取土场、开挖面和废弃的砂、石、土存放地的裸露土地，必须植树种草，防止水土流失。""在崩塌滑坡危险区和泥石流易发区禁止取土、挖砂、采石。""企业事业单位在建设和生产过程中必须采取水土保持措施，对造成的水土流失负责治理。"

公路建设必须依法防治水土流失，做好公路沿线的水土保持工作。

（2）公路建设的水土保持方案。

①法律依据。《中华人民共和国水土保持法》规定："在山区、丘陵区、风沙区修建铁路、公路、水工程……在建设项目环境影响报告书中，必须有水行政主管部门同意的水土保持方案。""建设项目中的水土保持设施，必须与主体工程同时设计、同时施工、同时投产使用。建设工程竣工验收时，应当同时验收水土保持设施，并有水行政主管部门参加。"

国务院和有关部委还发布了一些文件，进一步对水土保持方案的编制内容、审批、管理等作了具体规定。

②水土保持方案防治范围。合理划定公路建设项目水土保持方案的防治范围，对保证公路建设的安全施工，公路的安全营运和保护沿线生态环境均具有重要意义。方案的防治范围可划分为施工区、影响区和预防保护区。

a. 施工区。指公路主体工程及配套设施工程占地涉及的范围。包括工程基建开挖区、采石取土开挖区、工程扰动的地表及堆积弃土石渣的场地等。该区是引起人为水土流失及风蚀沙质荒漠化的主要物质源地。

b. 影响区。指公路施工直接影响和可能造成损坏或灾害的地区。包括地表松散物、沟坡及弃土石渣在暴雨径流、洪水、风力作用下可能危及的范围，可能导致崩塌、滑坡、泥石流等灾害的地段。

c. 预防保护区。指公路影响区以外，可能对施工或公路营运构成严重威胁的主要分布区。如威胁公路的流动沙丘、危险河段等的所在地。

③水土保持方案的主要内容。

a. 水土保持方案防治目标。

a）人为新增水土流失得到基本控制。除工程占地、生活区占地外，土地复垦及恢复植被面积必须占破坏地表面积的90%以上。采用各类设施阻拦的弃土石渣量要占弃土石渣总量的80%以上。

b）原有地面水土流失应得到有效治理。使防治范围的植被覆盖率达40%以上，治理程度达50%以上，原有水土流失量减少60%以上。

c）公路施工和营运安全应得到保证。

d）方案实施为沿线地区实现可持续发展创造有利条件。

b. 水土保持方案的防治重点及对策。防治人为新增水土流失及土地沙质荒漠化为方案的防治重点。总的防治对策为：控制影响公路施工与营运的洪水、风口动力源；固定施工区的物质源，实现新增水土流失和自然水土流失二者兼治。

a）公路施工区为重点设防、重点监督区。工程基建开挖和采石取土场开挖，应尽量减少植被破坏。不得将废弃土石渣向河道、水库、行洪滩地或农田倾倒，应选择适宜地方作为固定弃渣场，并布设拦渣、护渣及导流设施。对崩塌、滑坡多发区的高陡边坡，要采取削坡开级、砌护、导流等措施进行边坡治理。施工中被破坏、扰动的地面，应逐步恢复植被或复垦。在公路沿线还应布设必要的绿化，起到美化和生物防护功能。

b）直接影响区为重点治理区。在公路沿线，根据需要布设护路、护河（湖）、护田、护村（镇）等工程措施，还应造林种草，修建梯地、坝地。达到保护土地资源，减少水土流失，提高防洪、防风沙能力，减少向大江大河输送泥沙的目的。

c）预防保护区以控制原来地面水土流失及风蚀沙化为主，开展综合治理（图2-6）。

图2-6 防治水土流失

能力训练

某地区拟建一条一级公路，请根据图 2-7 分析该公路在途经此地区时可能对生态环境产生的影响。

图 2-7　能力训练图

巩固练习

1. 公路建设对重要生态系统和重要自然资源有哪些影响？
2. 公路建设对土地资源的影响主要有几个方面？
3. 公路建设对水资源的影响有哪些？
4. 公路交通对野生动植物的影响包括几个方面？
5. 公路建设与营运过程中，对沿线地质、土质会产生哪些影响？
6. 怎样评价泥石流易发地区？
7. 公路建设水土流失的特点有哪些？

任务二　公路生态环境的保护

一、公路规划设计阶段的生态环境保护

（一）防治地表植物被破坏的措施

（1）在选线、定线以及局部路线方案比较时应考虑环境影响因素。由于公路等级的提高，特别是高速公路路幅较宽，平、纵线形标准较高，开挖路基土石方工程量较大，如果线路过于靠近山体，容易破坏山体稳定，造成山坡土石松动，地面、地下水系统紊乱，导致山体滑坡，水土流失，破坏农田、森林植被，使自然生态失衡。因此，应通过不同方案比较，作出对环境影响的评价，选出经济效益和环境效益均较好的方案。

（2）处理好新线路与旧线路的关系。在生态环境相对脆弱的地区，应尽量利用老路，避免对地表植物的再次破坏。

（3）在进行线形设计时，应与地形、自然环境相协调。高等级公路设计应采用与自然地形相协调的几何线形，使之顺适自然，与周围景观有机融为一体。对以平、纵、横为主体

的公路线形，应采用匀顺的曲线和低缓的纵坡吻合周围地形景观，组成协调流畅的线形及优美的三维空间。

（4）在公路横断面几何构造物上采取的措施。高等级公路在几何构造上采取措施保护环境应结合自然地形调整平面纵断线形，选择适当的横断面。在横断面的路基设计上，应充分听取地质勘察人员的设计意见，沿线也要在保护好地下水的原则下，确定公路横断面尺寸，避免高填深挖，以保护自然生态环境不被破坏。

（5）对公路施工过程中已经破坏或不能避免破坏的植被采取工程措施进行合理的补救方案设计。尽可能早地予以恢复或补偿。

（二）陆生生物的保护措施

公路建设中应采用一些措施保护动植物。对于低等级公路（两侧无隔离栅），动物穿越公路时与行驶车辆相撞是造成动物伤亡的主要原因。以下为适用于低等级公路的动物防护措施。

1. 设置动物标志，减速行驶

在野生动物频繁出没的路段设置动物标志，提醒驾驶人减速行驶，避免动物与车辆相撞引起的伤亡［图2-8a)］。

2. 设置灯光反射装置

在路旁设置一些灯光反射装置，如反光灯等，以便夜间车辆行驶时吓退公路两侧的动物，使其不敢穿越公路。

3. 设置保护栅

在公路两侧修建栅栏或植物屏障，以减少动物与车辆碰撞。这些屏障可改变动物的迁徙路线，通过改变迁徙路线避免相撞事件发生。

4. 设置动物通道

在野生动物保护区、自然保护区等有野生动物特别是濒临灭绝的珍稀野生动物活动的地区，可考虑修建动物通道来保护动物的栖息环境。动物通道分上跨式和下穿式两种。下穿式通道的设计可与涵洞或其他水利设施结合［图2-8b)］。由于设置动物通道所需的费用较高，所以，对采用这种措施的场合应先论证所保护动物种群的重要性和通过的需要性。

a)

b)

图2-8 青海共玉高速公路设置动物标志和动物通道

为使动物通道发挥其应有的作用，通道两侧及上跨式通道的桥面上要实施适当的绿化，以增加隐蔽感。

对于普通等级公路来讲，修建动物通道必须与修建隔离栅相结合，目的是通过改变动物迁徙路线来减少穿越公路的动物与车辆相撞。对于高等级公路，修建动物通道的目的则是为动物的迁徙提供方便。

5. 用隧道、桥梁取代大开挖或高路基

用隧道取代大开挖或用桥梁取代高路基的做法，是基于生态设计的角度考虑，避免破坏野生动物的栖息地或迁徙路径（图 2-9）。

a) 高架桥取代高填方路基

b) 隧道取代大开挖

图 2-9 隧道、桥梁取代大开挖或高填方路基

在山区路段采用隧道、桥梁，不仅可以避免大挖方量、大弃方量、大填方量、大面积边坡的稳定处理以及无法补救的景观影响等问题，而且也有利于野生动物的保护。隧道上面的山体以及桥梁下面的通道是动物天然的活动场所。

6. 植树造林

在公路路界内或相邻区域植树有利于当地的动植物保护。在一些场合，植树在起到防止水土流失作用的同时，还可为当地的动物提供更多的栖息场所（图 2-10）。

所种植树木应尽量采用本土植物，以便在最少的数量下达到维持生态平衡的效果。

当公路穿过森林时，尤其是热带地区，减小要清除的植被的宽度（如使上行线和下行线分开）可以使路两侧的树木在公路上空相接触，为生活在树冠上的动物提供一种过路的途径。

图 2-10 公路陆界范围的植树造林

（三）水生生物的保护措施

公路建设同时也存在着对水生生物的影响，其保护措施如下：

图 2-11　两栖动物自由通道

（1）在跨越河流或湖泊水体时，尽量采用桥涵跨过，减少使用堆填路基结构。

（2）尽可能减少现有河流水体的改道。

（3）加强水域路段的路堤防护，防止土壤侵蚀引起水质污染及河塞，影响水生生物的生存环境。

（4）在涵洞设计中应考虑水生生物迁徙洄游的需要，在必要的场所，设置消力墩来降低水流流速，以便鱼类能逆流洄游（图 2-11）。

案例

环岛旅游公路东方段建设两条动物通道

海南环岛旅游公路建成后，动物如何安全通行？2023 年 4 月 18 日下午，在海南环岛旅游公路第三工区东方段的板桥镇下园村一处道路，记者现场看到，道路下方开辟了两条蜡皮蜥及两栖动物生态通道。目前这两条动物通道主体工程基本完工，将发挥保护动物、保护生态的作用，特别是保护蜡皮蜥等两栖动物穿行道路时的安全。

该项目 DFK4 + 000 盖板暗涵宽约 2m、高约 1.7m、长约 14m，这条通道的底部间隔放置了一些小石块和片石，有些许淤泥，通道外围种上了香蒲，铺上片石，打造了一处端头小微湿地，为蜡皮蜥等两栖动物“指路”。而距离此地 100 多米处，是项目 DFK4 + 140 盖板暗涵，是另一条宽约 2m、高约 2m、长约 15m 的动物通道。

“主要根据蜡皮蜥的习性来打造，还原它的生活环境。”施工单位中交建筑集团有限公司项目总工龚博说，“蜡皮蜥是国家二级保护动物，喜阴凉、爱攀爬、喜爱躲在石头里休息，通过让通道底部不硬化，保持自然基底土质，起到诱导生境效果，这里还可作为两栖动物隐蔽、栖息场所。”

龚博说，目前通道底部的石头铺设了约 20cm，为更好地保证蜡皮蜥等两栖动物通行，在 5 ~ 8 月东方雨季来临之前，将错综有序地堆积片石，沿着通道侧壁设置高出常水位的平台。“动物通道的建设，能减少环岛旅游公路通车对蜡皮蜥等两栖动物带来的不利影响，从而保护生态。”他说。

2022年1月，项目业主单位海南交通投资控股有限公司成立了生态环保课题研究小组，邀请交通运输部专家对海南环岛旅游公路各片区进行考察研究。2022年6月，交通运输部专家在海南环岛旅游公路第三工区东方段的板桥镇下园村发现有蜡皮蜥活动轨迹，并根据其习性，提出了建设方案。

“专家曾多次前来现场指导施工，两条动物通道于去年12月开始建设，目前主体工程基本完工。”海南环岛旅游公路三工区、四工区片区负责人郑永增说，后续，专家还会现场考察蜡皮蜥等两栖动物喜好以及是否需要优化提升动物通道环境。“尽管建设两条通道花费了约50万元，但能保护动物、保护生态，一切就是值得的。”他说。

（摘编自《海南日报》，2023年4月）

（四）地质灾害的防治措施

1. 崩塌的防治

在山区修建公路，对崩塌易发地段，应定期监测，判断崩塌发生的可能性、强度、规模，并采取适当的防治措施，如清除危石、改造坡面等。对规模大、破坏力强、仍在发展中的大型崩塌，一般应以改线避绕为主。对规模不大的崩塌，可根据不同情况，采取建拦石坝、防护河堤、支撑体、砌石护坡、绿化坡面或清除岩屑堆等措施。

2. 滑坡的防治

山区公路在选线时，应尽可能避开大型滑坡易发地带。对开始蠕动变形地段要设计合理的防治措施，同时要尽量减少人为因素的影响。在公路建设与营运中，应对滑坡易发地段进行监测。滑坡的防治主要有排、挡、减、固等措施（图2-12）。

图2-12 崩塌、滑坡综合治理

（1）排，是排除地表水和疏干地下水，增加抗滑力。

（2）挡，是修建挡土墙，挡住土体下滑。

（3）减，是在滑坡上方取土减荷，减小下滑力。

（4）固，是在滑坡体内打抗滑桩或烘烧滑动面土体使之胶结，加大抗剪强度。

考虑滑坡防治措施时，必须针对引起滑坡的原因及类型，抓住主要矛盾加以综合治理。

能力训练

说出如图2-13所示病害的名称，并请分析其产生的原因及处置方法。

图2-13 能力训练图

3. 泥石流的防治

一般公路建设项目都应力求避开泥石流易发地区。但是有的项目由于其本身特点或地理条件限制，项目区的一部分不得不经过泥石流地段，必须采取防治泥石流的工程。有的泥石流只发生在一个坡面，未形成泥石流沟，不需按泥石流的四个区系统地布置治理工程。但其防治原则是一致的，可根据当地具体情况，因地制宜地进行防治。

防治泥石流危害的原则是标本兼治。根据泥石流产生和发展的规律，可分为四种类型区（图2-14）。根据不同区域泥石流沟的不同部位，分别采取不同的治理工程，达到标本兼治的目的。

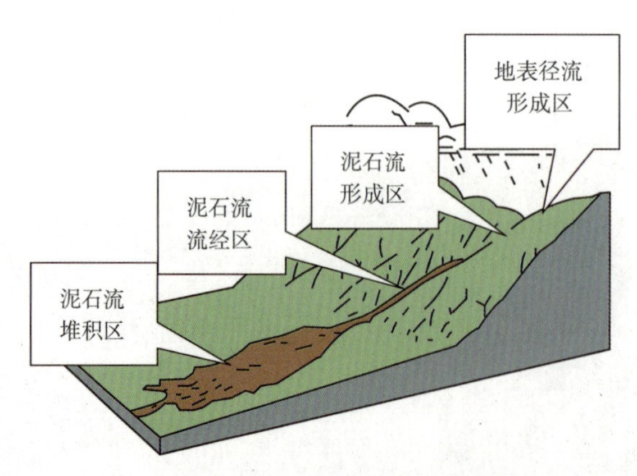

图2-14 泥石流的产生与发展示意图

（1）地表径流形成区的防治。

地表径流形成区，是治本工程的第一关。通过治坡工程和小型蓄排工程，使地表径流得到拦蓄。有条件的还可将未形成泥石流的洪流另行排走，以削弱形成泥石流的水源和动力。

沟头沟边防护工程，常用于一般小流域综合治理，国家标准《水土保持综合治理　技术规范　崩岗治理技术》（GB/T 16453.6—2008）中已有明确规定，可通过植树造林，草地植被，修建排水工程减少或隔断泥石流的固体物质源。

案例

从满目疮痍到青山绿岭——云南东川的绿色蝶变

又见东川，已不是那个东川。曾是全国水土流失最严重的地区之一，森林覆盖率最低时仅为13.3%，有灾害性泥石流沟100多条，水土流失面积占国土面积的70%；曾被誉为“天南铜都”，也是我国第一个因矿产资源枯竭、经济发展滞后而降级的城市……

如今，这里成为我国治理水土流失及荒漠化的缩影。党的十八大以来，昆明市东川区实现从满目疮痍到青山绿岭、从沙砾密布到瓜果飘香的巨变，森林覆盖率升至2021年的41.35%。

泥石流沟的新生

长约138km的小江是东川的“母亲河”、金沙江一级支流。流经东川境内仅90余千米，多达107条泥石流沟渠分布两岸。

历史悠久的铜矿开采成就了东川，但长期伐薪炼铜也导致生态环境极度脆弱，泥石流犹如“座座山头走蛟龙，条条沟口吹喇叭”，还造成山区土地荒漠化。

面对泥石流之苦，东川人民并不屈服，从20世纪70年代起把工程治理和生物措施相结合，总结出稳、拦、排的泥石流治理“东川模式”。

在蒋家沟的河床上，一道5m多高的导流堤“箍”住了泥石流，其两侧形成了巨大反差，一侧是灰色，这是泥石流冲刷后留下的砂石；一侧是鲜亮的绿色，这是种满瓜果蔬菜的2600亩（约1.73km²）田地。不仅是蒋家沟，在大桥河、大白泥沟，治理后的荒滩成为绿油油的良田，行道树、防护林郁郁葱葱。

治理小江就是保护长江。在拖布卡镇新店房村补味沟，一条条巨大的冲沟划开山体，有的沟口直抵小江边。

一项竣工于2021年11月的工程正探索治理水土流失的新模式——柑橘树和泥石流防治相结合，曾经光秃秃的山坡已绿意盎然。水土流失得到有效控制，实现面山绿化、群众增收。这项工程控制水土流失面积超12.45km²，将实现年平均拦蓄泥沙1万t以上，每年为群众增加人均纯收入1000元以上。

小江大治。“十三五”期间，东川整合各类资金，治理水土流失面积223.51km²，大片泥石流冲击滩变为耕地、林地，既保护了群众的生命财产安全，又改善了小江流域局部生态环境。

绿色协奏曲

干旱是小江河谷的典型特征。这里年均降水量700多毫米，而蒸发量是降水量的数倍，加之地质破碎，很多荒坡年年造林不见林。党的十八大以来，东川每年投入造林资金1000万元，以“森林覆盖率每年增长一个百分点”的目标向绿而行。

在实践中，绿化工作者发现了能适应干热河谷气候、成活率高的新银合欢树。针对干旱缺水，独特的“漏斗底鱼鳞坑整地技术”在东川应运而生，这种半月形的树坑上口大、下口小、漏斗底，能有效拦水保墒、提高树木存活率，还获得国家发明专利。

如今，在河谷种新银合欢树，在山腰种经济林果，在高山禁牧轮牧，一幅因地制宜、立体多样的生态建设画卷徐徐展开。

东川区法者林场管护着原始冷杉林、水源涵养林等在内的7万余亩（约46.67km²）森林，是众多珍稀野生动植物的家园。

从满目疮痍到绿染铜都，未来东川将继续统筹山水林田湖草沙系统治理，咬定青山不放松，进一步筑牢长江上游生态安全屏障。

（摘编自《新华社》，2022年6月16日）

（2）泥石流形成区的防治工程。

泥石流形成区，是治本工程的第二关。泥石流形成区的防治工程主要有两方面：一是巩固并抬高沟床，防止沟底下切，即通过各种巩固、抬高沟床，稳定沟坡的工程，特别是各种防治滑坡的工程，防治沟底下切和沟坡崩塌、滑塌，减轻或制止泥石流的产生；二是修建护坡工程，防护工程必须建立在巩固沟床的基础上（如能抬高沟床则更好）。否则，沟床不断下切，再好的护坡工程也将因底部淘刷而失效。

在沟上游和支沟等泥石流形成区的沟道上修建谷坊坝群（图2-15），起到拦蓄部分泥沙石块、防止沟道下切、稳定沟岸与山坡、减少进入沟道的松散碎屑物质，从而减少泥石流发生的作用。即使泥石流发生，因谷坊坝拦蓄的泥沙石块，从而减缓了沟道的纵坡，也可减小泥石流的流速。

图 2-15　谷坊坝群

知识窗

谷坊是在支、毛沟内为防止沟底下切及预防泥石流灾害而修建的一种低坝，其高度一般不超过 5m，坝上有排泄孔，用来把水排掉，把泥沙留下。它是沟道治理的主要工程措施之一。

谷坊的作用可概括成以下几点：

（1）抬高沟底侵蚀基点，防止沟底下切和沟岸扩张，并使沟道坡度变缓。

（2）拦蓄泥沙，减少输入河川的固体径流量。

（3）减缓沟道水流速度，减轻下游山洪危害。

（4）坚固的永久性谷坊群有防治泥石流的作用。

（5）使沟道逐段淤平，形成可利用的坝阶地。

（3）泥石流流经区的防治工程。

泥石流流经区，是治标工程的第一关。其主要任务是在主沟内修建各种拦沙坝、格栅坝等工程（图 2-16），拦挡泥石流中的大石、粗砾，削减泥石流的流速和规模，减小泥石流的冲撞能力，防止泥石流的侧蚀和下切，降低对下游的危害。

a) 桩林

b) 拦沙坝

图　2-16

c) 挡泥墙

d) 格栅坝

图2-16 泥石流流经区的防治措施

①格栅坝：拦截泥石流中大石、粗砾的主要工程。坝的形式有多种，坝体需用浆砌石或混凝土修筑，格栅部分用钢材做成。在水土保持方案的初设和可研阶段，都应调查了解泥石流中的沙石最大粒径。

②桩林：主要部署在泥石流发生频率较低的沟道。其设置需注意两点：一是桩的间距不应过稀或过密，要求为最大粒径 D_M 的 1/2.0 ~ 1/1.5，以便有效地拦截水流中的大石、粗砾；二是埋入深度不小于桩长的 1/3，以保证稳固。

③拦沙坝：一般多设置在格栅坝和桩林的下游，拦截洪水中的泥沙。

（4）泥石流堆积区的防治工程。

泥石流堆积区，是治标工程的第二关。其主要任务是通过适当的停淤和排导工程，使泥石流不致对下游造成巨大的危害。

泥石流堆积区一般在沟道下游和沟口附近，堆积的石砾对沟口附近河岸、河道造成直接危害。防治工程是通过修停淤工程，使停淤后的洪水有控制地排入河道，不致因乱流造成危害。可以修建排洪道和导流堤，保护公路、桥渠、涵洞和其他建筑物。泥石流堆积区的防治措施如图 2-17 所示。

这四个区的工程必须同时共举，才能收到应有的效果。在一定时期内，治本的两个区，只能适当减轻泥石流的发生，未能全部根治。在此情况下，有效地减轻泥石流对其下游的危害还要靠后两个区的治标工程。

4. 水土流失的防治

（1）土壤侵蚀的分类。

我国土壤侵蚀面积大，各地自然条件和人为活动不同，土壤侵蚀的特点不同，因此可将全国分为不同的土壤侵蚀类型区。通常分为三个一级区，即水力侵蚀为主的类型区、风力侵蚀为主的类型区和冻融侵蚀为主的类型区。该划分大致和我国综合自然区域中的三大自然区，即东部季风区、西北干旱区和青藏高原区相对应。

①水力侵蚀为主的类型区。该区大体位于我国大兴安岭—阴山—贺兰山—青藏高原东缘一线以东。可进一步划分为六个二级类型区。

a. 黄土高原区。黄土高原区是我国生态系统脆弱、水土流失最严重的地区。由黄土塬沟壑区与黄土丘陵沟壑区两大地貌类型区组成。后者主要由黄土梁、黄土峁与沟壑组成，面积最大，水土流失最严重。

b) 泥石流排导槽

a) 泥石流排导槽和停淤场　　c) 泥石流拦挡和排导

图 2-17　泥石流堆积区的防治措施

b. 东北低山丘陵区。南界为吉林省南部，西、北、东三面为大兴安岭、小兴安岭和长白山所围绕。在区内，除林区和三江平原外，其余地区都有不同程度的水土流失。

c. 北方山地丘陵区。北方山地丘陵区指东北的南部、河北、河南、山东等省范围内有水土流失现象的山地、丘陵地区。

d. 南方山地丘陵区。北界为大别山，包括湖北、湖南以及华东、华南各省区。其中，江西南部水土流失强烈，是我国南方具有代表性的水土流失区。

e. 四川盆地及周围的山地丘陵区。

f. 云贵高原区。在石灰岩集中分布地区，岩溶侵蚀普遍。

②风力侵蚀为主的类型区。该区包括新疆、青海、甘肃、宁夏、内蒙古、陕西等省（自治区）的部分地区，是我国沙质荒漠、砾质荒漠、石质荒漠的主要分布区。

③冻融侵蚀为主的类型区。该区包括青藏高原及其他一些高山地区，尤其是现代冰川活动区。

（2）土壤侵蚀强度的分级。

目前，我国土壤侵蚀强度的分级，采用水利部门颁发的土壤侵蚀强度分级指标（表 2-1）和不同水力侵蚀类型强度分级参考指标（表 2-2）。

土壤侵蚀强度分级指标　　表 2-1

序号	级别	年平均侵蚀模数［t/（km^2·年）］	年平均流失厚度（mm）
1	微度侵蚀（无明显侵蚀）	<200，500，1000	<0.16，0.4，0.8

续上表

序号	级别	年平均侵蚀模数［t/（km²·年）］	年平均流失厚度（mm）
2	轻度侵蚀	（200，500，1000）~2500	（0.16，0.4，0.8）~2
3	中度侵蚀	2500~5000	2~4
4	强度侵蚀	5000~8000	4~6
5	极强度侵蚀	8000~15000	6~12
6	剧烈侵蚀	>15000	>12

不同水力侵蚀类型强度分级参考指标 表2-2

序号	级别	面蚀		沟蚀		重力侵蚀
		坡度（°）（坡耕地）	植被覆盖率（%）（林地、草坡）	沟壑密度（km/km²）	沟蚀面积占总面积的百分比（%）	滑坡、崩塌面积占坡面面积的百分比（%）
1	微度侵蚀（无明显侵蚀）	<3	>90	—	—	—
2	轻度侵蚀	3~5	70~90	<1	<10	<10
3	中度侵蚀	5~8	50~70	1~2	10~15	10~25
4	强度侵蚀	8~15	30~50	2~3	15~20	25~35
5	极强度侵蚀	15~25	10~30	3~5	20~30	35~50
6	剧烈侵蚀	>25	<10	>5	>30	>50

需说明的是，微度侵蚀（无明显侵蚀）的地区不计算在水土流失面积以内，其允许流失量根据各流域具体情况确定，一般在200~1000t/（km²·年）范围内。

（3）土壤侵蚀量的计算。

①土壤侵蚀量。公路建设影响范围内水土流失的侵蚀量采用式（2-1）估算：

$$水土流失侵蚀量=土壤侵蚀模数\times水土流失面积 \tag{2-1}$$

对土壤侵蚀模数的确定主要通过两种途径：一是采用路线经过的市、县级水利主管部门提供的当地资料；二是在具有监测资料的情况下，采用公式计算。

②土壤侵蚀模数。目前，我国对以水蚀为主的土壤侵蚀模数，采用通用土壤流失方程估算。即：

$$A=RKLSCP \tag{2-2}$$

式中：A——表示某一地面或坡面，在特定的降雨、作物管理方法及所采用的水土保持措施条件下，单位面积上产生的土壤流失量，t/km²；

R——降雨和径流因子，表示在标准状态下，降雨对土壤的侵蚀潜能，也称降雨侵蚀指数；

K——土壤可蚀性因子，对于特定土壤，等于单位 R 在标准状态下，单位面积上的土壤流失量，t/km²；在其他因素不变时，K 值反映了不同土壤类型的侵蚀速度，它是方程式右边唯一有量纲的因子；

LS——地形因子；

L——坡长因子，等于实际坡长产生的土壤流失量与相同条件下特定坡长（22.1m）上产生的土壤流失量之比值；

S——坡度因子，等于实际坡度下产生的土壤流失量与相同条件下特定坡度（9%）下产生的土壤流失量之比值；

C——植被与经营管理因子，等于实际植被状态和经营管理条件下，坡地上产生的土壤流失量与裸露连续休闲土地上的土壤流失量的比值；

P——水土保持措施因子，也称保土措施因子。等于采取等高耕作、条播或修梯田等水土保持措施下的农耕地上的土壤流失量与顺坡耕作、连续休闲土地上的土壤流失量之比值。

在式（2-2）右边的6个因子中，*R*和*K*对于特定地区和特定土壤是个常量；*L*、*S*、*C*、*P*可通过人为措施加以改变。

采用式（2-2）计算土壤侵蚀模数时应注意以下几点：

a. 多年来，水土保持部门以通用土壤流失方程为基础，针对不同环境条件，得出一些计算不同地区土壤侵蚀量（或土壤侵蚀模数）的经验公式，可供计算用。

b. 路线跨越不同自然区域时，土壤侵蚀量应分段计算，然后相加。

c. 方程式中有关因子的确定，需参考水土保持部门提供的方法和数据。

d. 应考虑人为因素的影响。结合公路施工时对地表植被的破坏程度，填、挖路段状况以及采石、取土与弃土堆放情况等，分析由于人为因素可能增加的土壤侵蚀量。

计算出水土流失区不同路段的土壤侵蚀量后，可根据表2-1和表2-2对土壤侵蚀强度进行分级，并研究相应的防治措施。

对以风蚀为主地区（如西北干旱地区）的土壤侵蚀模数，应参阅有关资料确定。

（4）水土流失的防治措施。

公路工程规划设计阶段的防治水土流失的措施主要包括路基、路面排水、路基防护、公路绿化美化工程以及桥涵所跨河道的防洪工程等。这些措施主要考虑：上述主体工程中是否充分考虑了路基挖填平衡；公路排水系统是否完善并削弱了水土流失的原动力；路基防护工程是否有效地防止了路基坡面侵蚀，保护了公路工程的安全；公路绿化工程是否起到了美化环境、保持水土的显著作用。

①路基、路面。

a. 充分考虑路基填挖平衡，减少公路建设取、弃土造成的水土流失。

b. 设置完善的排水系统，以排除路基、路面范围内的地表水和地下水，保证路基和路面的稳定，防止路面积水影响行车安全。

路基地表排水可采用边沟、截水沟、排水沟、跌水及急流槽、拦水带、蒸发池等设施。当路基范围内露出地下水或地下水位较高，影响路基、路面强度或边坡稳定时，应设置暗沟（管）、渗沟、渗井等地下排水设施。高速公路、一级公路应设置路面排水设施。

路面排水设施由路肩排水和中央分隔带排水设施组成。

c. 合理地设置路基防护设施。路基防护工程是保证路基稳定，防止水土流失，改善环境景观和保护生态平衡的重要设施。边坡防护工程应设置在稳定的边坡上。在适宜于植物生长的土质边坡上，应优先采用种草、铺草皮、植树等植物防护措施。对于岩体风化严重、节理发育、软质岩石等的挖方边坡，以及受水侵蚀、植物不生长的填方边坡，可采用护面墙、砌石（混凝土块）等工程防护措施。沿河路基，在受水浸淹和冲刷的路段，可采用挡土墙、砌石护坡、石笼、抛石等直接防护措施。为改变水流方向，减小设防部位水流速度，可设置如丁坝、顺坝等导治构造物等间接防护措施，必要时也可以改移河道。对高速公路、一级公路的路基边坡，应根据不同地质情况及边坡高度，分别采取植物、框格、护坡等防护；对石质挖方边坡可采用护坡、护面墙及锚喷混凝土等防护形式。各种防护措施可配合使用，并注意相互衔接。

②进行绿化工程设计，对公路两侧沿线生态环境予以改善，同时还能防止水土流失，对公路建设的破坏行为予以补救。全线路堑边坡、路堤边坡、分车带、中央分隔带范围、土路肩、碎落台、反压车道、隔离栅、互通立交区、隧道进出口等特殊位置、收费站、生活服务区以及挡土护坡，取、弃土场地等，都应进行绿化美化工程。

③按照现场水文调查的资料进行桥涵的布设，根据洪水的调查、分析、计算结果，合理确定桥涵的结构、形式及尺寸。在进行现场水文调查时，还应调查沿河既有桥梁的状况和运营情况以及河道防洪规划情况。如若有弃土弃渣及其他工程项目影响到河道行洪时，必须进行泄洪河道整治。

二、公路施工阶段的生态保护

（一）防治地表植物被破坏的措施

（1）合理地设置施工取土场、砂石料场，禁止乱取、乱弃、乱堆。

（2）在施工营地和场地的选择过程中，考虑对生态环境的影响，尽量减少对地表覆盖的破坏面积，做好生活垃圾的收集和管理工作。

（3）施工营地和场地使用后，应及时清理、整治。

（4）注意施工便道的设置，不能只考虑施工方便，更要注意对生态环境的影响。施工中严格要求施工机械的行驶路线。

（5）加强施工人员的环保意识教育，避免施工中的野蛮行为对生态环境造成破坏。

（6）施工后及时平整地面，尽量恢复原有地貌和植被以达到与周边自然环境的协调和谐。

（二）对生物多样性的保护措施

（1）控制施工和人类的活动范围、规模和强度。

（2）野生动物通道范围内减少人为痕迹，避免惊扰动物的正常生命活动。

（3）加强沿线生物多样性保护的宣传教育，禁止猎杀野生动物。

（4）施工结束后采取相应的措施进行生态恢复。

（三）防治地质灾害的措施

（1）避免过分开挖山体边坡，或在坡脚大量采石取土。

（2）对于不稳定的边坡，可采取削坡等工程措施使其稳定。

（3）施工中，对取、弃土场，料场以及施工场地均应采取合理的防治措施，例如护坡、拦渣等。

（4）合理安排施工时间。土方作业应避开雨季，并在雨季来临之前将开挖回填土方的边坡排水设施处理好。如不能避开雨季施工，应尽量减小施工面坡度，并做到施工料的随取、随运、随铺、随压，以减少雨水冲刷侵蚀。

（5）尽快恢复水土流失地段保水保土的功能。

以下为思小高速公路生态保护案例，试找出思小高速公路在施工中针对哪些生态环保对象采取了相应的保护措施以及这些措施对当地经济产生的带动效应。

思小路：铺展最美高速公路生态画卷

人间四月，芬芳未尽。驾车在思茅至小勐养高速公路上，一路映入眼帘的是望不到边的热带雨林，郁郁葱葱，赏心悦目。高速公路就像飘在绿海中的一条银带，因势顺形，在林海中向前延伸，呈现一幅美丽的生态画卷。

这条穿越热带雨林的美丽高速公路，在设计、建设、运营、管理过程中努力践行绿水青山就是金山银山的理念，结合当地自然环境特点不断创新完善，带动沿线经济社会加快发展，成为践行可持续发展观的具体实践。

打造生态路的“绿色样板”

“车在林中行，人在画中游。”作为中国首条穿过热带雨林的高速公路，思小高速是国内唯一一条2A级旅游景区高速公路。高速公路景区因何而来？“沿着高速看中国·走进云南”记者团沿着思小高速一路寻找答案。

从思茅出发沿高速公路进入西双版纳段，首先映入眼帘的是普文坝子“一望无际、袅袅炊烟”的田园风光，公路两旁成片的橡胶林让人一下子陶醉在热带风光的迷人意境之中。在野象谷服务区，远眺视线效果极好，茶园、傣家竹楼、思小高架桥尽收眼底，临山体一侧雨林茂密葱郁，场地深处有一处“凹”形空间，三面环山，自然幽静。继续前行，中华普洱茶博览园的大渡岗万亩生态茶园是世界茶海中一颗璀璨明珠，50.67km^2 连片绿色茶园在山冈上绵延，一排排整齐的茶树像梯田一样，十分壮观。一路上，结合项目地域特色，工程景观做到一洞一景，巧妙地设计了傣族公主帽形隧道洞门、傣族民居特色的服务区建筑，浓浓的民族风情扑面而来。

“这真是一条生态大道、景观大道、绿色大道！”思小高速公路打造生态路的背后故事在雨林的穿行间慢慢展开。

“那是一棵270多年的古树，当时就长在公路建设的中央，如迁移很难成活，所以建设中我们多花30多万元延长引道绕开了古树。”驶入野象谷北互通区，云南交通投资集团普洱管理处督查督导员徐景江指着一棵古树介绍，早在公路施工前期，项目部就对进场临时便道进行勘察划定，在划定近70条临时便道的工作中，做到避开林木区域，避免乱砍树木或填埋沟河渠道的工程。他说：“我们对桥下高大的林木采取截枝断顶的方法尽量予以保留，对公路沿线珍稀植物挂牌保护，对线路中桥墩位置的珍稀植物实行迁移保护，尽量保留天然的一草一木。”

建设过程中，思小高速公路在云南公路建设史上创下多项第一。第一次在高速公路旁设置港湾式停靠站点，第一次全部采用本地物种进行公路绿化，第一条基本没有石砌护坡的高速公路，第一条全线标志标牌采用中英文对照。“由于思小高速在建设初期很好做到了因地制宜施工、保质保量完工，使得整条公路的使用寿命得到延长。通车15年来，思小高速从未进行过大型翻修工程，也在一定程度上很好保护了沿线的生态环境。”徐景江说。

因穿过著名的野象谷景区，思小高速公路在建设中最大限度地减少对野生动物的干扰，参与建设的3万多人默默进驻、悄悄动工。建设桥梁为野象出没留下通道，尽最大可能减少对野生动物的干扰，同时设置了人性化的标志牌、生态隔音墙，提示过往驾乘人员保护野生动物，爱护生态环境，每一个细节都尽量做到“不破坏”“不打扰”。

近年来，按照打造中国最美丽省份靓丽风景线的目标，围绕“增色、添彩、造景”的思路，思小高速结合地域特点，广泛种树种花，打造景点，做到“路景交融、轻松舒畅”，努力实现路到哪里，美丽就要传播到哪里。

激活高速路的“绿色经济”

绿色是思小高速最明显的“底色”，而这一底色也延伸到了沿线的经济社会发展中，成为激活“绿色经济”的一大动能。

在思小高速公路的连接点宁洱县同心镇那柯里村，站在半山腰上就能看到茶马古道、昆洛公路、昆曼大通道3条道路齐头并进，向前延伸的景观。

从窄险坎坷的小道到平坦宽敞的大道，交通的变迁成为时代进步的缩影。

走进那柯里村，青青石板路，潺潺溪流水，这个曾经茶马古道上的重要驿站，如今已建成宜居宜业宜游的美丽新农村。外乡人瓦渣兄弟到这里创业，开发了哈尼土陶体验项目；傣族妇女张春芝从路边卖馒头起家到身价千万，是当地的致富带头人；92 岁的李明珍老人，以前依托茶马古道开设“马店”，现在依托高速公路开设“茶店”。

“2020 年，那柯里实现旅游收入 1.53 亿元。”宁洱县文化和旅游局副局长唐春丽说，通过旅游景区打造，成就了一个以茶马古道、马帮文化、民族风情文化为特色的乡村生态休闲旅游地。

知名度和美誉度不断攀升的不止那柯里，普洱的咖啡也因为人流、物流、资金流快速通道的打通飘香世界。

在云南国际咖啡交易中心，展示墙上的一组数据，直观地展示了普洱咖啡在全国乃至世界的一份话语权。云南，世界咖啡种植的黄金地带，种植面积约 1060km^2，占全国总面积和总产量的 98% 以上；普洱，咖啡种植面积 517.87km^2，占云南种植面积的近一半，成为全国种植面积最大、产量最高、品质最优的咖啡主产区。

“高速公路物流流通领域对于咖啡的交易以及整个产业发展的重要性是不言而喻的。”在云南国际咖啡交易中心总经理舒洋看来，普洱咖啡产区多在边境一线，普洱的咖啡原料和产品要想更好地覆盖国内市场，交通的便捷性非常重要。他坦言，随着昆曼大通道的不断完善，普洱市能更好地与南亚东南亚市场相连接，从而成为亚洲咖啡的贸易集散中心和产业中心。

一路向南，顺着思小高速来到太阳河自然保护区，这里保存着全球同纬度地带热带向南亚热带过渡的面积最大、最集中连片的季风常绿阔叶林，堪称最耀眼的“绿海明珠”。沿着保护区内的太阳河国家森林公园生态走廊前行，一路上都能听到长臂猿的高声呼叫，还能体验给犀牛挠痒痒、与小熊猫合影、看猫头鹰睡觉，这里已成为近年来高端品质游和康养游的热门目的地。

不为人知的是，在思小高速未建成前，当地进行了许多森林生态旅游开发尝试，但由于受交通基础设施、管理不善等条件制约，都以失败告终。“酒香也怕巷子深。”太阳河国家森林公园总经理助理李福辰说，思小高速建成后，景区便捷度不断提升，入园游客的不断增多，极大带动了区域经济的发展。景区旅游平均每年提供社区 300 个就业岗位，带动周边农家乐 20 余家，带动旅游从业人员 400 余人。目前，景区正积极拓展旅游产品外延，利用森林 + 生态康养、国际赛事、自然研学游学、汽车试驾等，与健康、体育、文化、教育等领域共融发展，围绕森林旅游探索出一条保护自然与普惠社会的旅游可持续发展之路。

数据显示，思小高速建成开通以来，车流量已由通车年 142 万辆次提升至 2020 年 403 万辆次。车流量攀升的背后，彰显出思小高速公路拉动沿线地区经济社会发展的重要作用。从立项、选线、建设到运营，这条高速公路被“轻轻”地放进了热带雨林里，以最小程度破坏植被、最大限度保护生态、最快速度恢复生态，在保护与发展中架起了“高速通道”，为可持续发展提供了一份鲜活范本。

（摘编自《云南日报》，2021年4月）

三、公路营运阶段的生态保护

公路营运阶段对生态环境的保护措施主要是公路绿化。

公路绿化是公路建设的一项重要内容，在目前公路设计文件中，环境保护设计含有公路绿化的内容，但一般不尽完善，还经常出现绿化设计与线路设计不配套的问题，往往当道路竣工通车时，线形流畅，路面整洁，标志、标线齐全，唯独绿化工程跟不上。

公路绿化主要有两大作用：一是防治水土流失，保护生态环境；二是改善视觉质量，保障行车安全。公路绿化不仅可以美化路容、净化空气、降低噪声、改善环境条件，而且有利于行车安全，为驾乘人员诱导视线、减轻视觉疲劳，从而减少交通事故的发生。通过绿化还可以养护公路，稳固路基，保护路面，延长公路寿命。

公路绿化一般要根据不同的道路结构或场所采取不同的种植方式。

路堤式：对路堤边坡尽量采用植草护坡，在路堤的坡角至路界内可植树绿化，边沟内种常青小灌木，外侧种高大乔木，并适当密植，使其错落有致。

路堑式：路堑边沟外植灌木，坡面应尽量采用各种骨架绿化护坡，或采用爬山虎等攀缘植物与浆砌片石结合护坡。对较高的土质边坡，应修建成阶梯状，在台阶上采用乔灌结合绿化。

互通立交：在互通立交的匝道空地上实施景观绿化，立交桥可种植爬山虎等攀缘植物进行立体绿化，引桥边坡可植草绿化。

庭院：在公路服务区、收费站生活区和养护管理工区内的空地，应按园林设计要求予以绿化。

临时用地：公路临时用地在公路施工完后，要尽量恢复土地的原有使用功能，如恢复土地的农业生产功能，裸露的地表均应植树、种草，绿化环境。

取、弃土场：在公路施工完后，除那些可以改造成农田的取、弃土场，或可以改造成养虾池和养鱼池的取土坑外，裸露的取、弃土场地表均应进行绿化。

公路绿化除了上述按照不同道路结构采取的不同绿化形式外，还包括以降低交通噪声、净化空气和改善公路景观等为目标的绿化。总之，公路绿化应使公路沿线地区因公路施工而减少的绿色植物尽可能地得到较好的修复或补偿。

1. 公路规划设计阶段的生态保护主要有哪几个方面？
2. 公路规划设计阶段防治滑坡的措施有哪些？
3. 谈谈如何防止泥石流。
4. 公路施工阶段的生态保护措施主要有哪些？
5. 在公路营运阶段，如何做好生态保护？

项目三
公路声环境建设

学习目标

1. 了解噪声在空气中的传播过程，明确影响其传播的因素；
2. 掌握交通噪声的组成及影响因素；
3. 了解声屏障对声音的衰减原理；
4. 掌握各种类型声屏障的适用特点；
5. 掌握低噪声路面的机理；
6. 能够对交通噪声产生的原因进行分析，并根据原因采取相应的降噪措施；
7. 能根据声环境敏感点所在地区及特点选择适用的声屏障类型。

随着中国经济发展和人民群众对美好生活需求日益增长，噪声污染已逐渐成为民众关注的突出环境问题。防治噪声污染，是生态文明建设和生态环境保护工作中的重要内容。截至2023年底，全国公路通车里程543.68万km，其中高速公路18.36万km，公路工程建设体量大、发展快，使交通噪声管理面临较大的压力。合理规划进行提前预防，是地面交通噪声管理的根本性措施。在技术经济可行条件下，优先考虑对噪声源和传声途径采取工程技术措施，可采用低噪声的建设构造和形式主动控制噪声源，可采取声屏障、绿化带等措施消减传声途径噪声。

任务一 公路交通噪声

一、声学的基本知识

（一）噪声与噪声源

人们生活在充满着各种声音的世界里，生活离不开声音。判断一种声音是否属于噪声，很大程度上取决于接受者的主观因素。噪声，概括地讲，凡是使人烦恼不安，对人体有害，人们所不需要的声音统称为噪声。

声音来源于物体的振动。通常把正在发出声音的振动物体称为声源，发出噪声的振动物体称为噪声源。

（二）噪声在空气中传播

声源振动辐射的声波在媒质中传播时，在某一时刻声波到达的各点所形成的包迹面称为波阵面。根据波阵面的形状，可以将声波分为平面波、球面波和柱面波。由点声源辐射的声波为球面波，如当一辆汽车的尺度远小于其到观察点的距离时，可视作点声源。线声源辐射的声波为柱面波，如一列火车或公路上的车流，可看成线声源。

媒质中有声波传播的区域叫作声场，声波传播无边界影响或边界影响可以忽略的区域称为自由声场。

1. 声波的声速、波长与频率

声波在媒体中传播的速度称为声速，习惯用符号 c 表示，单位是米/秒（m/s）。声速与声源的性质无关，而与媒质的弹性、密度及温度有关。在空气中，声波的传播速度为：

$$c=\sqrt{\frac{B}{\rho}} \tag{3-1}$$

式中：B——空气的体积弹性模量，N/m^2；

ρ——空气的密度，kg/m^3。

在声波传播过程中，空气中的压强和密度发生迅速变化，该变化近似绝热过程。根据理想气体绝热方程，声速表达式（3-1）演化为：

$$c=\sqrt{\frac{\gamma RT}{\mu}} \tag{3-2}$$

式中：γ——气体的定压比热与定容比热的比值，对于空气（双原子气体）$\gamma=1.40$；

R——普适气体常数，$R=8.31J/(mol\cdot K)$；

T——空气的绝对温度，K；

μ——空气的摩尔质量，在标准状态下，$\mu=2.87\times10^{-2}kg/mol$。

将上述各项常数代入式（3-2），得空气中声速与温度的关系见式（3-3）。由此，在常温下（$\theta=15℃$）声速 $c=340m/s$。

$$c=331.4\sqrt{1+\frac{\theta}{273}}\approx331.4+0.607\theta \tag{3-3}$$

波声传播路径上，两相邻同相位质点之间的距离称为波长，记作 λ，单位为米（m）。声波传播一个波长所需的时间称为周期，记作 T，单位是秒（s）。周期的倒数称为声波的频率，记作 f，单位为赫兹（Hz）。声速与波长、频率有如下关系：

$$c=f\lambda \quad 或 \quad c=\frac{\lambda}{T} \tag{3-4}$$

人耳能听到的声波频率（称音频）范围在20～20000Hz之间，其对应的波长范围在17.0～0.017m之间。低于20Hz的声波称为次声，高于20000Hz的称为超声，次声和超声不能使人耳产生听觉。

2. 噪声在空气中传播

噪声在空气中传播时，由于声波的作用，使空气中质点获得声能量。所以，声波的传播过程实质上是声源辐射声能量的传递过程。噪声的强度随着传播距离的增加而衰减，其原因主要是声能量随声波波阵面的扩张而衰减，其次是空气对声能量的吸收及近地面传播时的附加吸收衰减。气象条件如风速、温度、雨、雾等对噪声传播也有相当大的影响。

（1）声压随传播距离衰减。

噪声在空气中传播时，由于波阵面随传播距离而扩张，使声压（有效声压）相应衰减。声压级的衰减量表示如下：

$$\Delta L_1 = \begin{cases} 20\lg \dfrac{r_0}{r} & \text{（点声源）} \\ 10\lg \dfrac{r_0}{r} & \text{（线声源）} \end{cases} \tag{3-5}$$

式中：ΔL_1——声压级随传播距离的衰减量，dB；由式可见，点声源辐射的声波传播距离加倍时，声压级衰减 6dB；线声源辐射的声波传播距离加倍时，声压级衰减 3dB；

r_0——参照点距噪声源的距离，m；

r——接受点距噪声源的距离，m。

（2）空气对声波的吸收。

空气对声波的吸收由两部分组成：一是由空气的黏滞性、热传导及空气分子转动弛豫等因素产生的声能量损耗，称为经典吸收，一般可忽略不计；二是由空气中氧分子和氮分子振动弛豫产生的声能量损耗，称为分子吸收，分子吸收与空气的温度、湿度及声波的频率有关。空气吸收产生的声压级衰减量可表示为 $\alpha(r-r_0)$，α 为空气的声压级衰减系数，单位为分贝/米（dB/m）。空气中声压级衰减系数的实验值请参阅有关资料。在噪声控制中，当声波的频率不太高（低于 2000Hz）时，空气吸收衰减可忽略不计。

（3）地面吸收的附加衰减。

地面吸收对噪声的附加衰减量取决于地表性质、植被类型等。对于灌木丛和草地的衰减量可用式（3-6）估算：

$$\Delta L_2 = (0.18\lg f - 0.31)\, r \tag{3-6}$$

式中：ΔL_2——地面吸收对噪声的附加衰减量，dB；

f——噪声的频率，Hz；

r——噪声在草地或灌木丛中传播的距离，m。

由于公路两侧的地表情况较复杂，对于公路交通噪声，可用经验公式（3-7）估算其地面吸收的附加衰减量：

$$\Delta L_2 = \alpha \cdot 10\lg r \tag{3-7}$$

式中：r——噪声传播的距离，m；

α——与地面覆盖物有关的衰减因子。经作者测定及资料介绍，当接收点距地面 1.2m 时，各种地面的平均衰减因子取 $\alpha = 0.5 \sim 0.7$；接收点距地面高度增加时，α 值随高度减小。

由上面讨论可见，在自由声场条件下如距噪声源 r_0（参照点）处的声压级为 L_0，则距离 r（接收点）处的声压级 L_P 为：

$$L_P = L_0 + 10\lg\left(\frac{r_0}{r}\right)^a - a(r - r_0) + \begin{cases} 20\lg\dfrac{r_0}{r} & (\text{点声源}) \\ 10\lg\dfrac{r_0}{r} & (\text{线声源}) \end{cases} \tag{3-8}$$

（4）风速和温度梯度对噪声传播的影响。

声波从声速大的媒质进入声速小的媒质时，折射声波的传播方向将靠拢法线。反之，折射声波的传播方向将背离法线。

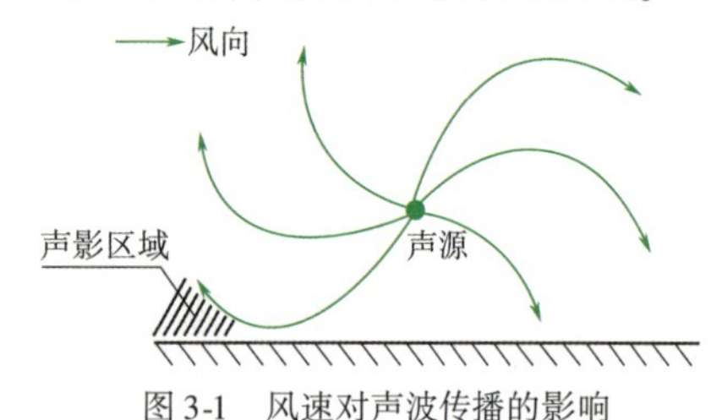

图3-1　风速对声波传播的影响

当声波顺风向传播时，声速应叠加上风速。由于地面对空气运动的阻力，风速随着离地面高度的增加而增大，即声速随高度增大，从而使声波传播方向向下弯曲。当声波逆风向传播时，声速应减去风速，即声速随高度减小，从而使声波传播方向向上弯曲（图3-1）。该现象就是声波顺风往往比逆风传得更远的道理。

由式（3-3）知，空气中的声速与温度成正比。当空气温度随高度增大时（温度梯度为正），声速亦随高度增大，因而使声波传播方向向下弯曲［图3-2a)］，例如，在晴天的夜间，地面由于热辐射和热传导迅速冷却，靠近地面的空气温度下降，而离地较高处仍保持较高的温度，即所谓逆温现象，这时地面上声源辐射的噪声就可以传播得较远。相反，当温度随高度减小时（温度梯度为负），声速传播方向向上弯曲［图3-2b)］，例如，在晴朗的白天，空气温度随高度下降，地面上声源辐射的噪声就传播得较近。

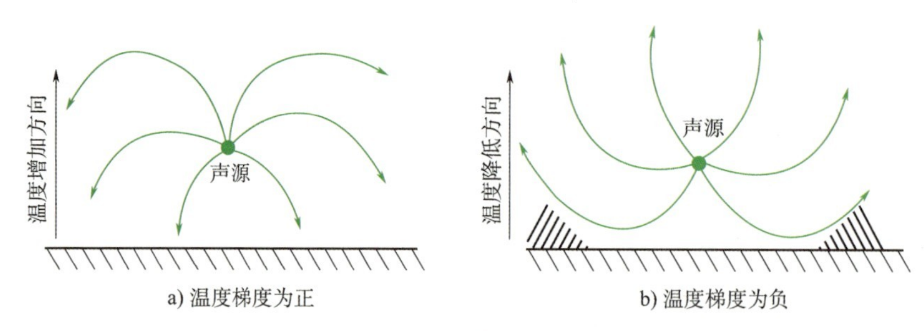

a) 温度梯度为正　　b) 温度梯度为负

图3-2　温度梯度对声波传播的影响

（三）声波的绕射、反射、吸收和透射

1. 声波的绕射

当声波遇有孔洞（或缝隙）的障板时，由于声波的绕射特性，可以通过孔洞传到障板的背后。当孔洞的直径（d）比入射声波的波长（λ）小得多时（即 $d \ll \lambda$），小孔可近似看作一新波源，它的子波是以小孔为中心的球面波（图3-3）。在噪声控制工程中，应防止障板（如声屏障）上有孔洞（或缝隙），避免漏声而造成“声短路”现象。

当声波遇到障板时，因声波的绕射在障板边缘处将改变其原来传播方向而“绕”到障板的背后（图3-4）。当障板的尺度比声波的波长大得多时，绕射的范围有限，板后将产生明显的声影区，如果声波的频率很低，绕射范围就将扩大。

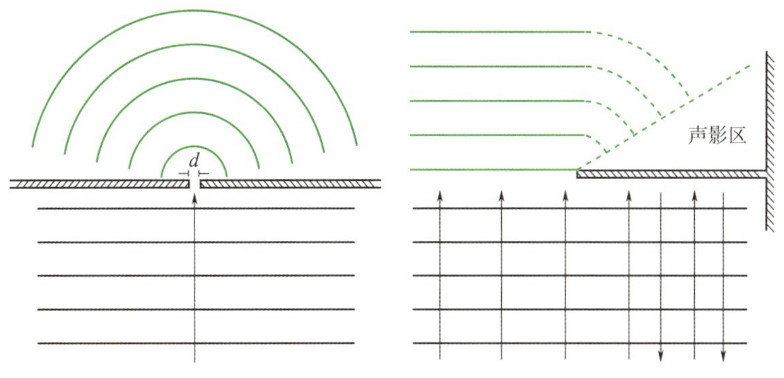

图 3-3　声波通过小孔绕射示意图　　图 3-4　声波在障板边缘绕射示意图

2. 声波的反射

当声波入射到墙、板等表面时，声能的一部分将被反射。若单位时间内的入射声能为 E_0，反射声能为 E_r，则墙、板的反射系数 r 定义为：

$$r = \frac{E_r}{E_0} \tag{3-9}$$

当反射面的尺度比声波波长大得多时，将产生镜面反射。为使声波扩散反射，反射面需做成扩散体形式，且扩散体的尺寸应与入射声波的波长相当。声波频率越低，要求扩散体的尺度越大，它们的关系可参照图 3-5，按式（3-10）估算。

$$\left.\begin{aligned} a &\geqslant \frac{2c}{\pi f} \\ \frac{b}{a} &\geqslant 0.15 \end{aligned}\right\} \tag{3-10}$$

式中：a——扩散体宽度，m；

b——扩散体凸出的高度，m；

c——声波的声速，m/s；

f——声波的频率，Hz。

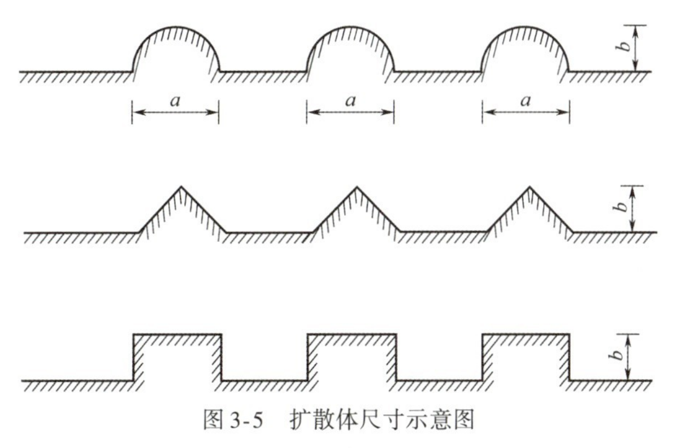

图 3-5　扩散体尺寸示意图

3. 声波的吸收和透射

声波入射到墙、板等构件时，除一部分声能被反射外，其余部分将透过构件和被构件材

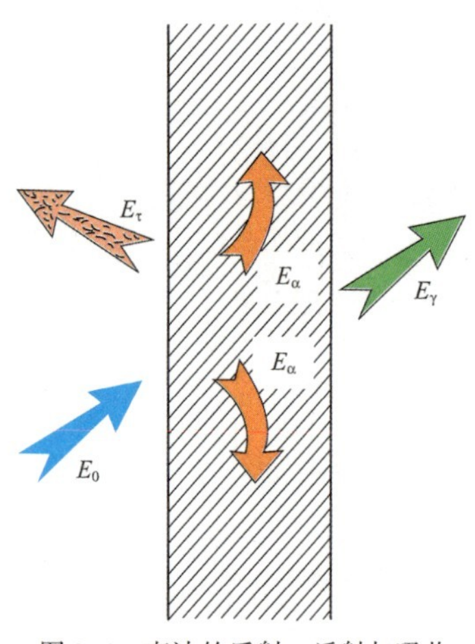

图3-6 声波的反射、透射与吸收

料吸收。

根据能量守恒定律，单位时间的入射声能 E_0、反射声能 E_r、透射声能 E_τ 和吸收声能 E_α 有如下关系（图3-6）：

$$E_0 = E_r + E_\tau + E_\alpha \tag{3-11}$$

从入射声波和反射声波所在的空间看，材料的吸声系数 α 与反射系数 r 之间有如下关系：

$$\alpha + r = 1 \quad 且 \quad \alpha = \frac{E_\alpha + E_\tau}{E_0} \tag{3-12}$$

材料的透射系数 τ 定义为：

$$\tau = \frac{E_\tau}{E_0} \tag{3-13}$$

我们将反射系数 r 值小的材料称为吸声材料，把透射系数 τ 值小的材料称为隔声材料。在噪声控制工程设计时，必须了解各种材料或构件的吸声、隔声性能，从而合理选用材料。

（1）常用的吸声材料。

常用的吸声材料和吸声结构及其吸声特性见表3-1，需说明的是，表3-1对于噪声控制工程设计（如吸声型声屏障设计）是远远不够的，应参阅有关资料或手册。

主要吸声材料、结构及其吸声特性 表3-1

名称	示意图	例子	主要吸声特性
多孔材料		矿棉、玻璃棉、泡沫塑料、毛毡	本身具有良好的中高频吸收，背后留有空气层时还能吸收低频
板状材料		胶合板、石棉水泥板、石膏板、硬质板	吸收低频比较有效（吸声系数为0.2～0.5）
穿孔板		穿孔胶合板、穿孔石棉水泥板、穿孔石膏板、穿孔金属板、微穿孔板	一般吸收中频，与多孔材料结合使用吸收中高频，背后留大空腔还能吸收低频；微穿孔板吸声频率向低频偏移，吸声系数显著提高
空腔共振吸声结构		石膏、黏土等制成的单个空腔	在共振频率处吸声系数大，吸收频率较低，且范围较窄
膜状材料		塑料薄膜、帆布、人造革	视空气层的厚薄而吸收低中频
柔性材料		海绵、乳胶块	内部气泡不连通，与多孔材料不同，主要靠共振有选择地吸收中频

（2）构件对空气声的隔绝。

由式（3-13）知，构件的透射系数越小，构件的隔声性能越好。工程中习惯用隔声量来表示构件的隔声能力，用符号 R 表示，单位为分贝（dB）。隔声量与透射系数有如下关系：

$$\left.\begin{aligned} R &= 10\lg\frac{1}{\tau} \\ \tau &= 10^{-R/10} \end{aligned}\right\} \tag{3-14}$$

因本教材侧重于工程应用，以下直接给出构件的隔声量计算式。

①单层匀质密实墙体的隔声量。当声波垂直入射墙体时，墙体的隔声量用 R_0 表示，其计算式如下：

$$R_0 = 20\lg M + 20\lg f - 42.2 \tag{3-15}$$

式中：R_0——声波垂直入射时墙体的隔声量，dB；

M——墙体的单位面积质量（密度与墙厚的乘积），kg/m^2；

f——声波频率，Hz。

当声波无规则入射墙体时，其隔声量比垂直入射时降低约 5dB，即：

$$R \approx R_0 - 5 \quad 或 \quad R = 20\lg(M \cdot f) - 47.2 \tag{3-16}$$

由式（3-16）表明，墙体的单位面积质量越大，隔声量也越大，质量增加 1 倍隔声量增加 6dB，这一规律称为“质量定律”。式（3-16）还表明，声波频率增加 1 倍隔声量也增加 6dB，即高频声比低频声容易隔绝，频率越低隔声越困难。另外，如墙体上有孔洞或缝隙，隔声量将大为降低。

②双层墙的隔声量。为提高轻型墙体的隔声量，经济的办法是采用有空气间层的双层或多层墙。因空气间层的“弹簧”作用，使双层墙的隔声量比相同质量的单层墙增加了一个附加隔声量。

在双层墙完全分开时的附加隔声量如图 3-7 所示。在实际工程中，两层墙之间常有刚性连接物，这些连接物称为“声桥”，使附加隔声量减小。在刚性连接物不多时，其附加隔声量如图 3-7 中虚线所示，如声桥过多，将使空气间层完全失去作用。如在空气间层内填充多孔吸声材料，可使双层墙的隔声量明显提高。

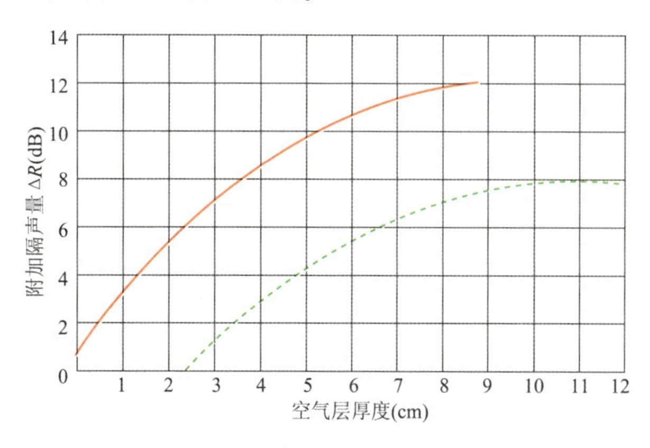

图 3-7　空气间层的附加隔声量

设计双层隔声墙时，应使其共振频率 $f_0 \leqslant 100/\sqrt{2}$ Hz，即保证对 100Hz 以上的声音有足够的隔声量。共振（固有）频率的计算式为：

$$f_0 = \frac{600}{\sqrt{d}}\sqrt{\frac{1}{M_1} + \frac{1}{M_2}} \tag{3-17}$$

式中：M_1、M_2——每层墙的单位面积质量，kg/m^2；

d——空气间层厚度，cm。

应说明的是，在工程设计时，构件的实际隔声量应按设计要求在专用隔声试验室做隔声测试。关于测试方法及隔声性能评价等请参阅有关资料。

二、公路交通噪声

公路交通噪声为机动车辆在公路上行驶时产生的噪声。

（一）车辆噪声的构成

机动车辆在公路上行驶辐射的噪声（简称行驶噪声），主要由动力噪声和轮胎噪声两部分构成。

1. 动力噪声

车辆动力噪声（又称驱动噪声）主要指动力系统辐射的噪声。发动机系统是主要噪声源，包括进气噪声、排气噪声、冷却风扇噪声、燃烧噪声及传动机械噪声等。

动力噪声的强度主要取决于发动机的转速，与车速有直接关系，噪声强度随车速增大而增强。此外，车辆爬坡时，随着路面纵坡加大动力噪声也增大。

2. 轮胎噪声

轮胎噪声是指轮胎与路面的接触噪声，又称轮胎—路面噪声。它由轮胎直接辐射的噪声和轮胎激振车体振动产生的噪声构成。轮胎直接辐射的噪声，按其机理主要包括轮胎表面花纹噪声（空气泵噪声）和轮体振动噪声，以及在急转弯和紧急制动时与路面作用下产生的自激振动噪声等。轮胎噪声的大小与轮胎花纹构造、路面特性（材料构造、路面纹理）及车速有关，且主要取决于车速，其强度随车速的增大而增大。

（二）车辆噪声的测量

单个车辆在周围无阻挡的公路上行驶时，可视为半自由声场中的点声源，不考虑地面吸收时在距车辆 r 处的噪声级为：

$$L_r = L_W - 20\lg r - 8 \tag{3-18}$$

式中：L_r——距车辆 r 处的 A 声级，dB；

r——距车辆的距离，m；

L_W——车辆的声功率级，dB。车辆的声功率级与车型、速度和路面特性有关。

由于车辆在行驶状态下的声功率级难以测量，通常直接测量车辆噪声级。

1. 行驶噪声测量

测量场地布置如图3-8所示，两侧测点处声级计的传声器距行车线7.5m，距地面1.2m。车辆以某一速度匀速驶过测量区，车辆驶过测点时两侧声级计记录下噪声级（A 计权声级）及频谱。每个车速下往返各测一次，然后计算每一车速下的平均噪声级。

2. 轮胎噪声测量

目前，国内外轮胎噪声的测试方法主要有滑行法、拖车法和室内转鼓法。现行《轮胎惯性滑行通过噪声测试方法》（GB/T 22036—2017）规定了在惯性滑行条件下，测量安装在试验车辆或拖车上轮胎噪声的测试方法，适用于新的轿车轮胎和载重汽车轮胎。惯性滑行是指关闭发动机，没有动力驱动、变速器空挡和试验轮胎处于自由滚动状态的条件。车辆法比拖车法轮胎噪声测试结果更接近实际效果，但轮胎噪声受悬架参数的影响；拖车法测试结果更接近单个轮胎实际产生的噪声。

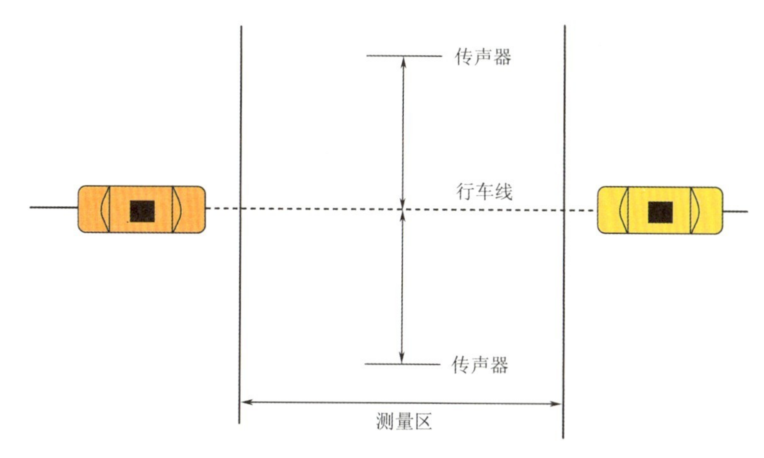

图 3-8　车辆噪声测量场地布置示意图

（三）车辆噪声的强度

通常将公路上行驶的车辆分为大、中、小三类，大型车指大型客车和重型货车，中型车指中型客车和中型货车，小型车指小客车和轻型货车。下面介绍各类车辆的行驶噪声和轮胎噪声的强度及其影响因素。

1. 行驶噪声强度及影响因素

（1）行驶噪声强度。

经测量，在距行车线 7.5m（参照点）处的平均噪声级与速度（v）之间有如下关系：

①小型车。

沥青混凝土路面：

$$L_{os}=12.60+33.66\lg v \tag{3-19}$$

水泥混凝土路面：

$$L_{os}=19.24+31.77\lg v \tag{3-20}$$

②中型车。

$$L_{om}=4.80+43.70\lg v \tag{3-21}$$

③大型车。

$$L_{ol}=18.00+38.10\lg v \tag{3-22}$$

根据以上关系式绘制的车辆噪声级与速度的关系图如图 3-9 所示。美国联邦公路局（FHWA）关于公路交通噪声预测模式中介绍的噪声级与车速关系图如图 3-10 所示。根据式（3-19）、式（3-21）及式（3-22），将参照距离 7.5m 换至 15m，按点声源计算的噪声级与美国 FHWA 介绍的各类车辆的噪声级（L_0）基本一致。

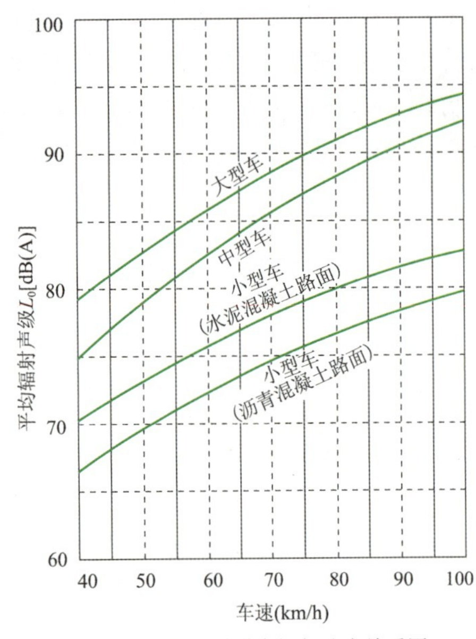

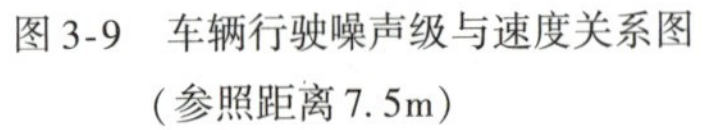

图3-9 车辆行驶噪声级与速度关系图（参照距离7.5m）

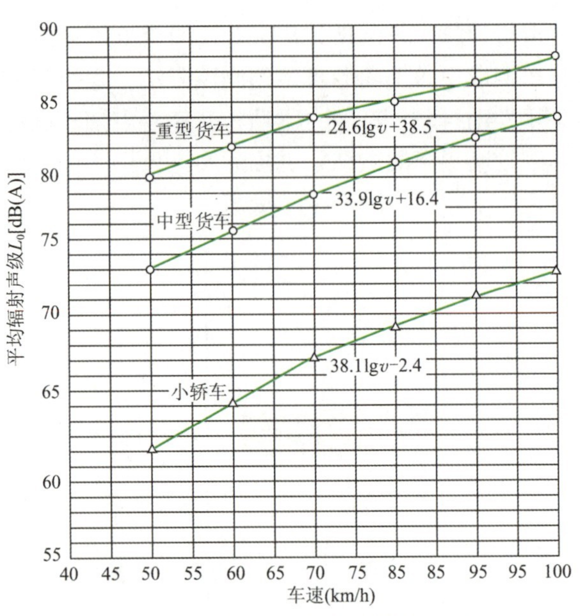

图3-10 美国FHWA介绍车辆行驶噪声级与速度关系图（参照距离15m）

（2）行驶噪声强度的影响因素。

①载质量。根据测量和资料介绍，载质量对汽油车的噪声影响不大，使中型货车的噪声级稍有增加，大型货车载重时的噪声级比空车时增加约3dB。

②路面材料。测试结果表明：小型车在刚性路面上的噪声级比相同速度下的柔性路面上的噪声级大约3dB，原因是小型车在刚性路面上的轮胎噪声比柔性路面上要大得多（表3-2）；中型车和大型车在刚、柔两种路面上的行驶噪声级基本相同，在相同速度下刚性路面上的噪声级比柔性路面上的噪声级高出1dB左右。

小型车在两种路面上轮胎噪声级的对比 表3-2

速度（km/h）	50	60	70	80	90	100	110	120
水泥混凝土路面噪声级（dB）	69.8	72.6	75.1	77.4	79.4	81.3	83.0	84.6
沥青混凝土路面噪声级（dB）	69.1	70.9	72.5	73.9	75.2	76.3	77.4	78.3
噪声级差值（dB）	0.7	1.7	2.6	3.5	4.2	5.0	5.6	6.3

③路面粗糙度。路面粗糙度对小型车的行驶噪声有明显影响，这主要是由轮胎噪声引起的。对于小型车的行驶噪声级需按表3-3进行修正。

路面粗糙度噪声级修正值 表3-3

粗糙度（mm）	噪声级修正值（dB）	粗糙度（mm）	噪声级修正值（dB）
<0.4	−2	1.0～1.3	4
0.4～0.7	0	>1.3	6
0.7～1.0	2		

④路面平整度。测试结果表明，路面平整度对车辆行驶噪声强度基本无影响。但路面严重破损或砂石路面，会因车体振动而使噪声强度增加。

⑤路面纵坡。路面纵坡对小型车的行驶噪声无明显影响。载重货车因上坡时发动机转速的增加，增大了动力噪声，使行驶噪声明显增强，其修正值见表3-4。

路面纵坡噪声级修正值 表3-4

纵坡（%）	噪声级修正值（dB）	纵坡（%）	噪声级修正值（dB）
3	0	6～7	3
4～5	1	>7	5

2. 轮胎噪声强度

（1）小型车。

测量结果表明，路面材料及行驶速度对小型车的轮胎噪声影响很大，试验车辆在两种路面不同速度时噪声级对比见表3-2。在刚性路面上，其强度随速度的增大而迅速增加（表3-2），当速度大于80km/h时，行驶噪声中轮胎噪声占主导地位。在柔性路面上，行驶噪声中轮胎噪声也略高于动力噪声。经测量，在距行车线7.5m处，轮胎噪声级与速度（v）的关系式如下。

水泥混凝土路面：

$$L_{AST}29.50v^{0.220} \tag{3-23}$$

沥青混凝土路面：

$$L_{AST}=39.70v^{0.142} \tag{3-24}$$

（2）中型车。

据测量，中型车的轮胎噪声与路面材料关系不大，且在任何速度下其轮胎噪声级与动力噪声级十分相近。距行车线7.5m处的轮胎噪声强度可用式（3-25）估算：

$$L_{AMT}=28.77v^{0.250} \tag{3-25}$$

（3）大型车。

据测量，路面材料对大型车的轮胎噪声影响不明显，行驶噪声中动力噪声级略大于轮胎噪声级，但载质量会增加轮胎噪声。距行车线7.5m处的轮胎噪声级可用式（3-26）估算：

$$L_{ALT}=32.12v^{0.225} \tag{3-26}$$

（四）车辆噪声的频率

由噪声频谱分析结果，大、中、小三种车型的噪声频率范围见表3-5。由表可见，小型车的噪声以中高频声为主，中型、大型车的噪声以中低频声为主。另外，水泥混凝土路面上的噪声频率比沥青路面上的高，由于人耳的听觉特性，这便是听觉上感到水泥混凝土路面上的噪声大于沥青路面上的主要原因。

车辆噪声的频率分布 表3-5

车型	速度（km/h）	行驶噪声频率（Hz）		轮胎噪声频率（Hz）	
		沥青混凝土路面	水泥混凝土路面	沥青混凝土路面	水泥混凝土路面
小轿车	60～120	500～2000	630～2500	630～2000	800～2500
中型车	40～80	80～800	125～1600	160～1000	315～1600
大型车	40～80	80～1000	250～2000	250～1000	315～2000

（五）噪声的危害

1. 噪声引起听力损伤

人们长期接触强噪声会引起听力损伤，其损伤程度表现为以下几种类型。

（1）听觉疲劳。

在噪声作用下，听觉敏感性降低，表现为听阈提高10～15dB，但离开噪声环境几分钟即可恢复，这种现象称为听觉适应。当听阈提高15dB以上，离开噪声环境很长时间才能恢复，这种现象叫作听觉疲劳，已属于病理前期状态。

（2）噪声性耳聋。

根据国际标准化组织（ISO）的规定，500Hz、1000Hz、2000Hz三个频率的平均（算术平均）听力损失超过25dB称为噪声性耳聋。根据听力损伤的程度，噪声性耳聋可分为以下三类：

①当听阈位移达25～40dB时为轻度耳聋，听觉还未影响到语言区（500～2000Hz），对交谈影响不大。

②当听阈位移达到40～60dB时为中度耳聋，听觉已影响到语言区，一般声音的讲话已经听不清楚。

③当听阈位移达60～80dB时为重度耳聋，对低频、中频和高频的听觉能力均严重下降，即使面对面地大声讲话也听不清楚。

（3）爆发性耳聋。

当声压很大时（如爆炸、炮击），耳鼓膜内外产生较大压差，导致鼓膜破裂，双耳完全失聪。噪声级超过130dB时，一定要戴耳塞，或把嘴张大，以防止鼓膜破裂。

2. 噪声对人体健康的影响

（1）对视觉的影响。

在噪声作用下会引起视觉分析器官功能下降，视力清晰度及稳定性下降。130dB以上的强烈噪声会引起眼震颤及眩晕。

（2）对神经系统的影响。

在噪声长期作用下会导致中枢神经功能性障碍，表现为植物神经衰弱症候群（头痛、头晕、失眠、多汗、乏力、恶心、心悸、注意力不集中、记忆力减退、惊慌、反应迟缓）。对噪声作用下的近万名职工的调查表明，噪声强度越大，神经衰弱症的阳性率越高。

（3）对消化系统的影响。

强噪声作用于中枢神经，往往引起消化不良及食欲不振，从而导致肠胃病发病率增高。

（4）对心血管系统的影响。

噪声会使交感神经紧张，引起心跳过速、心律不齐、血压升高等症状。据调查，在高噪声环境下作业的人们，如钢铁工人和机械工人的心血管病发病率比在安静环境下工作的要高。

当然，引起某种慢性机能性疾病的原因是多方面的。噪声对引起上述疾病方面的危害程度，目前还没有了解得很清楚。一般地讲，噪声级在90dB以下时，对人的生理机能影响不会很大。

3. 噪声对正常生活和工作的影响

噪声影响人的正常生活，妨碍休息和睡眠，使人感到烦躁，这种影响对老人、病人更加明显。据研究，在40～45dB的噪声刺激下，睡着人的脑电波开始出现觉醒信号，这就是说40～45dB的噪声就会干扰人的正常睡眠；对于突发性的噪声，在40dB时可使10%的人惊醒，60dB则使70%的人惊醒。

强噪声不仅使作业者增加生理负担和能量消耗，而且使作业者神经紧张、心情烦躁、注意力不易集中、容易疲劳等，因而影响工作效率。

噪声分散人的注意力，影响工作的质量，也容易引起工伤，它给人民和社会带来的损失是十分可观的。据世界卫生组织估计，仅美国由于工业噪声造成的低效率、缺勤、工伤事故和听力损失赔偿等费用，每年达40亿美元。

4. 噪声对语言通信的影响

噪声对人的语言信息具有掩蔽作用。由于语言的频率范围多在500～2000Hz，所以500～2000Hz的噪声对语言的干扰最大。

通常普通谈话声（距唇部1m处）约在70dB以下，大声谈话可达85dB以上，当噪声级低于谈话声级时谈话才能正常进行。电话通信对声环境的要求更严，电话通信的语音为60～70dB，在50dB的噪声环境下通话清晰可辨，大于60dB时通话便受阻。

5. 噪声对仪器设备和建筑物的影响

特强噪声会使仪器设备失效，甚至损坏。对于电子仪器，当噪声级超过130dB时，由于连接部位的振动而松动、抖动或位移等原因，使仪器发生故障而失效；当噪声级超过150dB时，因强烈振动而使一些电子元件失效或损坏。对于机械结构（如火箭、航空器等），在特强噪声的频率交变负载的反复作用下，使材料结构产生疲劳，甚至断裂，这种现象叫作声疲劳。

当噪声级超过140dB时，强烈的噪声对轻型建筑物开始起破坏作用。当超音速飞机做低空飞行时，在强烈的“轰声”作用下会使建筑物门窗损坏，墙面开裂，屋顶掀起，烟囱倒塌。此外，建筑物附近有强烈的噪声（振动）源时，如振动筛、空气锤、振动式压路机等，也会使建筑物受损。

1. 什么是声源？什么是噪声源？
2. 声波据波阵面的形状可分为哪几种？
3. 噪声在空气中传播时，为什么其强度随着传播距离的增加而衰减？
4. 机动车辆在公路上行驶时的噪声由哪些部分组成？
5. 机动车辆行驶噪声强度的影响因素有哪些？
6. 噪声具有哪些危害？

任务二 公路交通噪声的防治

一、公路交通噪声预测

（一）公路交通噪声预测

（1）i 型车辆行驶于昼间或夜间，预测点接收到小时交通噪声值按式（3-27）计算：

$$(L_{\mathrm{Aeq}})_i = L_{\mathrm{W}.i} = 10\lg\left(\frac{N_i}{v_i T}\right) - \Delta L_{距离} + \Delta L_{纵坡} + \Delta L_{路面} - 13 \tag{3-27}$$

式中：$(L_{\mathrm{Aeq}})_i$——i 型车辆行驶于昼间或夜间，预测点接收到小时交通噪声值，dB；

$L_{\mathrm{W}.i}$——第 i 型车辆的平均辐射声级，dB；

N_i——第 i 型车辆的昼间或夜间的平均小时交通量，辆/h；

v_i——i 型车辆的平均行驶速度，km/h；

T——L_{Aeq}的预测时间，在此取1h；

$\Delta L_{距离}$——第 i 型车辆行驶噪声，昼间或夜间的距离声等效行车线距离为 r 的预测点处的距离衰减量，dB；

$\Delta L_{纵坡}$——公路纵坡引起的交通噪声修正量，dB；

$\Delta L_{路面}$——公路路面引起的交通噪声修正量，dB。

（2）各型车辆昼间或夜间使预测点接收到的交通噪声值应按式（3-28）计算：

$$(L_{\mathrm{Aeq}})_{交} = 10\lg[10^{0.1(L_{\mathrm{Aeq}})_{\mathrm{L}}} + 10^{0.1(L_{\mathrm{Aeq}})_{\mathrm{M}}} + 10^{0.1(L_{\mathrm{Aeq}})_{\mathrm{S}}}] - \Delta L_1 - \Delta L_2 \tag{3-28}$$

式中：$(L_{\mathrm{Aeq}})_{\mathrm{L}}$、$(L_{\mathrm{Aeq}})_{\mathrm{M}}$、$(L_{\mathrm{Aeq}})_{\mathrm{S}}$——分别为大、中、小型车辆昼间或夜间，预测点接收到的交通噪声值，dB；

$(L_{\mathrm{Aeq}})_{交}$——预测点接收到的昼间或夜间的交通噪声值，dB；

ΔL_1——公路曲线或有限长路段引起的交通噪声修正量，dB；

ΔL_2——公路与预测点之间的障碍物引起的交通噪声修正量，dB。

（二）复合地区交通噪声预测

公路互通立交及公路铁路立交周围接收到的交通噪声预测值应按式（3-29）计算：

$$(L_{\mathrm{Aeq}})_{交、立} = 10\lg[10^{0.1(L_{\mathrm{Aeq}})_{交、公1}} + 10^{0.1(L_{\mathrm{Aeq}})_{交、公2}} + \cdots + 10^{0.1(L_{\mathrm{Aeq}})_{交、公i}} + 10^{0.1(L_{\mathrm{Aeq}})_{交、铁}}] \tag{3-29}$$

式中：$(L_{\mathrm{Aeq}})_{交、立}$——立交周围接收到的交通噪声预测值，dB；

$(L_{\mathrm{Aeq}})_{交、公1}$——预测点接收到的第1条公路交通噪声值，dB；

$(L_{\mathrm{Aeq}})_{交、公2}$——预测点接收到的第2条公路交通噪声值，dB；

$(L_{\mathrm{Aeq}})_{交、公i}$——预测点接收到的第 i 条公路交通噪声值，dB；

$(L_{Aeq})_{交、铁}$——预测点接收到的铁路交通噪声值，dB。

上述值按式（3-28）计算。

（三）预测点昼间或夜间的环境噪声预测值的计算

$$(L_{Aeq})_{预} = 10\lg[10^{0.1}(L_{Aeq})_{交} + 10^{0.1}(L_{Aeq})_{背}] \tag{3-30}$$

式中：$(L_{Aeq})_{预}$——预测点昼间或夜间的环境噪声预测值，dB；

$(L_{Aeq})_{背}$——预测点预测时的环境噪声背景值，采用该预测点现状环境噪声值，dB。

上述公路交通噪声预测公式中各参数可按下列方法确定。

（四）环境噪声影响预测模式及参数的确定

公式（3-27）中参数的确定方法如下：

（1）各类型车的平均辐射声级 $L_{W,i}$（dB），应按式（3-31）计算：

$$\left.\begin{aligned} &\text{大型车：} && L_{W,L} = 77.2 + 0.18v_L \\ &\text{中型车：} && L_{W,M} = 62.6 + 0.32v_M \\ &\text{小型车：} && L_{W,S} = 59.3 + 0.23v_S \end{aligned}\right\} \tag{3-31}$$

式中：L、M、S——大、中、小型车，具体划分见表3-9；

v_L、v_M、v_S——各型车平均行驶速度。

（2）距离衰减量 $\Delta L_{距离}$ 的计算：

①计算 i 型车昼间与夜间的车间距 d_i，应按式（3-32）计算：

$$d_i = 1000\frac{v_i}{N_i} \tag{3-32}$$

式中：N_i——i 型车昼间或夜间平均小时交通量，辆/h。昼间与夜间的交通量比，可依据可行性研究报告确定或通过实际调查确定。测量时间一般分为：昼间（06：00—22：00）和夜间（22：00—06：00）两部分。

②预测点至噪声等效行车线的距离（r_2）按式（3-33）计算：

$$r_2 = \sqrt{D_N D_F} \quad (\text{m}) \tag{3-33}$$

式中：D_N——预测点至近车道的距离，m；

D_F——预测点至远车道的距离，m。

③$\Delta L_{距离}$（dB）应按式（3-34）计算：

$$\left.\begin{aligned} &\text{当 } r_2 \leqslant d_i/2 \text{ 时：} && \Delta L_{距离.i} = K_1K_2 20\lg\frac{r_2}{7.5} \\ &\text{当 } r_2 > d_i/2 \text{ 时：} && \Delta L_{距离.i} = 20K_1\left(K_2\lg\frac{0.5d_i}{7} + \lg\sqrt{\frac{r_2}{0.5d_i}}\right) \end{aligned}\right\} \tag{3-34}$$

式中：K_1——预测点至公路之间地面状况常数，应按表3-6取值；

K_2——与车间距 d_i 有关的常数，应按表3-7取值。

地面状况常数　　表3-6

地面状况	硬地面	一般地面	绿化草地地面
K_1	0.9	1.0	1.1

注：硬地面是指经过铺筑路面，如沥青混凝土、水泥混凝土、条石、块石及碎石地面等。

与车间距有关的常数　　表3-7

d_i（m）	20	25	30	40	50	60	70	80	100	140	160	250	300
K_2	0.17	0.5	0.617	0.716	0.78	0.806	0.833	0.840	0.855	0.88	0.855	0.89	0.908

（3）公路纵坡引起的交通噪声修正量 $\Delta L_{纵坡}$（dB），应按式（3-35）计算：

$$\left.\begin{aligned} &\text{大型车：} && \Delta L_{纵坡}=98\times\beta \\ &\text{中型车：} && \Delta L_{纵坡}=73\times\beta \\ &\text{小型车：} && \Delta L_{纵坡}=50\times\beta \end{aligned}\right\} \tag{3-35}$$

式中：β——公路的纵坡坡度，%。

（4）公路路面引起的交通噪声修正量 $\Delta L_{路面}$，应按表3-8取值。

路面修正量　　表3-8

路面	$\Delta L_{路面}$（dB）
沥青混凝土路面	0
水泥混凝土路面	1～2*

注：*当小型车比例占60%以上时，取上限，否则，取下限。

公式（3-28）中参数确定方法如下：

①公路弯曲或有限长路段引起的交通噪声修正量 ΔL_1（dB），应按式（3-36）计算：

$$\Delta L_1 = -10\lg\frac{\theta}{180} \tag{3-36}$$

式中：θ——预测点向公路两端视线的夹角，（°）。

②公路与预测点之间障碍物引起的交通噪声修正量 ΔL_2，应按式（3-37）计算：

$$\Delta L_2 = \Delta L_{2树林} + \Delta L_{2建筑物} + \Delta L_{2声影区} \tag{3-37}$$

a. $\Delta L_{2树林}$为树林障碍物引起的等效A声级衰减量。

预测点的视线被树林遮挡看不见公路，且树林高度为4.5m以上时，取值如下：

当树林深度为30m时，$\Delta L_{2树林}=5$dB。

当树林深度为60m时，$\Delta L_{2树林}=10$dB。

最大修正量为10dB。

b. $\Delta L_{2建筑物}$为建筑障碍物引起的等效A声级衰减量，按下述方法取值。

当第一排建筑物占预测点与路中心线间面积的40%～60%时，$\Delta L_{2建筑物}=3$dB。

当第一排建筑物占预测点与路中心线间面积的70%～90%时，$\Delta L_{2建筑物}=5$dB。

每增加一排建筑物，$\Delta L_{2建筑物}$值增加1.5dB，最多为10dB。

c. $\Delta L_{2声影区}$为预测点在高路堤或低路堑两侧声影区引起的等效A声级衰减量。计算方法如下：

首先判断预测点是在声照区或声影区，如图 3-11 和图 3-12 所示。

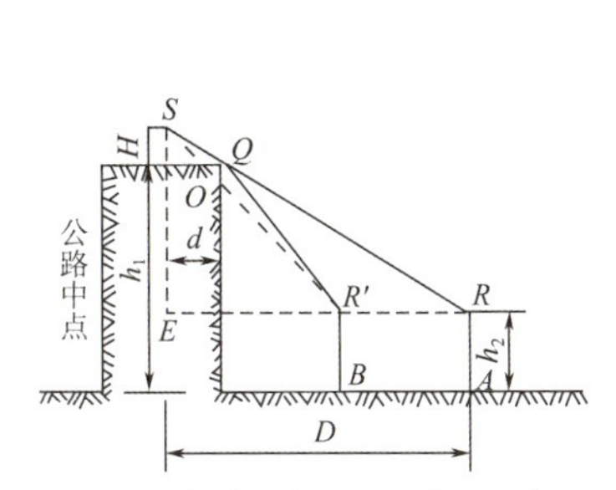

图 3-11　高路堤声照区及声影示意图

H-声源高度；h_1-预测点 *A* 至路面的垂直距离；*D*-预测点*A* 至路中心线的垂直距离；h_2-预测探头高度，h_2 = 1.2m；*d*-公路宽度的 1/2

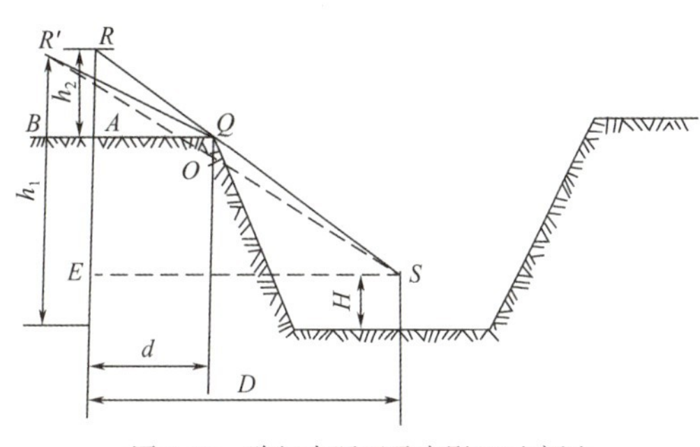

图 3-12　路堑声照区及声影区示意图

d-预测点 *A* 至路堑边坡顶点 *Q* 的距离；h_1-预测点 *A* 至路面的垂直距离；其他符号含义同图 3-11

由△SER 可得：

$$\frac{D}{d}=\frac{H+(h_1-h_2)}{H} \tag{3-38}$$

由△SER 可得：

$$\frac{D}{d}=\frac{h_1+(h_1-H)}{h_2} \tag{3-39}$$

若 $D \leqslant \frac{H+(h_1-h_2)}{H}d$，预测点在 *A* 点以内（如 *B* 点），则预测点处于声影区。

若 $D > \frac{H+(h_1-h_2)}{H}d$，预测点在 *A* 点以外，则预测点处于声照区。

若 $D > \frac{h_2+(h_1-H)}{h_2}d$，预测点在 *A* 点以外（如 *B* 点），则预测点处于声影区。

若 $(D-d) < D \leqslant \frac{h_2+(h_1-H)}{h_2}d$，预测点在 *A* 点以内，则预测点处于声照区。

当预测点处于声照区，$\Delta L_{2声影区}=0$。

当预测点位于声影区，$\Delta L_{2声影区}$决定于声波路差 δ。

由图 3-13 计算 δ，$\delta = A + B - C$。再由图 3-14 查出 $\Delta L_{2声影区}$。

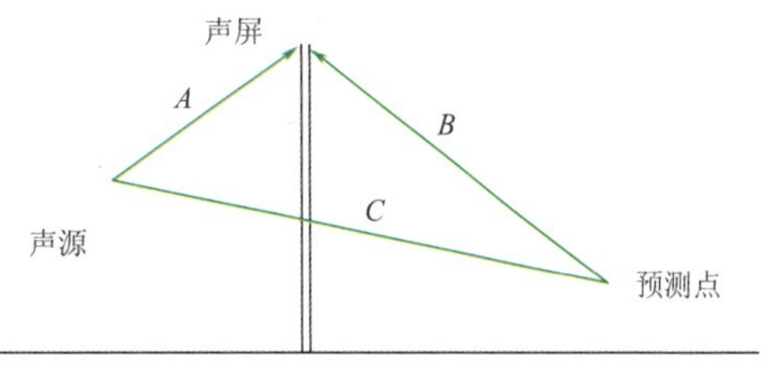

图 3-13　声程差计算示意图

③预测模式的适用范围。

a. 预测点在距噪声等效行车线 7.5m 远处。

b. 车辆平均行驶速度在 20～100km/h 之间。

c. 预测精度为 ±2.5dB。

（五）汽车平均行驶速度的计算

车型分为小、中、大三种，车型分类标准见表 3-9。

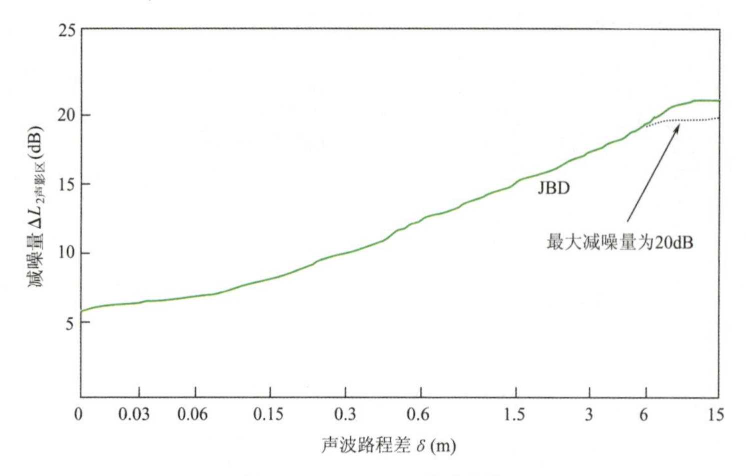

图 3-14　$\Delta L_{2声影区}$-δ 关系曲线

车型分类标准表　　表 3-9

车型	汽车总质量
小型车（S）	3.5t 以下
中型车（M）	3.5～12t
大型车（L）	12t 以上

注：大型车包括集装箱车、拖挂车、工程车等，实际汽车排放量不同时可按相近归类。

车型比应按可行性研究报告中给定的或通过实地调查确定。

（1）小型车平均速度计算公式：

$$Y_S = 237X^{-0.1602} \tag{3-40}$$

式中：Y_S——小型车的平均行驶速度，km/h；

X——预测年总交通量中的小型车小时交通量，车次/h。

（2）中型车速度计算公式：

$$Y_m = 212X^{-0.1747} \tag{3-41}$$

式中：Y_m——中型车的平均行驶速度，km/h；

X——预测年总交通量中的中型车小时交通量，车次/h。

（3）大型车平均行驶速度按中型车车速的 80% 计算。

公式适用条件如下：

①用于高等级公路双向四车道，设计速度小型车为 120km/h。

②小型车计算公式 $Y_S = 237X^{-0.1602}$ 适用于小型车占总交通量的 50% 以上和小型车小时交通量 70～3000 车次/h。

③中型车计算公式 $Y_m = 212X^{-0.1747}$ 适用于中型车小时交通量 25～2000 车次/h。

④只适用于昼间平均行驶速度的计算。

公式修正如下：

①当设计速度小于 120km/h 时，公式计算平均车速按比例递减。

②当小型车交通量小于总交通量的 50% 时，每减少 100 车次，其平均车速以 30% 递减，

不足100车次时按100车次计。

③按式（3-40）、式（3-41）计算得出车速后，折减20%作为夜间平均车速。

二、公路声屏障设计

（一）声学设计

1. 声学原理

声屏障是使声波在传播中受到阻挡，从而达到某特定位置上的降低噪声作用的装置。一个声屏障可以定义为任何一个不透声的固体障碍物。它挡住声源到声音接受点（受声点）的传播，从而在屏障后面建立一个“声影区”，在声影区内，声音的强度比没有屏障时的衰减大。声影区域的大小与声音频率有关，频率越高，声影区范围越大。

噪声源辐射的噪声遇到声屏障时，它将沿着四条途径传播，其传播特性如图3-15所示。首先，直达声波直接传给未被声屏障屏蔽的接受点（受声点）。第二条途径是绕射至声屏障屏蔽区，声波绕射角越大，屏蔽区中的噪声级越低，即较大的绕射角比较小的绕射角的绕射声能为低。第三，声波直接透过声屏障到达屏蔽区。第四是声波在声屏障壁面上产生的反射。

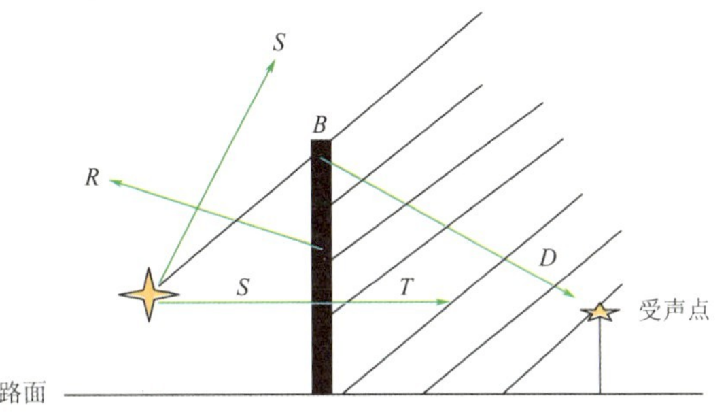

图3-15　声屏障及噪声传播

S-直达声；*R*-反射声；*D*-绕射声；*T*-透射声；*B*-声屏障

声屏障对声音的衰减主要取决于声源辐射的声波沿这四条途径传播的能量分配。

2. 计算方法

在噪声传播的四个途径中，绕射是最重要的设计指标，因为在声屏障的屏蔽区中所能感受到的噪声几乎全部是绕射声波。在决定声屏障隔声性能时，一般只对绕射声进行计算，根据所需的隔声量来确定声屏障的长度、高度、材料以及结构和形状。但具体设计时还要同时考虑其他三个途径的影响，必要时做一定的修正。由于噪声在传播时存在反射，一般声屏障表面应具有吸声性能。声屏障的反射性能一般不是声屏障设计时考虑的重要因素。

当某一物体具备以下特性时，可以当作声屏障：

（1）声屏障的传声损失（隔声量）应比绕射声大10dB以上（此时透射声的影响可以忽略）。

（2）在声屏障中不能有裂缝。

（3）声屏障必须足够高，截断接受点（受声点）到声源的视线，而且长到可以阻止在声屏障两端噪声绕出。

在满足以上前提条件下，为确保满意的声屏障设计还必须考虑声屏障的形状及声屏障的插入损失（*IL*）。插入损失（*IL*）是声屏障影响声传播的直接量度，插入损失是声屏障修建前后在接受点（受声点）的声级之差，即：

$$IL = \text{声屏障建设前声级} - \text{声屏障建设后声级}$$

一般来说，插入损失与声屏障衰减量 ΔL、传播损失特性有关。插入损失应当是设计声屏障的依据。

声屏障绕射声衰减量计算方法如下：

（1）点声源。

计算一个很长的屏障对点声源的衰减量时，可根据声波波长 λ 首先定出它的菲涅耳（Fresnel）数 N，声绕射几何量示意如图 3-16 所示。

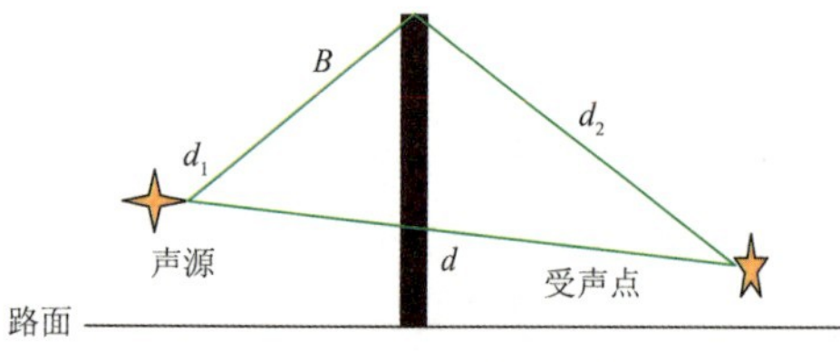

图 3-16 声绕射几何量

$$N = \frac{2}{\lambda}(d_1 + d_2 - d) \tag{3-42}$$

式中：d_1——声源至声屏障顶端的距离，m；

d_2——接受点至声屏障顶端的距离，m；

d——声源至接受点的距离，m；

λ——声波波长，m。

然后根据 N 值从图 3-17 声屏障绕射声衰减曲线中查出相对应的屏障衰减值。

（2）线声源。

对于沿线分布各个声源所发出的声音相互间为无规则量时，应作为不相干的线声源考虑，采用图 3-17 中的点线。对一定声源和接受者位置及屏障高度来说，菲涅耳（Fresnel）数 N 随频率而增加。

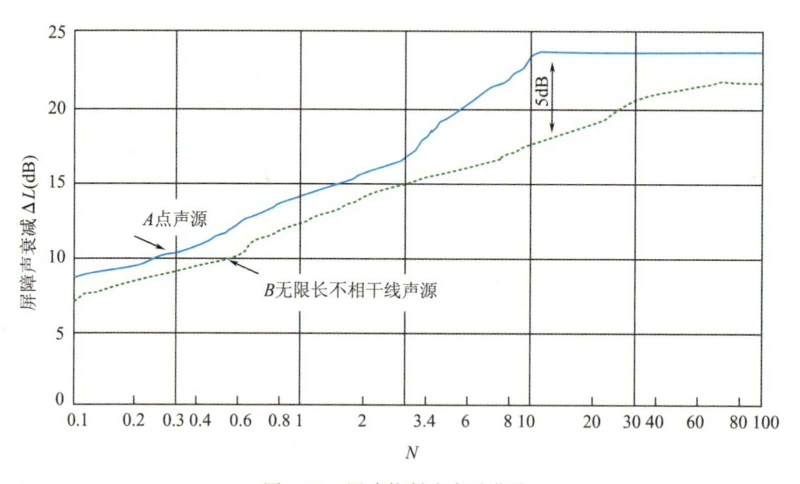

图 3-17 屏障绕射声衰减曲线

（3）无限长线声源，有限长声屏障。

一个有限长的屏障与一个无限长交通噪声的线声源相平行时，屏障的有效程度大致上可按接受者面对屏障的包角大小按比例来粗略地估计屏障的衰减量。估计后的声屏障衰减量取决于遮蔽角 β/θ 的大小（图 3-18）。

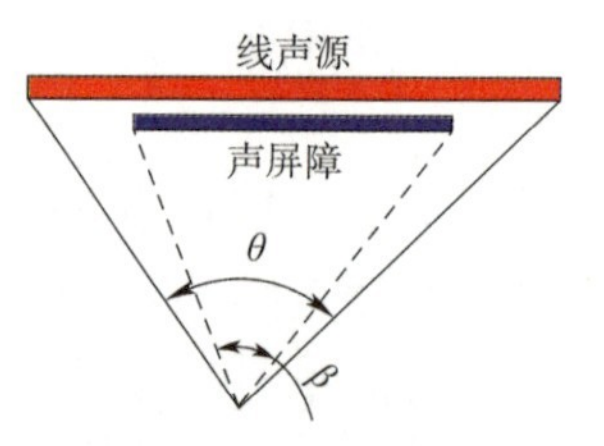

图 3-18 有限长的声屏障及线声源修正图

采用声屏障控制交通噪声传播也是有一定限度的。一般来说，所需衰减量为 5dB，采用简单声屏障即可达到目的；所需衰减量为 10dB，采用声屏障也是可行的；但若所需衰减量为 15dB，用声屏障就很难达到；衰减量为 20dB，则只用声屏障几乎不可能达到所需控制目标。

3. 声屏障设计程序

（1）确定声屏障设计目标值。

①根据有关要求，首先确定防护对象。确定有代表性的接收点，通常选择噪声最严重的敏感点。它根据公路路段与防护对象的相对位置以及地形地貌来确定。

②确定声屏障建造前的环境噪声值，即本底值。它主要由交通噪声和其他背景噪声合成。对现有公路，环境噪声值可由现场测量得到。对还未建成或未通车的公路，可以根据《公路建设项目环境影响评价规范》（JTG B03—2006）中的有关模式进行交通噪声的预测，并根据代表性接收点所在的功能区确定该点的环境噪声标准值。

③确定声屏障设计目标值。对现有公路，设计目标值应由接收点处现场监测的环境噪声值减去该点除去交通噪声的背景噪声值来确定；对未建公路或未通车公路，设计目标值应由预测到的公路交通噪声值减去接收点的背景噪声值（即不包括交通噪声的环境噪声值，它由现场测量得到）来确定。

如果接收点的背景噪声值低于功能区的环境噪声标准值 10dB，则设计目标值可由公路交通噪声值（实测或预测值）减去环境噪声标准值来确定。

在某些情况下，设计目标值也可由有关环境部门根据该点环境噪声实际情况确定。

（2）位置的设定。

根据公路与防护对象之间的相对位置，周围的地形地貌，可以选择几个声屏障的设计位置。选取原则或是屏障靠近声源，或者靠近接收点，或者可以利用土坡、堤坝等障碍物等，力求以较小的工作量达到设计目标所需的声衰减值。

（3）几何尺寸的确定。

对于每个位置，根据设计目标值，可以确定几何声屏障的长与高，形成多个组合方案，然后根据声源类型（点声源或者线声源），计算每个方案的插入损失。

若声屏障的长度有限，进行修正。

保留达到目标值的方案，并进行比选，选择最优方案。

（4）选择声屏障的形状。

常用的声屏障形状有直立形、折板形、弯曲形、半封闭形和全封闭形。根据要求，进行选择使用。

（二）材料设计

1. 声学性能要求

（1）声反射型声屏障结构材料的隔声量应大于设计的绕射声衰减的 10dB。一般隔声量取 20 ~ 35dB。

（2）声吸收型结构材料的吸声材料降噪系数应大于 0.6，同时具有与声反射型结构相同的隔声量。

2. 物理性能要求

（1）防腐性：钢结构的抗腐蚀层应符合《钢结构设计标准》（GB 50017—2017）和《冷弯薄壁型钢结构技术规范》（GB 50018—2002）的规定。

（2）防潮（水）：吸声型声屏障应具有防潮（水）的性能，在高湿度或雨水环境中其吸声性能不受影响。构造中应设置排水措施，避免构件内部积水。

（3）防老化：对易老化的声屏障材料应采取防老化措施，对合成材料要有防紫外线保护层或涂料。

（4）防尘：吸声型声屏障设计中应考虑公路扬尘不影响其吸声性能。

（5）防火：根据公路交通运输的特点，声屏障材料和涂料的防火性能应符合公路设计的有关要求。

（三）结构设计

1. 结构设计原则

声屏障的结构设计应遵循以下原则：

（1）结构设计应贯彻执行国家的技术经济政策，同时必须在满足声学性能要求的前提下做到技术先进、经济合理、安全适用和确保质量。

（2）声屏障设计应从工程实际出发，宜优先采用定型的和标准化的结构和构件，并全面保持声学设计的贯彻，同时注意声屏障的景观效果与周围环境相协调。

（3）声屏障的结构设计，包括基础、立柱、板材和构件之间的连接及使用过程中的强度、荷载、稳定性和刚度等，根据选用材料的类型，均应符合及遵从相应的现行国家标准和部颁标准。

（4）为确保交通安全，根据公路工程的实际情况，声屏障的设置应不影响公路交通安全设施的功能。对于低于安全净空高度的弧形、折板形、直立形声屏障，其顶端不能超越路缘石线的内侧，并应有防落下装置。

（5）声屏障构件设计应考虑公差、密封、防渗和积水、构件可换性及表面处理的要求，同时应考虑便于维修。

2. 结构类型

声屏障通常采用的结构可以分为土堤结构、混凝土砖石结构、木质结构、金属和复合材料结构以及不同材料的组合结构等，性能特点见表3-10。设计时应根据所在区域特点及技术经济情况选用。

声屏障类型及其特点 表3-10

类型	特点
土堤结构	适用于地广人稀的区域，是最经济的减噪办法，降噪效果为3～5dB。建造此类声屏障所需空地比较大
混凝土砖石结构	适用于郊区和农村区域，易与周围自然环境相协调，价格便宜，且便于施工与维护。降噪效果为10～13dB
木质结构	适用于农村、郊区个人住宅或院落且木材资源比较丰富的地区的噪声防护。降噪效果为6～14dB
金属和复合材料结构	世界各国最普遍使用的结构。材料易于加工，可加工成各种形式，安装简便，易于景观设计和规模制造生产，降噪效果也很好
组合式结构	必须根据现场条件、周围环境、景观要求和经济性决定

（四）景观设计

声屏障本身作为一种建筑，应遵循建筑形式美的一般原则，同时声屏障作为公路的一部分，也应融入公路景观，与其达到高度的整体性与一致性相协调。

声屏障是用来降低噪声的，并不是艺术品，但为了获得良好的视觉效果，可以运用一些园林中的造景手段，来增加美感，让观察者得到艺术享受。因此，在进行声屏障景观设计时要综合考虑视觉特性与声屏障结构（顶部、中间部分墙体、基部）形式之间的协调关系，尽量做到声屏障景观与自然、周围环境、公路景观的和谐统一，如图 3-19 ~ 图 3-21 所示。

图 3-19　复合式隔音墙

图 3-20　植物声屏障

三、低噪声路面构造与设计

自 20 世纪 80 年代起，欧洲的比利时、荷兰、德国、法国和奥地利等国，开始研究并采用低噪声路面。由于低噪声路面与其他降噪措施（如声屏障）相比，具有经济合理、保持环境原有风貌、降噪效果好和行车安全等优点，目前国际上发达国家已广泛展开应用研究。1993 年欧洲共同体要求其所有路桥公司能修筑“净化”路面，掌握铺筑低噪声路面的技术，在法国 Toussieu 修建了一个试验场地，汇集了许多公路和噪声测试方面的专家，对低噪声路面技术作全面深入研究。我国一些高等学校，如原西安公路交通大学于 1993—1996 年，对低噪声路面的机理、面层材料构造、沥青改性及添加剂等做了较为系统的研究。

图 3-21　复合式隔音墙

（一）低噪声路面的机理及其效益

1. 轮胎噪声的物理现象

轮胎与路面接触噪声的大小不仅与轮胎本身（如表面花纹）有关，更主要的取决于路面的表面特性。概括起来，轮胎噪声的物理现象有以下三方面：

(1) 冲击（振动）噪声。该噪声主要由路面的不平整度、车辙、横向刻槽等引起轮胎振动（甚至连带车身振动）而辐射噪声。该噪声的频率较低。

(2) 气泵噪声。轮胎在路面上滚动时，表面花纹槽中的空气被压缩后迅速膨胀释放而发出噪声，噪声产生的过程类似于空气泵压缩——膨胀发出爆破声的现象。气泵噪声的强度随车速的增加而增加，且以高频声为主，在轮胎噪声中占主要地位。

(3) 附着噪声。是由轮胎橡胶在路面上附着作用力而产生的类似于真空吸力噪声。

2. 低噪声路面的机理

原先为了行车安全，铺筑开级配透水沥青混凝土面层，以使路面上的雨水由表面至内部连通的孔隙网迅速排出。由于面层具有互通的孔隙网，产生了惊人的降低交通噪声的功能，于是引发了多孔隙低（降）噪声路面的研究。低噪声路面机理示意图如图3-22所示。低噪声路面的机理概括如下：

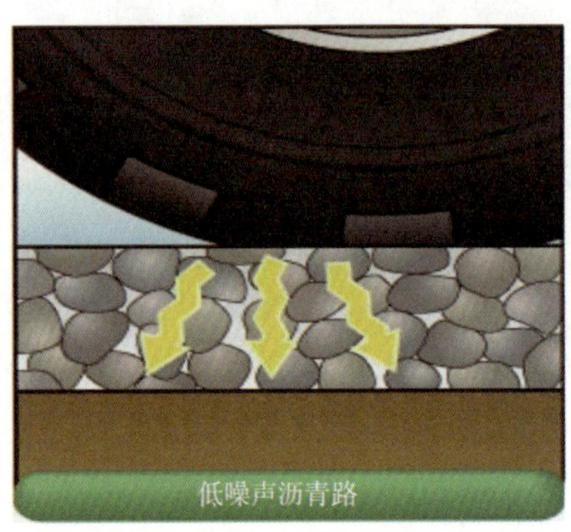

图3-22 低噪声路面机理示意图

(1) 面层孔隙的吸声作用。除了吸收发动机和传动机件辐射到路面的噪声外，还可吸收通过车底盘反射回路面的轮胎噪声及其他界面反射到路面的噪声。其吸声机理类似于多孔吸声材料的吸声作用。

(2) 降低气泵噪声。由于面层具有互通的孔隙，轮胎与路面接触时表面花纹槽中的空气可通过孔隙向四周逸出，减小了空气压缩爆破产生的噪声，且使气泵噪声的频率由高频变成低频。

(3) 降低附着噪声。与密实路面相比，轮胎与路面的接触面减小，有助于附着噪声的降低。

(4) 良好的平整度，降低了冲击噪声。

3. 低噪声路面的效益

(1) 降低交通噪声源。

轮胎噪声是交通噪声中不可忽视的噪声源，当车速大于50km/h时它起到举足轻重的作用。又因轮胎噪声的频率较高，夜间它是干扰人们睡眠的主要“凶手”（除鸣笛等突发噪声外）。据原联邦德国的研究，从改进汽车轮胎来降低轮胎噪声源作用是十分有限的，仅可降噪约1dB（A）。因此，从噪声防治角度，铺筑低噪声路面降低交通噪声源无疑是有效的措施。

（2）可能的降噪量。

从欧洲一些国家铺筑的开级配多孔隙沥青路面试验路段测得的结果，较传统的密级配路面降低噪声3～6dB（A），雨天可降低约8dB（A）。试验路面层的孔隙率大多为20%左右。法国Rhone省联合Michelin研究室，从1988年起对低噪声路面的理论进行研究，得出的结论是采用加厚多孔隙路面可以降低噪声10dB（A）以内，但最大不会超过10dB（A）。

（3）耐久性和可靠性。

荷兰、法国等试验路表明，多孔隙沥青路面在使用多年后（如法国使用6年）测试，其透水性和附着性仍令人满意，对抗车辙、疲劳、老化等都表现出很好的耐久性。德国1986年起在莱茵地区对低噪声面层进行的长期观察也表明，在透水性、耐久性、抗形变能力和使用性能等方面没有发现任何变化。也有一些国家，如日本研究认为，多孔隙沥青面层的孔隙率随使用时间下降，路面抗冻性差，车辙出现早，表面空隙被泥沙堵塞导致透水性及降噪效果下降。

（4）经济与使用分析。

欧、美、日等国的试验路表明，采用多孔隙沥青混合料面层的低噪声路面比普通沥青混凝土路面的造价略高。因此，在公路交通噪声干扰人们正常生活的地方修筑低噪声路面才是有意义的，也符合经济的原则。它的使用价值表现在：在城市人口密集区、特殊安静区等地使用，既可保护声环境，又可保持环境风貌，建成的试验路已受到当地民众的欢迎；可以取消声屏障，至少可以降低屏障高度，从而美化了环境，减少了造价；可以降低行车道内的噪声，从而降低了车内噪声，增加了司乘人员的舒适性。

（二）低噪声路面的材料构造

低噪声路面也分为沥青混凝土和水泥混凝土两类，目前对沥青混凝土低噪声路面研究较多。

1. 多孔隙沥青路面

（1）单层多孔隙沥青混合料面层路面。该路面的构造是在普通密级配的沥青混凝土路面上，再铺筑一层开级配多孔隙沥青混合料面层。由测定及资料介绍，面层的厚度以4～5cm、孔隙率为20%左右为宜。该路面铺筑较简单，也较经济。

（2）超厚多层多孔隙沥青混合料面层路面。该路面的多孔隙沥青混合料层厚度为40～50cm，一般设四层排水沥青混合料和4cm厚的多孔隙沥青混凝土面层，每层的材料级配不同，其目的是增加降噪效果。

2. 水泥混凝土低噪声路面

国际常设公路协会（PIARC）的混凝土协会1988年设立了水泥混凝土路面降噪声委员会，他们收集汇总了各国的研究成果，水泥混凝土面层的降噪方式归纳如下：

（1）路面应具有良好的平整度，不允许存在间距为数厘米的横向不平整度，以降低轮胎冲击（振动）噪声。

（2）以纵向条纹代替横向条纹。纵向条纹不但可降低轮胎的气泵效应，还可降低冲击噪声。在水泥混凝土中加入增塑剂，浇筑刮平表面后再拉纵向条纹，如图3-23所示为使用西班牙人造刷进行纵向拉条纹。据报道，不同的纵向条纹表面构造，降噪量差别较大。

（3）表面用编织物处理，或用水刷洗。表面铺压编织物（如麻袋片），或用水刷洗混凝土，以增加表面粗糙度，从而降低轮胎气泵噪声的强度和频率。

（4）加气混凝土面层。30cm 厚的加气混凝土面层，其孔隙为 20% 左右，对降低轮胎噪声有利，但其造价较高，表面强度较低，抗冻性也有问题。因此，只能在特殊场合使用。

（5）粗糙面层。在新铺筑的水泥混凝土路面上（可不设封面层，但强度须足够），用环氧树脂和砾石铺设面层。该面层既有粗糙度，又有弹性，据报道，其降噪效果比多孔隙沥青路面还要好。透水降噪水泥混凝土路面如图 3-24 所示。

图 3-23　路面纵向刷条纹

图 3-24　透水降噪水泥混凝土路面

关于低噪声路面的材料构造、铺筑技术和养护管理等还需全面深入的研究，然而它的降噪效果是肯定的。

1. 什么是声屏障？声屏障在材料设计中应具有哪些要求？
2. 声屏障在结构设计中应遵循哪些原则？
3. 声屏障通常采用的结构类型有哪些？
4. 低噪声路面有何优点？
5. 低噪声路面的机理是什么？
6. 低噪声路面的效益有哪些？

项目四
公路景观环境设计

学习目标

1. 了解景观和景观环境的概念，掌握公路景观的分类与特点；
2. 掌握公路景观环境设计的内容与原则；
3. 掌握公路景观绿化工程各部分的功能和设计要求；
4. 了解桥梁景观的定义和特点，明确桥梁结构设计和桥梁景观设计的关系；
5. 能够根据景观设计项目的要求确定合理的设计思路与方法；
6. 能够根据景观环境保护的不同位置确定相应合理、可行的工程技术措施；
7. 能够根据公路景观绿化区的特点、所需达到的要求进行绿化植物的选择和配置；
8. 能够准确正确运用桥梁景观设计原则；
9. 能够准确描述桥梁景观设计的要点。

公路建设除了可能造成环境污染和生态破坏外，还会对公路路域景观环境造成一定的破坏。大填、大挖造成土质或岩石边坡的裸露，呈现给人们视觉的是人为的“疤痕”，弃土堆放覆盖了地表植被。公路景观环境设计就是从美学观点出发，充分考虑路域景观与自然环境的协调，让驾乘人员感觉安全、舒适、和谐所进行的设计。公路景观环境由公路自身景观、自然景观与人文景观构成。公路景观设计的目标就是通过线性景观的设计使公路与环境景观要素相融、协调。点式景观设计使跨线桥型优美、工程防护美化、收费、加油、服务站点风格鲜明、以绿化为主要措施美化环境，恢复公路对自然环境的损伤，并通过沿线风土人情的流传、人为景观的点缀，增加路域环境的文化内涵，做到外观形象美、环保功能强、文化氛围浓。要达到上述目标就必须做好公路景观环境的评价、提高，景观环境和视觉环境保护、利用、开发及减缓不利影响的措施。

任务一 景观设计的基本知识

一、景观环境概念

（一）景观

对于景观，人们对其概念有多种解释，归纳起来有两类：一是偏重客观的解释，把景观视为景物；二是偏重主观的感受，强调感觉、印象等，只用人为的审美和欣赏法说明景物。这两种解释都有它积极的一面，但都显得非常局限。

随着环境问题的日益严重，越来越多的人开始用社会和生态的眼光关注其自身的生活环境，人们对景观内涵的认识和理解也不断拓展。景观是由地貌运动过程和各种干扰作用（特别是人为作用）而形成的，是具有特定的社会和生态结构功能和动态特征的客观系统。景观体现了人们对环境的影响以及环境对人的约束，它是一种文化与自然的交流。美的、有意义的景观不仅表现在它的形式上，更表现在它具有社会系统和生态系统精美结构与功能和生命力上。景观是建立在社会环境秩序与生态系统的良性运转轨迹上的。

公路景观不同于单纯的造型艺术、观赏景观，为满足运输通行功能，它有自身的体态性能、组织结构。同时公路景观又包含一定的社会、文化、地域、民俗等含义。可以说公路景观既具有自然属性，又具有社会属性；既具有功能性、实用性，又具有观赏性、艺术性。

（二）景观环境

景观环境是指特定区域内各种性质、各种类别、各种形式的景观集合体。景观环境不是区域内景观的简单叠加，它不但表现出各个景观所具有的独特点，而且也体现出景观之间相互衬托、相互影响的空间氛围。

公路景观环境包括公路本身形成的景观，也包括其沿线的自然景观和人文景观，它是公路与其周围景观的一个综合景观体系。

景观环境评价是指运用社会学、美学、心理学等多门学科和观点，对一定区域的景观环境现状进行分析评价，并对该区域内的建设项目对其景观环境的影响而引起的变化（包括自然景观和人文景观）所进行的预测影响分析和评价的过程。

对公路景观环境的评价应立足于自然和社会的原则基础之上，将公路本身及沿线一定范围内的自然社会综合体作为具有特定结构功能和动态特征的宏观系统来研究，而不应仅停留在传统的追求空间视觉效果和对景观意义的一般理解的层次上。

（三）景观生态

生态环境是景观环境变化的控制因素。生态环境质量高的地域，所形成的景观环境一般具有较高的质量，同样在山清水秀的景区中，通常其生态价值亦较高。景观环境随生态系统的变化而变化，生态系统体现了环境内部构成因素和作用的结果，景观则是这种因素关系和结果的外部表象。生态系统中潜在的秩序是我们考虑景观动态的基本线索，正常的生态秩序使系统中各个群落之间有机地联系在一起，保持着一定的稳定性和多样性，形成明确的环境特征，如雨林、草原、沼泽、冰川、冻原等。只有在平衡、有序的生态环境中，才有可能形成和谐宜人并具有特色的景观环境。

按生态学理论，影响景观的生态因素有气象、植被、土壤、水土流动、动物（包括人）及影响这些因素的地形因子，如范围（规模）、海拔高度、坡度、坡向、坡位等。

景观生态学是一门非常年轻的学科，随着人们对生态、环境、景观的重视，其发展极为迅速。在我国国土规划和大规模基本建设中，必须用景观生态学的原则维护持续发展的正常秩序。

（四）景观视觉

景观视觉是研究视觉化了的景观，是视觉主体（人）和视觉客体（景物）在一定条件下（人—景）所构成的视觉关系。如果把景观视觉看作一个结构框架，那么构成这一框架的基本构件是视点（景物）、景观视觉界面、视觉空间和视觉空间序列，视觉椭圆、分辨率、视距，观察点及其位置、视觉范围、视角、视频（景物在单位时间内被观看到的次数），以及大气、光影等。这些是景观工程在视觉层次上所要考虑的基本因素。

二、景观分类

（一）按公路景观客体的构成要素分类

按公路景观客体的构成要素分类如图 4-1 所示。这种分类方法包括了公路自身及沿线一定区域内的所有视觉信息。适用于对公路沿线一定范围的自然景观与人文景观的保护、利用、开发、创造等工作的研究。

（二）按公路景观主体的活动方式分类

按公路景观主体的活动方式分类如图 4-2 所示。这种分类方法适用于研究景观主体处于高速行驶或静止慢行状态下，对动景观及静景观的生理感受、心理感受、视觉观赏特征及与之相对应的动景观序列空间设计与静景观组景技法、手段的应用。

（三）按公路景观的处理方式分类

按公路景观的处理方式分类如图 4-3 所示。这种分类方法用于对公路景观的规划和创造。在具体工作中，我们可明确哪些景观需在公路选线、规划、设计中予以保护、开发、利用与改造，哪些需在公路规划设计时进行设计与创造景观。

三、公路景观的特点

公路景观既不同于城市景观、乡村景观，也有别于自然山水、风景名胜。它有其自身的特点与性质，概括起来有以下几方面。

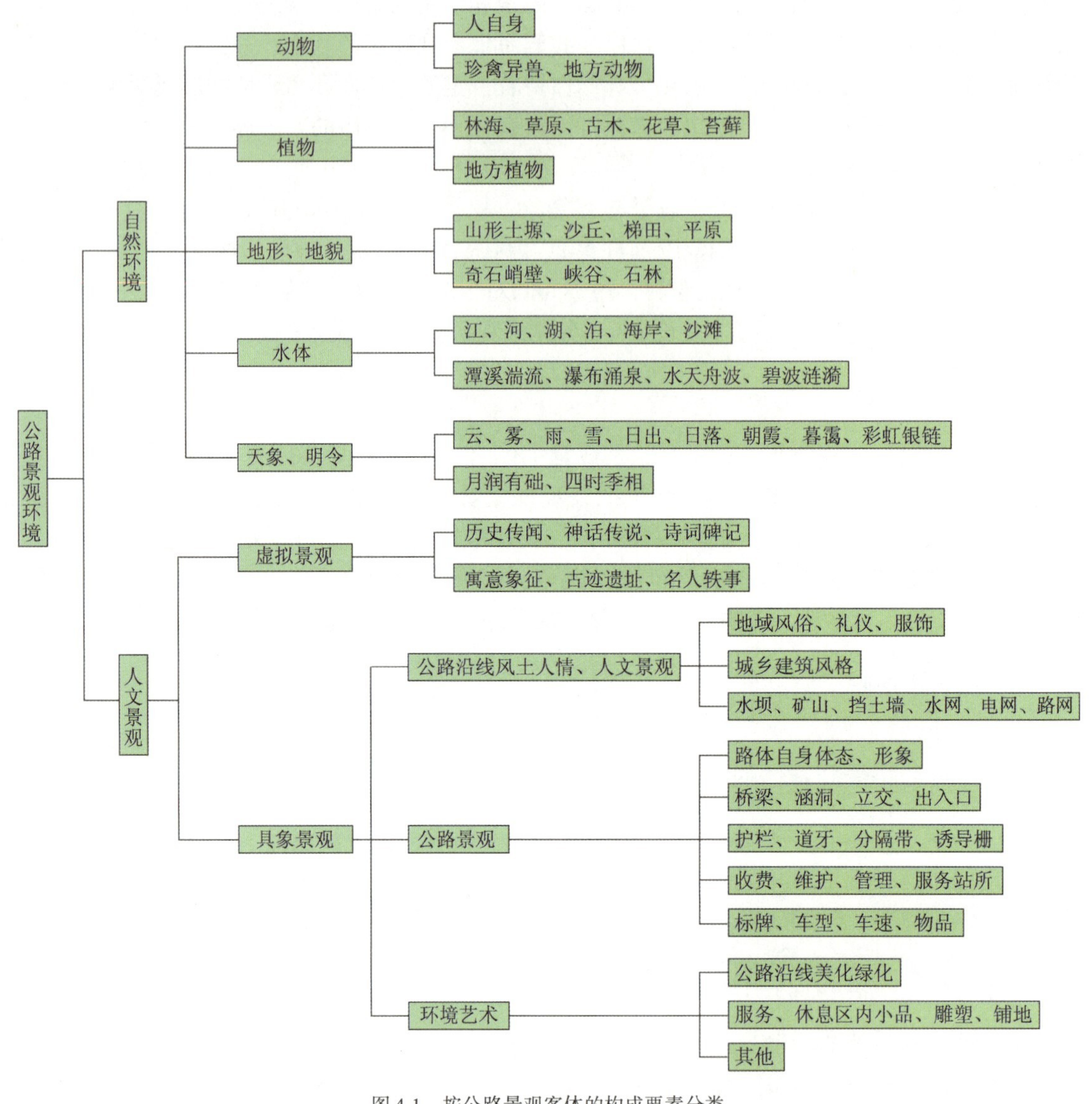

图4-1　按公路景观客体的构成要素分类

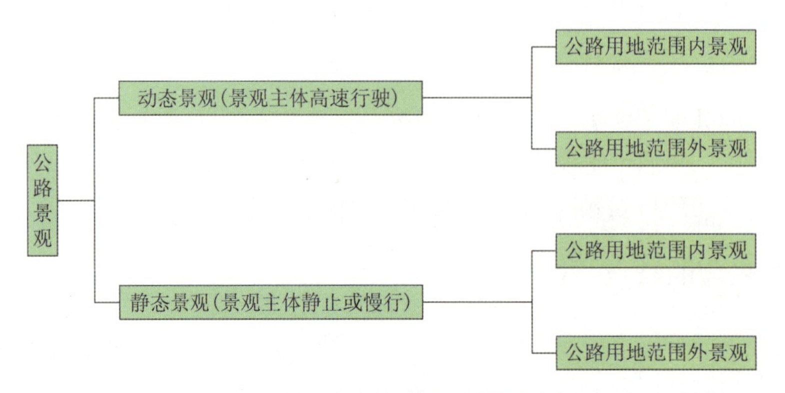

图4-2　按公路景观主体的活动方式分类

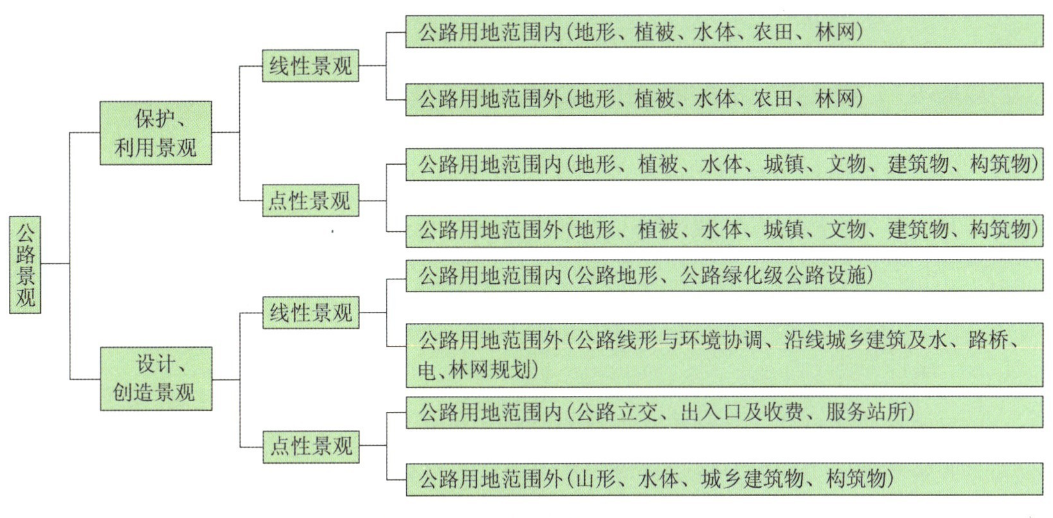

图 4-3 按公路景观的处理方式分类

（一）构成要素多元性

从上述公路景观客体的构成要素分类中，可见公路景观是由自然的与人工的、有机的与无机的、有形的与无形的各种复杂元素构成。在诸多元素中，公路景观决定了环境的性质。其他元素则处于陪衬、烘托的地位，它们可加强或削弱景观环境的氛围，影响环境的质量。

（二）时空存在多维性

从公路景观空间来说，它是上接蓝天、下连地势；连续延绵、无尽无休；走向不定、起伏转折的连贯性带形空间。而从时间上来说，公路景观既有前后相随的空间序列变化，又有季相（一年四季）、时相（一天中的早、中、晚）、位相（人与景的相对位移）和人的心理时空运动所形成的时间轴。

（三）景观评价的多主体性

任何一种景观环境，都无法取得一致的褒贬。公路景观更是如此。评价的主体不同，评价主体所处的位置、活动方式不同，评价的原则和出发点必有显著的差别。如观赏者、旅行者多从个人的体验和情感出发；经营者、投资者多从维护管理、经济效益等方面甄别；沿线居住者多从出行是否便利、生活环境是否受到影响等方面考虑；而公路设计者、建设者考虑更多的则是行驶的技术要求及建设的可行性。

四、公路景观环境设计与保护

（一）设计内容

公路景观环境设计内容是对公路用地范围内及公路用地范围外一定宽度和带状走廊里的

自然景观与人文景观的保护、利用、开发、创造、设计与完善。其中对人文景观的保护、利用、开发、创造、设计与完善包括路体线形，公路构筑物（挡墙、护坡、排水、桥涵、隧道、声障墙等），建筑物公路绿化美化、公路设施（公路通信、照明、防护栏网、路缘石等），标牌指示等风格形式，质感色彩，比例尺度，协调统一等方面内容。在不同路段、不同工程项目的景观保护、利用、设计中，不同的景观内容，处理手段、轻重与深度不尽相同。对于自然景观来说，公路的修建不能破坏当地的自然景观，其影响程度应减至最小。对自然景观的影响应有必要的保护和恢复措施。最理想的是公路建设与自然景观浑然一体、相容协调，共同构筑一个良好的景观环境。这些都需要在设计和保护等工作中认真加以研究。

（二）设计原则

公路景观环境的设计，是对原有景观的保护、利用、改造及对新景观的开发、创造。这不仅与景观资源的审美情趣及视觉环境质量有着密不可分的联系，而且对生态环境、自然资源及文化资源的持续发展和永续利用有着非常重要的意义。因此在公路景观环境设计中，应强调以下几项原则。

1. 可持续发展原则

自然、社会、经济的协调发展、可持续发展要求公路建设必须注意对沿线生态资源、自然景观及人文景观的永续维护和利用，从时间和空间上规划人的生活和生存空间，使沿线景观资源的建设保持持续的、稳定的、前进的态势。只有这样才能保护公路建设既有利于当代人，又造福于后代人。

2. 动态性原则

反映人类文明的公路景观环境存在着一个保护、继承又不断更新演绎的过程。这就要求我们在公路景观环境的保护和塑造过程中，坚持动态性原则，赋予公路景观环境以新的内容和新的意义。

3. 地区性原则

我国地大物博，不同地区有其独特的地理位置、地形、地貌特征、气候气象特征以及社会环境特征等，加之我国人民有着自己独特的审美观念，不同地区的人们又有不同的文化传统和风俗习惯，所有这些形成了不同地区特有的公路景观环境，因此在公路景观环境研究中应充分考虑地区性原则。

4. 整体性原则

公路项目是一个线形工程，其纵向跨度大。在公路景观环境设计中，对于公路本身，要求其将公路宽度、平竖曲线度、纵坡、公路交叉、公路连通性及其构筑物、沿线设施等与沿途地形、地貌、生态特征以及其他自然和人文景观作为一个有机整体统一设计，使公路这一人工系统与沿线自然系统和其他人工系统协调和谐。并努力使公路在满足运输通行功能的前提下，使原有景观环境更臻完美。

5. 经济性原则

公路景观环境构成要素包罗万象，但不应将精力放在那些耗费大量人力、物力、财力的观赏景观的塑造上，而应把重点放在对公路沿线原有景观资源的保护、利用和开发，以及公路本身和其沿线设施等人工景观与原有自然环境和社会环境的相容性研究上。从经济、实用的原则出发，保护沿线的生态环境、自然和人文景观，并满足交通运输的需求。

（三）设计方法

公路的快速通行运输功能决定了公路景观结构体系具有绳（线性景观）结（点式景观）模式。这一特定景观结构模式的设计涉及动态的与静态的、自然的与人工的、视觉的与情感的问题。要解决好这些问题，在公路景观设计中要遵循基本的思路和方法。

1. 保护公路畅通与安全

保证运输畅通与行驶安全，避免对司乘人员造成心理上的压抑感、恐惧感、威胁感及视觉上的遮挡、不可预见、眩光等视觉障碍是公路景观设计的基础与前提。

2. 线性景观设计重在“势”

早在汉晋之际，我国古代环境设计理论中出现的“形势”说，恰可用于公路景观设计。“形势”说中关于形和势的概念如下：“形”，有形式、形状、形象等意义；“势”，则有姿态、态势、趋势、威力等意义。而形与势相比较，形还具有个体、局部、细节、近切的含义；势则具有群体、总体、宏观、远大的意义。

线性景观的观赏者多处于高速行驶状态下，在这一状态下景观主体对景观客体的认识只能是整体与轮廓。因此，线性景观的设计应力求做到公路线形、边坡、分车带、绿化等连续、平滑、自然且通视效果好，与环境景观要素相容、协调（图4-4～图4-6）。而沿途点式景观给旅行者的印象则应轮廓清晰、醒目、高低有致、色彩协调、风格统一。

图4-4　美观舒适的思小高速公路

图4-5　公路线性景观设计

3. 点式景观设计重在“形”

公路通过村镇、城乡段及公路立交、跨线桥、挡墙、收费、加油、服务设施等处的景观，其观赏者除一部分处于高速行驶状态外，还有很大部分处于静止、步行或慢行状态。因此，这部分景观的设计重点应放在“形”的刻画与处理上。如路体本身体态、形象设计；绿化植物选择与造型；公路构筑物的形态与色彩（图4-7）；交通建筑与地方建筑风格的协调；场所的可识别性、可记忆性强调；甚至铺地、台阶、路缘石等均应仔细推敲、精心设计（图4-8、图4-9）。

图4-6 护栏中的线形景观设计

图4-7 合肥新桥机场高速的景观桥

图4-8 西汉高速船帆形的点性景观设计

图4-9 隧道口的景观设计

（四）设计流程

作为协调公路工程设计与环保设计，通盘考虑公路建设与沿线一定区域环境景观协调相容，以生态原则为基础，坚持可持续发展原则的公路景观设计，应贯穿于公路设计之始终，其景观设计流程如图4-10所示。

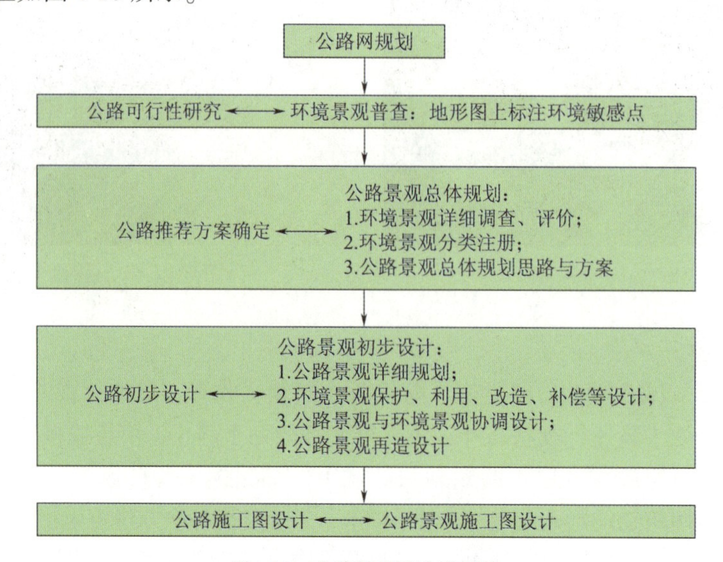

图4-10 公路景观设计流程图

根据我国具体情况，开展公路景观设计的探讨与研究，以期在公路建设中，针对具体路段，系统完整、全面具体地提出公路建设对环境（包括噪声、视觉、水、生态、社会等）影响的避免、改进、补偿措施。使公路建设取得最优的环境效益，为旅行者及沿线居民提供一个愉悦的出行及生活空间。

（五）公路景观环境保护

1. 景观环境管理

对公路景观环境（包括景观资源）实行有序管理，是景观环境保护最基本最有效的措施。参照国内外的管理模式，公路景观环境质量管理程序如图4-11所示。

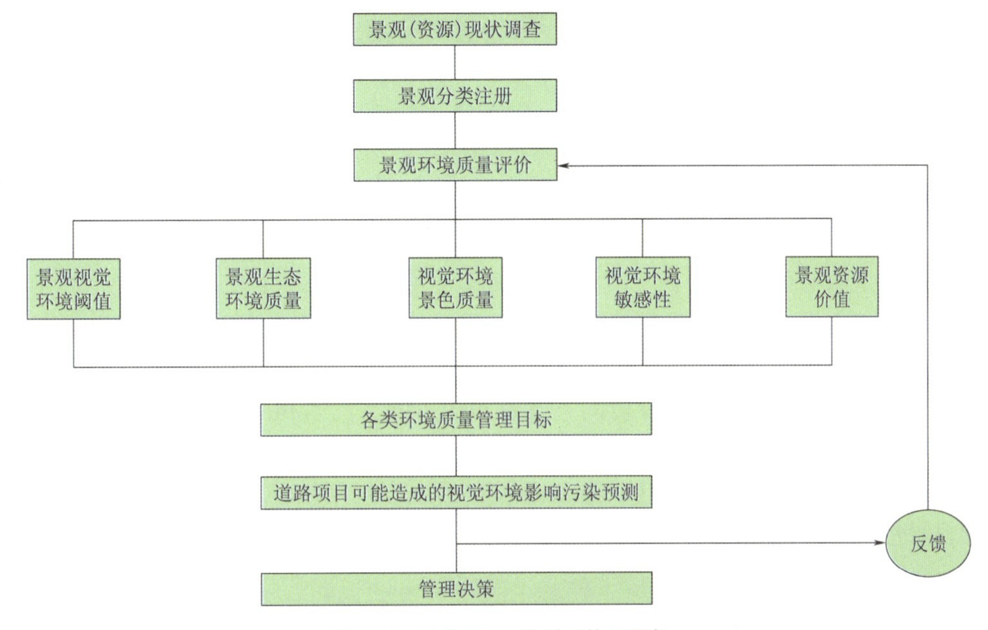

图4-11 公路景观环境质量管理程序

2. 景观环境保护对策

（1）公路与景观环境的协调。

公路与沿线景观环境的关系是公路景观视觉环境质量的关键。公路与景观环境的协调是将公路融合到沿线环境中去，充分利用地貌、植被、水体等自然环境，尽可能保持景观环境的原有风貌（图4-12），为动植物生存提供空间，使公路的使用者和周围公众享有高质量的景观环境。

图4-12 “人与自然和谐发展之路”——思小高速公路

（2）减少对景观视觉环境的侵害。

减少公路对景观视觉环境的侵害，关键是做好路线设计和路基设计。欧、美一些国家的做法是在公路设计时对沿线景观环境做全面调查，按地貌、生态等特征划分成若干单元，对每个单元进行打分并分级，一般分5级：极好、有价值、好、一般和较差。然后按公路在原景观环境中的位置（或地位），对公路给环境视觉的影响进行分析，其影响程度分3档：非常侵害——在视觉中拟建公路处于统治地位；一般侵害——在视觉中拟建公路处于重要地位；微弱侵害——在视觉中拟建公路处于不明显地位。

由上述可见，公路设计时不应孤立地强调线形，更不应突出公路在自然环境中的地位。公路路线、路基、桥梁、色彩等应与周围景色和谐一致（图4-13）。

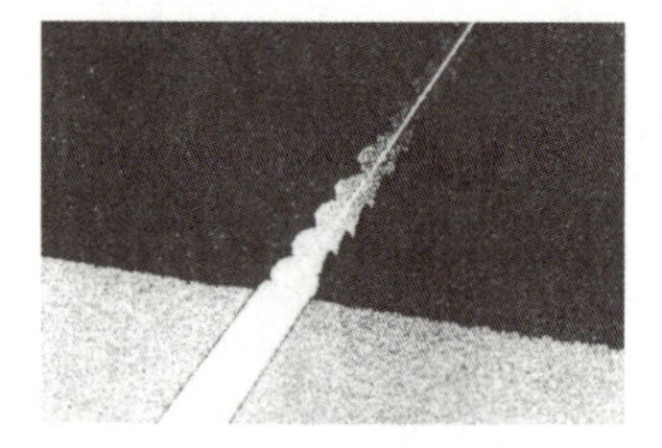

a) 断开森林的直通公路

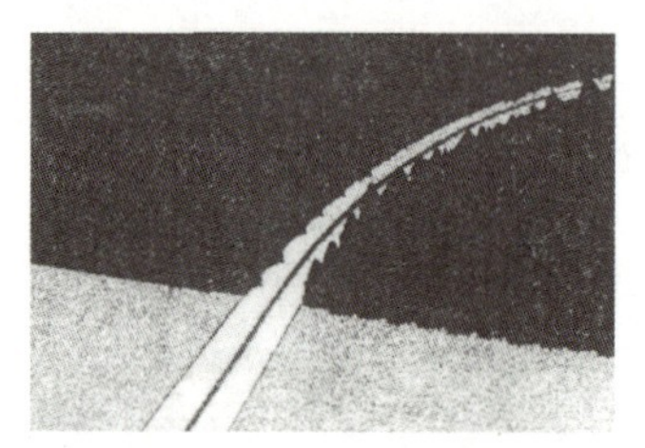

b) 弯道保持着森林的形象

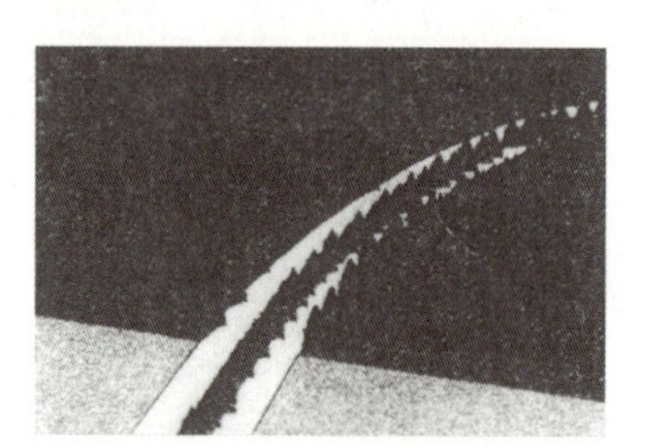

c) 保留原有树木的中央分隔带

图4-13　穿越森林的公路设计

（3）保护景观资源。

景观资源是国家的重要资源，其中多数属于不能再生资源（如奇特地貌、名木古树、珍稀生物、历史文物、峡谷、溪流等）。对于有重要价值的景观资源要采取避让或采用工程技术措施加以保护。即使价值一般的景观资源也应尽可能地保护，因为资源本身的价值将随年代的变迁而变化，再则我国有价值的景观资源也有限。图4-14为延崇高速公路太子城和平驿站（即太子城服务区），项目整体规划布局合理地让建筑与场地形成北高南低、西高东低的空间形态，构建起“依山而建、逐水而居”的生态规划结构，从规划布局到施工建设处处彰显绿色理念。

图4-14　延崇高速公路太子城和平驿站

（4）工程技术措施。

公路景观环境保护工程技术措施涉及的内容较广，这里主要讨论路基工程中的几个主要问题。

①边坡坡度整饰。边坡在距地面1/2或1/3高度处采用曲线与地面相接（图4-15）。通过边坡曲线的变化将边坡融汇于原地形，以减少公路的生硬呆板感，增加自然感。由图4-16可见，较陡的边坡比较缓的边坡给人以生硬呆板的感觉（图4-17）。

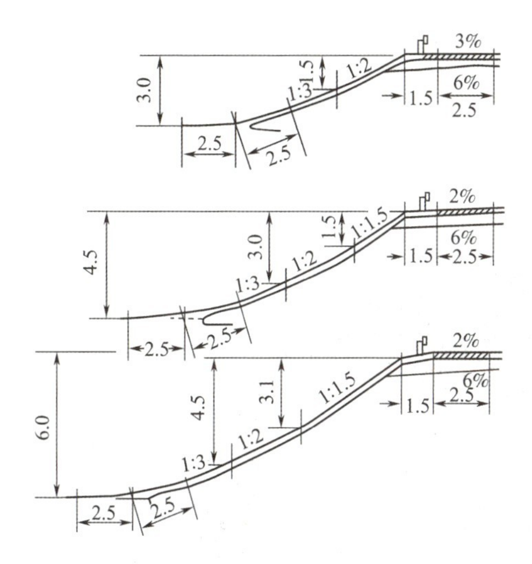

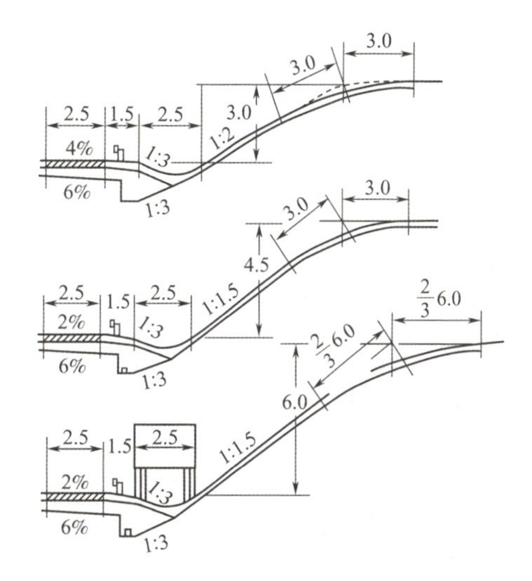

a) 填方　　　　b) 挖方

图 4-15　路基边坡整饰曲线（尺寸单位：m）

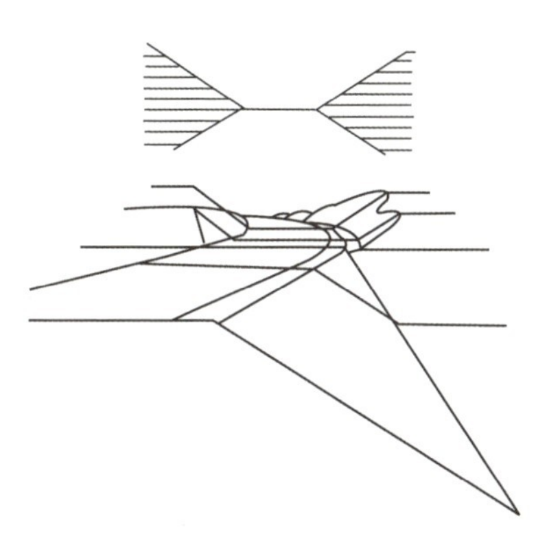

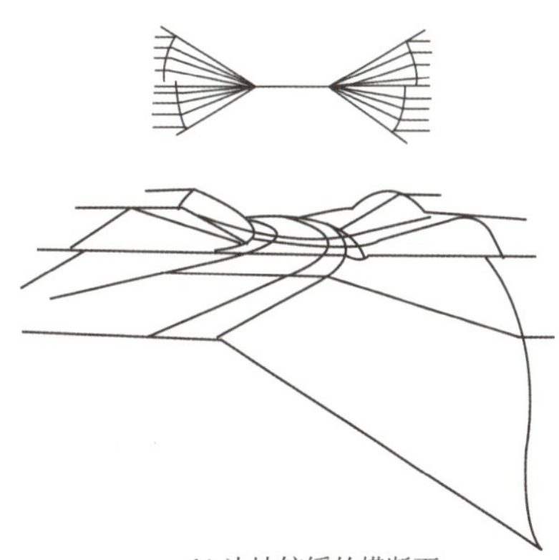

a) 边坡较陡的横断面　　　　b) 边坡较缓的横断面

图 4-16　边坡坡度整饰

a) 十天高速公路安康东段边坡景观设计　　　　b) 郑少高速公路边坡景观设计

图 4-17　边坡景观设计

②分离式路基。在山区、丘陵地、台塬地、黄土高原等地形起伏变化较大的地区，公路上、下行车道采用分离式路基，可减少对原地貌的开挖，使公路不太显眼，对视觉环境的侵害减小（图4-18）。另外，在特殊景区（如山间湖泊），不同高度的上、下行车道都能观赏到优美景色（图4-19）。

图4-18 小磨高速公路分离式路基（为古树让路）

图4-19 常张高速公路分离式路基（不同高度的上下行车道）

③中央分隔带自然化。中央分隔带具有防眩和保证行车安全的功能，对改善公路景观环境亦具有显著作用。在有条件的地区，如山坡荒地、戈壁沙漠及草地等非农用土地的路段，增加中央分隔带的宽度，并将原地面植被、小土丘、坚固的石头等原有地物保留其中，使中央分隔带自然化。这样公路与周围环境有较好的协调性，也增加了公路景观（图4-20）。

④取、弃土坑和采石场的处理。对于那些不能复耕、还耕及开发农副业的取、弃土坑和采石场应作景色处理，使受损的视觉环境尽快修复（图4-21）。常用的措施有植树、种草，使其尽快恢复地面植被，整修后用作停车场，修成池塘和周围绿化用于养鱼垂钓或用作鸟类保护池，有条件并需要时可修成公路景点。

图4-20 贴近自然的中央分隔带

图4-21 思小高速公路弃土场的景观设计

（5）公路绿化。

俗话说，人靠衣装，地靠绿装。公路绿化有稳定路基，改善生态环境、生活环境和景观视觉环境等综合作用。关于公路绿化技术规定及要求，请参阅《公路环境保护设计规范》（JTG B04—2010）。这里需提醒的是，公路沿线绿化的树木及灌草一定要当地“土生土长”，据调查，当地的“土”草比引入的外来草效果更好，且管护简便、省钱。

3. 几个须研究的问题

（1）城市高架公路。

城市高架公路可以有效缓解交通拥堵，但同时也对城市景观、环境污染等具有负面影响。因此，在建设高架公路之前，要综合考虑交通拥挤、城市用地、线路交叉及地质地基等情况，结合城市特点，审慎决策是否采取高架公路形式。

（2）平原地区路基高度。

我国平原地区高速公路和一级公路的路基高度平均在3.5m以上，对沿线民众的视觉环境和风土人情造成了较大影响，乘客也因看不到路侧地面而感到不自然。从公路建设可持续发展战略及与环境协调来看，再过若干年，当农村经济和生产方式发生较大变革后，这种长堤式的公路也许会成为遗憾。根据公路景观环境要求，应尽量降低路基高度。

（3）山区公路的路线设计。

从经济的角度来看，山区公路沿沟谷布线是合理的。但由于路基工程的大量高填深挖，给景观环境、生态环境和民众的生活环境（如与民争地，可能使沟谷河水减少并造成污染等）造成了很大影响，这种影响花再多的钱去治理也很难根治。路线设计不仅要考虑其经济效益，更要考虑其环境效益。从发展的眼光看，将路线沿低山的山梁或高山的山腰布设较为合理。

1. 什么是景观环境？
2. 公路景观环境包括哪些内容？
3. 景观有哪几种分类方式？
4. 公路景观的特点有哪些？
5. 在公路景观环境设计中应遵循哪些原则？
6. 在公路景观环境设计中应遵循哪些思路和方法？
7. 公路景观环境保护对策有哪些？

任务二 公路景观绿化设计

一、设计内容

从严格意义上讲，高速公路征地范围之内的可绿化场地均属于景观绿化设计的范围，按其不同特点可分为以下几部分内容：公路沿线附属设施（服务区、停车区、管理所、养护工区、收费站等）；互通立交；公路边坡及路侧隔离栅以内区域（含边坡、土路肩、护坡道、隔离栅、隔离栅内侧绿带）；中央分隔带；特殊路段的绿化防护带（防噪降噪林带、污染气体超标防护林带、戈壁沙漠区公路防护林）；取、弃土场的景观美化等。公路景观绿化工程的各部分的有关设计原则简述如下。

（一）服务区、停车区、管养工区等公路附属设施景观绿化工程

1. 功能

以美化为主，创造优美、舒适的工作和生活空间，以及适宜的游览、休闲环境。

2. 设计要求

服务区与收费站区的建筑物及构造物一般都较新颖别致，外观美丽，设施先进，具有较强烈的现代感，视觉标志性极强，而且通常空间较大、绿化用地较充足，除周边的大块绿地需要与周围环境背景互相协调外，其建筑、广场、花坛、绿地主要采用庭院园林式绿化手法，加强美化效果，使整体环境舒适宜人，轻松活泼，起到良好的休闲目的。同时服务区亦可根据各自所处的地域特征，通过绿化加以表达，突出地方文化氛围。

（二）互通立交绿化美化工程

1. 功能

诱导视线，减少水土流失，绿化美化环境，丰富公路景观。保沧高速公路朝阳互通绿化景观设计如图4-22所示。

图4-22　保沧高速公路朝阳互通绿化景观设计

2. 设计要求

互通立交区绿化以地被植草为主，适量配置灌木、乔木，以既不影响视线又对视线有诱导作用为原则。图案的设计简洁明快，以形成大色块。

依据互通所处的地理位置，服务城镇性质、社会发展，结合当地历史典故、人文景观、民俗风情等决定表现形式和植物配置，可以将沿线互通分为以下三类。

（1）城郊型：地处城市近郊，或本身就是城市的组成部分。在吸纳当地人文历史等背景资料的前提下，可设计抽象或规则图案，表现此地区的综合文化内涵，同时注意城市建筑和公路绿化景观的统一与协调。图案设计体量宜大，简洁流畅，色彩艳丽丰富。

（2）田园型：地处农村郊野，距城镇较远。绿化形式以自然式为主，强调表现本地区的自然风光，突出绿化的层次感及立体感，使互通景观充分融入周围原野中。

（3）中间型：距离大城镇较远，而又靠近小的乡镇，地处农田原野，是城郊和田园型的中间类型。绿化应兼顾双重性，强调体现个性，给游客以深刻印象。

（三）边坡、土路肩、护坡道、隔离栅及内侧地带等的防护及绿化工程

1. 功能

保护路基边坡，稳定路基，减少水土流失，丰富公路景观、隔离外界干扰。衡炎高速公路边坡绿化如图 4-23 所示。

2. 设计要求

（1）土质边坡栽植多年生耐旱、耐瘠薄的草本植物与当地适应性强的低矮灌木相结合来固土护坡。

（2）挖方路堑路段的石质边坡采用垂直绿化材料加以覆盖，增加美观。可选用阳性、抗性强的攀缘植物。

（3）护坡道绿化应以防护、美化环境为目的，栽植适应性强、管理粗放的低矮灌木。

（4）边沟外侧绿地的绿化以生态防护为主要目的，兼顾美化环境，可栽植浅根性的花灌木，种植间距可适当加大。

（5）隔离栅绿化以隔离保护、丰富路域景观为主要目的。选择当地适应性强的藤本植物对公路隔离栅进行垂直绿化。

（四）中央分隔带绿化美化

1. 功能

以防眩为主，丰富公路景观。福建长乐机场高速公路中央分隔带绿化设计如图 4-24 所示。

图 4-23 衡炎高速公路边坡绿化

图 4-24 福建长乐机场高速中央分隔带绿化设计

2. 设计要求

中央分隔带防眩遮光角控制在 8°～15°之间，常见中央分隔带绿化栽植形式主要有以下三种：

（1）以常绿灌木为主的栽植。

（2）以花灌木为主的栽植。

（3）常绿灌木与花灌木相结合的栽植方式。

（五）特殊路段的绿化防护带

1. 功能

减轻公路运营期所造成噪声及汽车排放的气体污染物超标造成的环境污染，保护公路免受不良环境条件影响。

2. 设计要求

特殊路段绿化防护林带设计应以环境保护及防护为主，设计前应详细查阅环境影响报告书、水土保持方案报告书、公路工程地质勘测报告书等相关资料，明确防护林带的位置、长度、宽度等事宜。同时在植物选择时应注意以下原则：

（1）以规则式栽植为主。

（2）以乔灌木栽植为主，结合植草，进行多层次防护。

（3）所选树种及草种应能对污染物有较强的抗性并有适应不良环境条件的能力。

（六）公路取、弃土场绿化美化

1. 功能

减少水土流失，恢复自然景观。

2. 设计要求

取、弃土场绿化设计应以防护为主，尽量降低工程造价，设计方法可参考边坡防护工程有关内容。同时在植物选择时应注意以下原则：

（1）以自然式栽植为主。

（2）以植草为主，结合栽植乔灌木。

（3）草种及树种选择遵循“适地适树”的原则。

二、公路景观绿化设计的依据

主要设计依据如下：

（1）业主单位对项目的设计委托书（合同书）。

（2）原交通部2007年修订的《公路工程基本建设项目设计文件编制办法》。

（3）交通运输部发《公路环境保护设计规范》（JTG B04—2010）。

（4）《交通建设项目环境保护管理办法》。

（5）公路工程预可报告、工可报告、初步设计文件及施工图设计文件。

（6）公路环境影响报告书。

（7）公路水土保持方案报告书。

（8）国家和交通运输部现行的有关标准、规范及规定等。

三、设计程序及文件的编制

公路景观绿化设计程序主要包括以下几个步骤。

（一）现状调查

1. 公路工程设计资料调查、收集

（1）公路等级、路线走向、预测交通量、工期安排等。

（2）公路主要经济技术指标。如路基、路面宽度；路堤、路堑和边坡的长度、宽度、高度、坡度、地质状况。

（3）平交道口和交叉区的位置以及构造情况等；平曲线位置、半径以及长度。

（4）构造物如边沟、桥涵、分隔带、堤岸护坡、挡土墙、防沙障、挑水坝、水簸箕、过水路面等的位置及其绿化环境。

（5）服务区、停车区、收费站、管理所、养护工区等设施的位置、面积和总体布局等。

（6）统计绿化面积、位置、高程、长度、宽度、坡度、堆积物等。

（7）按绿化工程实施的难易程度对公路进行分段统计。

2. 公路沿线社会环境状况调研

（1）区域：公路经过的主要区域；重要的集镇规划；主要的工厂、矿山、农场、水库；周围建筑物；名胜古迹；疗养区和旅游胜地等。

（2）风俗习惯：路线沿线居民特殊生活风俗；绿化喜好和忌讳等。

（3）劳动力资源、工资、机具设备、运输力量等。

（4）组织：当地公路管理机构；公路养护组织等。

（5）农田：旱田、水田、果园、菜地、大棚等分布及作物种类。

（6）公路现场周围地上和地下设施的分布情况，如电缆、电线、光缆、水管、气管等的深度和分布。绿化植物的栽植应与之保持适当距离。

3. 公路沿线自然环境状况调查

（1）调查物候期、降水量、风、温度、湿度、霜期、冻土及解冻期、雾、光照等影响道路交通功能和绿化效果的因子。研究各气象因子 10 年以上年度和各月份平均值及变化规律，特别注意灾害性气象的发生规律，如极端气温、暴雨、干旱、台风等。

（2）调查种植地土壤的酸碱性、盐渍化程度、厚度、土温、含水率变化、冻土情况、肥力等理化性反。

（3）调查地表水分布、地下水水位和分布、水量等，必要时检测水质指标。

4. 公路沿线植物情况的综合调查

（1）种类调查：当地已有的公路绿化植物、园林植物，包括乔木、（花）灌木、草本植物、攀缘植物；常绿植物、落叶植物；针叶树和阔叶树等。

（2）苗源调查：种类、数量、质量、来源、距离、价格等。

（3）生态习性和主要功能：包括花期、返青期、落叶期、耐阴、耐旱、耐温、耐盐碱、耐修剪、根系分布等。

（4）公路沿线绿化常用技术经验。

（5）路线沿线现存树木调查：珍稀古树名木和林地的种类、位置、分布、数量等。

（二）图纸资料的收集

在进行设计资料收集时，除上述所要求的文件资料外，应要求业主提供以下图纸资料：

（1）路线地理位置图、路线平纵面缩图。

（2）公路平面总体方案布置图、公路平面总体设计图、公路典型横断面图。

（3）路线平纵面图、工程地质纵断面图。

（4）取土坑（场）平面示意图、弃土堆（场）平面示意图。

（5）路基防护工程数量表、路基防护工程设计图。

（6）沿线水系分布示意图。

（7）隧道平面布置图。

（8）互通式立体交叉设置一览表、互通式立体交叉平面图、互通式立体交叉纵断面图。

（9）沿线管理服务设施总平面图（服务区、停车区、收费站、管理处养护工区）、沿线管理服务设施管线（水电）布置图。

（三）现场踏勘

任何公路景观绿化设计项目，无论规模大小，项目的难易，设计人员都必须认真到现场进行踏勘。一方面，核对、补充所收集到的图纸资料，如对现有的建筑物、植被等情况，水文、地质、地形等自然条件进行核对与补充。另一方面，由于景观设计具有艺术性，设计人员亲自到现场，可以根据周围环境条件，进入艺术构思阶段，做到“佳则收之，俗则屏之”。发现可利用、可借景的景物和不利或影响景观的物体，在规划过程中分别加以适当处理。根据情况，如面积较大、情况较复杂的互通立交、服务区等，有必要的时候，踏勘工作要进行多次。

现场踏勘时，应尽量请熟悉当地情况及公路线位走向的设计人员作向导，并应拍摄环境的现状照片，以供总体设计时进行参考。

（四）绿化植物的选择与配置

（1）植物选择要根据生物学特性，考虑公路结构、地区性、种植后的管护等各种条件，以决定种植形式和树种等（图4-25、图4-26）。

图4-25　不同位置的绿化植物

①与设计目的相适应。

②与附近的植被和风景等诸条件相适应。

③容易获得，成活率高，发育良好。

④抗逆性强，可抵抗公害、病虫害少，便于管护。

⑤形态优美，花、枝、叶等季相景观丰富。

⑥不会产生其他环境污染，不会影响交通安全，不会成为对附近农作物传播病虫害的中间媒介。

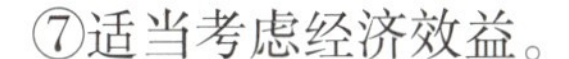

⑦适当考虑经济效益。

图 4-26 色彩鲜明的绿化植物

（2）应优先选择本地区已采用的公路绿化植物、其他乡土植物和园林植物等。经论证、试验后，可适当引进优良的外来品种（图 4-27）。

图 4-27 思小高速公路的边坡绿化

①路域生态环境要求绿化植物种类和生态习性的多样性。

②选择植物品种应兼顾近期和远期的树种规划，慢生和速生种类相结合。

③大树移植宜选择当地浅根性、萌根性强、易成活的树木。

④草种选择。根据气候特点，选择适合当地生长的暖季型或冷季型。

（五）设计文件的编制

与公路主体工程文件编制程序相适应，公路景观绿化设计文件的编制一般分为以下三个步骤。

1. 总体方案规划阶段

本阶段可看作是公路工程预可或工可报告的组成部分，在本阶段应完成景观绿化设计基础资料的调查收集工作，并结合公路总体规划及沿线自然、人文景观的分布，提出公路景观绿化设计的总体原则，明确设计范围等。

2. 初步设计阶段

本阶段与公路工程初步设计阶段相对应，是对总体方案的具体与细化，应在方案规划设计的基础上完成初步设计文件的编制。

本阶段应完成以下文件及图表内容。

（1）设计总说明书。

按有关设计编制要求及总体规划方案完成项目的总说明书编制工作，一般包括：项目概述、设计依据、工程概况、沿线环境概况、绿化设计的指导思想与基本原则、具体设计模式说明、植物种的选择（并附植物选择表）、工程投资估算说明等项内容。

（2）管理养护区、服务区及停车区等设施的景观绿化初步设计。

上述区域应依据庭院园林绿化模式进行设计，视设计所需其设计文件中应包括绿化栽植、花架、亭廊等园林小品、园路、场地铺装、花坛、桌凳等设施项目。文件应完成如下内容：

①详细的设计说明一份。应写明设计原则、设计手法、植物配置方法等项内容（此部分内容最后汇总至设计总说明编制者）。

②绿化总体布置图一份。图纸中应有：绿化植物的配置图；植物品种、规格、数量的统计表；各种园林小品及设施的布置图。

③图纸比例尺与指北针。为便于图纸的拷贝与缩放，所有要求尺寸比例的图纸都应以“标尺比例尺”的形式给出比例尺。所有平面图均应给出指北针。

（3）互通立交区的景观绿化初步设计。

本项绿化视为一般园林绿地场地进行规划设计，一般仅作植物栽植设计（有特殊要求时做地形设计及主题雕塑设计），应完成如下文件内容：

①互通立交绿化设计说明一份。应写明设计原则、设计手法、植物配置方法等项内容。

②总体绿化布置平面图一份（双喇叭互通应增加两张分区绿化图），同时随图给出植物种类、规格、数量统计表一份。

③互通立交绿化效果图。亦可视情况单独要求。

④局部详图。对能突出互通景观特色的重点区域（如图案栽植部分、主题雕塑等），应给出局部详图，同时图中相应标出所采用植物的种类、规格及数量；雕塑应给出平立面图及效果图；应以图示方式标明本详图与总图的位置关系。

⑤场地规划图。提出互通区内土方平衡调配的原则措施，在满足交通功能要求的基础上，依景观所需及绿化功能设计微地形，标明微地形的范围，等高线间距等数据，并对土方工程数量进行估算。

⑥图纸比例尺与指北针。为便于图纸的拷贝与缩放，所有要求尺寸比例的图纸都应以“标尺比例尺”的形式给出比例尺。所有平面图均应给出指北针。

（4）中央分隔带、边坡、路侧绿化带及环保林带的设计。

本项绿化视为一般园林绿地场地进行规划设计，一般仅作植物栽植设计，对于上述区域的绿化方案应在“路基标准横断面图”中示出相应位置关系。同时应附图给出植物种类、规格、数量统计表一份，边坡防护应单独给出较详细的工程量清单一份。

（5）灌溉系统工程设计。

该部分工程作为总体绿化的附属工程，其文件包括以下内容：

①详细的设计说明一份。应写明绿化区域的自然地理、地貌特征，尤其应注明水源的形式及分布位置；采用推荐喷灌系统方式的理由；相关的水力计算等。

②灌溉系统管线布置图一份。图中应标明水源位置；管线布设方式；所采用管线的管径指标；出水口（喷头）的精确埋设位置；各节点之间的间距（如喷头与支管之间、喷头与喷头之间等）。

③随图或单独列出设备清单一份。表中应明确各种设备的类型、型号、主要性能指标、数量、生产厂家等。

（6）投标文件编制。

此部分内容应严格依据购买的招标文件有关要求按投标文件编制格式完成（不含设计说明及设计图纸）。

（7）工程概算文件编制。

按有关工程概算文件编制要求完成项目的概算文件编制工作，一般包括：编制说明、概算汇总表、分项工程概算表等项内容。

3. 施工图设计阶段

本阶段与公路工程施工图设计阶段相对应，该阶段是对初步设计文件的具体化，使之具有可操作性，能作为景观绿化施工的依据。并应在初步设计的基础上完成景观绿化施工图设计文件的编制。

本阶段在初步设计基础上应完成以下文件图表。

（1）管理养护区、服务区及停车区等设施的景观绿化施工图设计。

在初步设计基础上，施工图文件应完成如下内容：

①主要园林小品、设施（如花架、园路、场地铺装、园凳、水池、山石）的结构详图。

②植物栽植总平面图。同初步设计图纸内容。

③绿化分区示意图。对于植物栽植总平面图视实际情况可分成若干张，以达到能清晰表明植物种植关系的目的，图中还应给出施工放线基准点（明显的永久构筑物或道路中心线的某处桩号等）。

④植物栽植分区详图。图中应标明每棵植物的种植点，同种植物之间以种植线连接，并注明相互之间的距离。应以图示方式标明本图与总图的位置关系（参照绿化分区示意图）。附图给出植物品种、规格、数量统计表。

⑤图纸比例尺与指北针。为便于图纸的拷贝与缩放，所有要求尺寸比例的图纸都应以“标尺比例尺”的形式给出比例尺。所有平面图均应给出指北针。

（2）互通立交的景观绿化施工图设计。

在初步设计基础上，施工图文件应完成如下内容：

①植物栽植总平面图。同初步设计图纸内容。

②绿化分区示意图。对于植物栽植总平面图视实际情况可分成若干张，以达到能清晰表明植物的种植关系的目的，图中还应给出放线基准点（道路中心线上的某处桩号或跨线桥与主线的交点等）。

③植物栽植分区详图。图中应标明每棵植物的种植点，同种植物之间以种植线连接，并注明相互之间的距离（规则时栽植的植物可仅标明一处，其余以文字说明方式注出）。应以图示方式标明本图与总图的位置关系（参照绿化分区示意图）。附图给出植物品种、规格、数量统计表。

④互通中图案造型。应单独给出大样图，图中注明放样基准点及放样的网格线。并随图给出植物品种、规格、数量统计表。

⑤雕塑。雕塑作为独立设计内容要求，图中应给出平、立、剖面图，结构图（节点及基础等关键部位）。并标明详细的尺寸关系、拟采用的材料等有关内容。并附图给出材料的工程量清单一份。

⑥图纸比例尺与指北针。为便于图纸的拷贝与缩放，所有要求尺寸比例的图纸都应以“标尺比例尺”的形式给出比例尺。所有平面图均应给出指北针。

（3）中央分隔带、边坡、路侧绿化带及环保林带的设计。

本项绿化设计文件初设阶段深度已可满足施工要求，可直接引用有关文件图纸。

（4）灌溉系统工程设计。

该部分工程设计深度及图纸内容基本同初步设计。可参考执行。

（5）招标文件编制。

此部分内容应严格依据招标文件有关要求及业主的书面要求并按编制格式完成（不含设计说明及设计图纸）。

（6）工程预算文件编制。

按有关工程预算文件编制要求完成项目的预算文件编制工作，一般包括：编制说明、预算汇总表、分项工程预算表等项内容。

但具体实施过程中因项目的不同其景观绿化设计文件的编制也有所不同，一般是按以上程序完成文件的编制，有时做两阶段的初步设计及施工图设计，有时也会依据项目内容及时间要求仅做一阶段的施工图设计。

试分析图4-28中公路边坡绿化存在的缺陷。

图4-28 能力训练图

1. 公路互通立交绿化的功能和设计要求是什么？
2. 公路边坡绿化的功能和设计要求是什么？
3. 中央分隔带绿化的功能和设计要求是什么？
4. 公路景观绿化设计的依据是什么？
5. 公路景观绿化设计时对于绿化植物的选择和配置有哪些要求？

任务三 桥梁景观设计

一、桥梁景观的基本概念

桥梁景观系指以桥梁和桥位周边环境为“景观主体”或“景观载体”而创造的桥位人工风景。这里，桥梁是某一具体桥梁工程的总称。包括了该工程范围内的主桥、辅桥、引桥、立交桥、引道、接线、边坡等单位工程。桥梁景观是一个具有特定含义的整体概念。这是它与已建桥梁中出现的单体景点的基本区别。

桥梁景观工程是桥梁景观设计中所包括的景观项目的总称。

1. 桥梁景观的技术美学特性

桥梁不能为绝对的美学景观。桥梁首先是要解决通行功能，并在技术可能与经济之间优化，这是桥梁设计规范的基本要求。因此桥梁景观设计必须符合桥梁功能、技术、经济要求，并以此为原则对景观构成元素进行美学调整（图4-29）。如桥型的美学比选，桥体结构部件的比例调整，桥梁选线与城市或大地景观尺度的和谐，桥梁的防护涂装与城市整体色彩中的联系等。桥梁景观的这种以功用与技术为重的特点即为其技术美学特性。但当景观价值有明显优势而功能得以满足、技术也可行的情况下，有时经济因素可向后靠，如风景区的桥梁或城市结构要害的桥梁等。因此，桥梁景观设计的某些关联域在不同的环境条件下其位次会有不同。

a) 钢管拱桥

b) 连续梁桥

图4-29 桥梁景观的技术性

2. 桥梁景观的时代性

桥梁的桥型应具有时代特征（图4-30）。时代性有一层重要含义即“新”，如新事物、新发展、新现象、新景观、新知识、新文化、新科技等均可表达出时代寓意。桥梁结构技术的科技特征及结构技术的不断更新是使桥梁景观产生深刻时代烙印的主导因素。由于桥梁在城市中的战略性地位，使桥梁景观成为城市中的视觉识别要点，这就使桥梁景观对时代的表述延伸至城市。因此把握好桥梁景观的这种特点并恰如其分在城市中发挥作用是我们在桥梁景观设计中需要重视的问题。

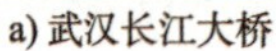
a) 武汉长江大桥

b) 武汉长江二桥

图4-30　桥梁景观的时代性

3. 桥梁景观的地域性

桥梁的空间跨越使交通立体化，而桥梁所跨之处的地理、地貌或城市空间环境均有其特指性，桥梁与特定地点的地形、地貌配合成为桥梁景观设计需重点考虑的方面。与特指的周边空间环境的配合使桥梁景观有机地融于环境，也使为人熟知的环境空间与有发展寓意的桥梁景观间蕴生出具有地方性的景观更新意义，景观更新中的继承与发展是其地标作用的深层次原因。桥梁与城市的伴生使其复合景观成为标榜城市独特性、唯一性的象征，像延河大桥与宝塔山、“伦敦之门”的伦敦大桥，这也是桥梁景观地域性的表现。桥梁景观的地域性如图4-31所示。

a) 延河大桥

b) 伦敦大桥

图4-31　桥梁景观的地域性

二、桥梁结构设计与桥梁景观设计

1. 桥梁结构设计

桥梁结构在桥梁景观建设中的“主体功能”，表现为直接利用桥梁结构进行建筑艺术造型创造，并直接体现桥梁的美学效应。

桥梁结构设计是桥梁设计师根据桥梁建设方针和建设要求，以具有法律效力的标准、规范为依据，以严密的、精确的力学、材料学为基础所进行的结构造型创造。

桥梁结构设计的主要目标如下：

（1）满足桥梁使用功能（包括通车、行人、通航、行洪与线路顺畅连接等），保证桥梁结构安全和使用年限（即坚固耐用）。

（2）结构合理、经济。

（3）施工方便、可行。

（4）适当兼顾美观。

基于这个事实，桥梁设计师在桥梁建设中具有主导地位，并对设计承担法律责任。所以桥梁结构设计被称为工程的灵魂。

2. 桥梁景观设计

“桥梁景观设计”系指根据政府或政府授权的建设单位所制订的桥梁景观建设标准和要求、景观开发利用目标和要求、政府制订的地区规划及环境保护和环境建设规划等，结合桥型特点、交通特点及桥位周边环境的自然地理风貌特点、地形地质地物特点、人文特点，在桥梁结构设计方案的基础上，按照美学原则对桥梁及其周边环境进行的美学创造和景观资源开发。

桥梁景观设计中存在以下误区：

（1）桥梁景观“包装”式设计方法。在社会或桥梁设计界有这么一种传统认识，景观设计仅仅是对桥梁设计后的包装。这种将桥梁设计与桥梁景观设计脱节的做法是一种误区。

桥梁景观设计要早期介入，建筑师应在桥位的勘测阶段便介入到设计工作中，并对桥梁、调治构造物、引道路堤、引道线形进行综合思量使之成为有机整体。另外，建筑师还应对桥位方案从政治、经济、技术、环保上进行多方面比较，从景观高度提出桥型设想，或对结构专业提出的桥型方案进行景观论证，以便作为决策或方案深化的依据。

（2）桥梁景观设计上的“伪桥型”现象。由于建设、管理部门对“时代风尚”的盲目追求和桥梁设计者无原则地顺从，在桥梁上添加原本不属于桥梁结构的附属设施，以增加桥梁的景观作用。如将梁板结构的桥附加上悬索或拱，使桥梁形式与结构完全不符。这种违背桥梁设计基本原则的设计方法是桥梁景观设计上的另一种误区。

为了解决现代化特大型桥梁的结构设计与景观设计的统一问题，设计出结构最合理，美学效应最佳，景观资源得到充分利用的现代化桥梁，当前应当致力于提高桥梁设计师的美学素养。一个优秀的桥梁设计师不但应当是桥梁结构专家，还应当是桥梁艺术家。现在教育主管部门在高等学校桥梁工程专业开设桥梁美学课，培养具有较高美学素养的桥梁工程师，这是适应现代化桥梁建设需要的重大举措。

三、桥梁景观建设标准

大桥、特大桥由于规模大，位置特殊，在景观设计时的标准从以下六方面体现。

（1）富于创新的桥型和独特的主体结构艺术造型。

（2）开拓性、创造性的景观创意。

（3）应用现代化科技成果创造现代桥梁景观美学效应。

（4）丰富的科技文化内涵。

（5）现代旅游景点。

（6）保护环境、创造环境。

四、桥梁景观设计项目

桥梁景观设计项目由建设单位根据建设标准和规模、建设资金回收历程确定，以合同方式委托景观设计单位实施。景观设计项目包括以下几个方面：

（1）桥型方案的美学优选。

（2）桥梁文体结构艺术造型优选。

（3）涂装色彩美学设计。

（4）灯饰夜景美学设计。

（5）进出口标志工程景观设计。

（6）桥位周边景观设计。

（7）景观资源开发利用方案。

五、桥梁景观设计原则

根据建设单位提出的景观建设标准、规模及有关要求，由景观设计单位拟定具体的景观设计原则报请建设批准后，作为指导景观设计和协调处理与结构设计关系的依据。

（1）保证桥梁使用功能要求的原则。即景观建设项目不能影响桥梁的交通功能；不能侵入通航净空限界，影响通航；夜景灯光照度不能影响航空飞行、进出港行船等。

（2）质量、安全第一原则。以桥梁受力结构为主体的结构艺术造型美学设计应不降低结构承载能力、结构刚度、结构稳定性和结构设计单位验算，在得到正式认可后方可成立。除此之外，因艺术造型而使结构复杂化，增加了设计和施工难度等，不应成为否定景观设计方案的主要理由，而应由建设单位采用补偿设计费和工程费的办法来解决。

（3）以桥梁结构作为载体的景观建设项目，如夜景灯饰等，不会影响工程质量和结构受力，不应受结构设计的限制，而应以充分发挥景观的美学效应为主旨。

（4）桥位周边景观是实施景观建设的重点对象，在城市规划和环境保护规划允许的前提下，开拓艺术创新思路，全方位、多角度展示桥梁景观的美学效应，开发景观资源。

（5）环境保护和环境建设原则。桥梁景观建设应维护环境生态平衡，保护珍稀动植物和特有地质风貌，杜绝声、光、电对环境的“污染”。

（6）尊重民风、民俗原则。涂装色彩选择时不但要考虑与周边环境色调、桥梁造型相协调，还要考虑本地区的民风、民俗。

六、桥梁景观设计要点

（1）在可行性研究阶段，应对公路沿线环境进行相应的调查，充分了解沿线的环保要求、人文、地形、地物等特点，以及沿线天然资源、旅游资源、开发前景，拟定桥梁景观设计大纲。

（2）在初步设计阶段，对桥址进行分析，深化公路沿线调查，列出环境调查的项目和具体要求，把桥梁放到自然中去，确定设计目标和设计基调。设计包括桥型方案的比选和效果图，墩、塔艺术造型及效果图，色彩涂装设计及效果图、灯饰设计及效果图、周边环境设计效果图及景观资源开发利用等，并进行评审、论证、优选方案。桥梁造型设计方案比选应在满足结构承载力和使用功能的前提下，充分考虑结构设计与周围景观设计的统一。注重桥型的创新，主体结构要有独特的艺术造型，避免公式化。在线条、形体、色彩、质感的运用上应以简为主，加强对比，突出个性和重点，不要忽视细节构造与主体的平衡。

（3）在施工图设计阶段，应在自然环境中看桥梁，细化设计，把设计分解成结构艺术造型设计、图章色彩设计、灯饰夜景设计、进出口标志雕像景观设计、桥位周边景观设计等，综合考虑工程内的主桥、辅桥、引桥、引导、接线、边坡等是否和谐，在满足力学的情况下，弘扬美学，创造多样统一、比例协调、均衡稳重、韵律优美的具有特定含义的整体概念，使桥梁景观与周围景观“和谐”“互补”“增强”“保护”“依偎”，充分综合体现工程美学、环境美学、人文、民族、历史文化、经济等之间的相互关联。

（4）线条设计时，在满足力学要求的前提下，创意要有开拓性、创造性，改变比较笨重的体形，使之纤细化，同时充分利用内部空间，使实用性和美观性得到最完美的结合，打破传统设计的直线条，更多地突出曲线美（图4-32）。

（5）桥梁混凝土表面可进行装饰和色彩涂装设计，改变混凝土单一、灰暗、沉闷的色调，涂装可与防腐保护结合起来，提高结构的耐久性。可选用明快、柔和的色彩。色彩处理要与周围环境、桥体各部分和谐统一，色彩的选用还可以考虑民族文化和地方风情的影响（图4-33）。

图4-32　港珠澳大桥

图4-33　延崇高速公路“冬奥之门”——河北杏林堡大桥

（6）桥梁灯饰夜景设计对于表现城市夜景的景深和空间层次有重要作用。桥梁夜景观受其造型的影响有其自身的规律，不会影响桥梁质量和结构受力，不应受结构设计的限制，应运用现代化科技成果创造现代桥梁景观美学效应。如桥梁夜景观可设计为以亮带，桥塔、桥台、桥墩等为亮点，还应考虑桥梁主体与照明亮度，凸显桥梁轮廓。

（7）桥梁景观建设应维护周边环境的生态平衡，充分利用自然风景，处理好与其他建筑的协调，与交叉口、出口的衔接，保护动植物和稀有动植物及特有的地质风貌，尽量减少和避免对环境的破坏和污染。

七、桥梁景观设计过程与要求

桥梁景观设计宜按照先原则后具体、先整体后局部的顺序进行。设计过程应包括环境调查与分析、总体景观设计、主体造型设计、构件造型设计、附属设施造型设计及景观设计评价，并注意各个设计阶段、设计内容的关联和衔接。

（一）环境调查与分析

桥梁景观设计应在环境调查与分析的基础上进行，主要调查内容如下。

（1）应对桥梁所在自然及人文环境进行调查与分析。对自然和人文环境特征的准确把握、抽象和提取是获取桥梁设计造型元素的线索之一。自然环境一般包括地形、地貌、植被特色和水域特点等；人文环境一般包括历史文物、古迹、民风民俗、民间传说及某些特殊纪念性要求等，并考虑未来环境的变化。

（2）应对桥梁所在地的公路与河流沿线以及周边地区已有桥梁景观进行调查与分析，为新建桥梁的形态选择提供参考。

（3）应对视点及其场景进行调查与分析，并确定主要视点。不同人从不同位置、角度观察桥梁，其景观效果存在差异。因此在进行环境调查时，首先要对桥梁各种可能视点进行调查分析，根据需求确定主要视点进行景观设计和评价。

（4）应考虑不同人在不同视点，以及不同运动速度时的景观要求。远视点中，应重点关注总体景观设计和主体造型设计；近视点中，应重点关注构件造型设计和附属设施造型设计。不同人对景观设计的需求不同，如驾驶员除有美观的需求外，还有视线通透、有利于驾驶的需求。

（5）各种桥型的造型特点不同，突出其造型特点的主要视点也有所不同。上承式拱桥、梁桥等桥型，桥面以上结构和造型物较少，这些造型在车辆通过桥梁时难以看到，造型主要依靠梁底曲线和桥下构件显现，因此应注意考虑梁底曲线、桥面以下构件的形态和比例等在远视点中的效果，主体造型也成为造型的重点。中承式和下承式拱桥、斜拉桥、悬索桥等桥型，通过桥梁时的效果是主要考虑的因素，应注意考虑桥面以上的构件形态、比例等在近视点中的效果；连续长桥、立交桥等桥型，应注意上下部结构造型在远视点中的协调和统一。

（6）独立大桥或特大桥的主要视点可专门选定，应为远视点，宜选择在大桥接线或引桥附近，主要突出大桥主体造型确定的桥梁形态、构件间的比例等。

（7）上跨主线的桥梁可见度很高，主线车辆经过时都会看到，因此需要主要从驾乘人员的角度，按通过时的特点，对其在远视点和近视点效果综合考虑。在远视点中应突出连续、稳定的视觉效果；在近视点中应突出统一、均衡的效果。

（二）总体景观设计

桥梁总体景观设计主要处理桥梁与环境的关系。进行总体景观设计时，宜结合环境调查与分析的结果，选用造型元素、造型单元、桥梁形态。造型单元表现出的形态宜明确、简单，可自由创作获取，也可从自然、人文环境中抽象，也可按相关规范中的方法辅助创作。

（1）较长路线的公路桥梁宜考虑桥型特征，通过选择合适的造型元素、造型单元、构件形态等达到总体景观的协调。

（2）同一视点的场景中有多座桥梁时，应考虑桥梁形态的协调。桥梁周围的建筑、树木、标识牌或其他构造物可能会对桥梁或构件产生遮挡，从而导致桥梁或构件形态的视觉效果改变，应考虑主要视点环境遮挡导致的视觉效果改变。

（3）应选择主要视点进行桥梁景观效果分析。

（4）桥梁色彩宜综合考虑结构、材质及所在自然和人文环境的景观需求。如混凝土结构的桥梁一般保留原色，钢结构的桥梁色彩需要综合考虑所在自然和人文环境，以及桥梁主体造型的景观需求。

（三）主体造型设计

桥梁主体造型设计主要处理桥梁形态与桥梁构件的关系。公路桥梁主体造型设计，应符合下列规定。

（1）选取协调的构件及构件间的尺度、比例及其空间位置。

（2）使用和组合造型单元，达到视觉上的均衡、连续与稳定。

（四）构件造型设计

桥梁构件造型设计主要确定受力构件的造型，实现形态效果。构件造型设计宜使用由总体景观设计确定的造型元素或造型单元，可采用形体造型法、拓扑造型法、内力图造型法及力线造型法等方法进行，其造型宜体现受力特征。通过造型单元、造型单元变形体或其组合，能够实现构件形态特征的协调。

（1）可通过线形元素的运用表现合适的构件形态特征。线形元素是最基本的造型元素之一。线形元素及其组合直接构成面、体等。不同的线形元素及其组合将产生不同的视觉效果和心理感受，如稳定或轻巧、运动或静止、紧张或安静等。

（2）构件造型应考虑其实施的技术难易程度，宜采用明确、简洁、精炼的形式。

（3）构件造型应考虑可能的视觉错视。视觉错视是指视觉感受与客观存在不一致的现象，是形态要素在方向、位置、空间进行编排和组合后，可能产生与实际不符或奇特的视觉感受。造型设计中常见的视觉错视主要有长度错视［图 4-34a）］、对比错视［图 4-34b）］、角度错视、面积错视、透视错视、分割错视、位移错视、变形错视、翻转错视等。

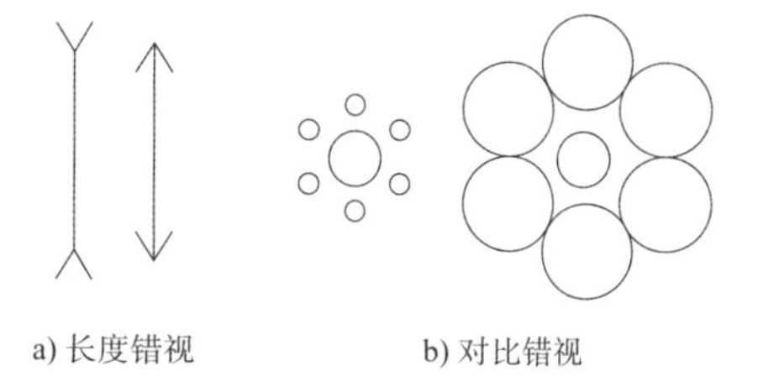

图 4-34　常见的视觉错视对比

（五）附属设施造型设计

附属设施造型设计主要处理附属设施的形态及其与桥梁主体造型的关系。桥梁附属设施的形式、形态及空间布置宜与桥梁主体造型特征相协调。

（六）景观设计评价

在桥梁景观设计过程中，需要在各个阶段对桥梁可能呈现的景观效果进行评价，应在真实或接近真实的主要视点的场景中进行，评价的方式和方法一般根据桥梁的规模和景观设计需求选择。为保证主要视点内的桥梁景观设计效果，需要进行有针对性的场景效果检验与评价。借助手绘效果图、计算机三维仿真效果图、动画或三维实体模型等手段，从视觉感受、桥梁自身及其与环境之间是否协调等方面进行检验。

图4-35为石家庄复兴大街滹沱河特大桥，采用首创的卷轴形独塔空间扭索面斜拉索结构，建筑造型优美，桥型结构创新，成为复兴大街亮点工程。

图4-35 石家庄复兴大街滹沱河特大桥

八、桥梁景观建设单位与设计单位的任务

（一）建设单位在景观设计中的主导作用

（1）建设单位在委托设计时就明确了景观建设方针、目标、原则，乃至具体范围或项目。从根本上说，桥梁建设的主要目标是满足交通功能，必须遵照国家制定的法规和程序进行工程建设。相对而言，桥梁景观建设只能是依托工程建设开展的桥梁艺术创造，而艺术创造的深度、范围、项目则具有很大的灵活性和比选性，建设单位可以根据建设要求和财力，按其重要性和必要性适当增减。在此前提下，景观设计单位只能在建设单位提出的方针、目标、原则下进行美学创造，否则，所完成的设计方案将无法实现。所以，景观设计单位在接受任务之后，应做出景观设计大纲，报建设单位批准后，方可进入方案设计阶段。

（2）建设单位掌握景观设计方案的最终审定权。景观建设具有很强的社会性，建设单位投入巨资进行大桥景观建设的根本目的是为社会服务，为了更好地实现这个目标，从预选方案开始，建设单位邀请包括政府各主管部门、建筑专家、美学家、桥梁专家、环保专家、社会各界代表参加各种形式的方案审查会，广泛听取各方面意见，重大决策如桥型方案、涂装色彩方案、夜景方案等还要报请政府和人大审定。

（3）协调桥梁结构设计单位与桥梁景观设计单位的关系。在选择大桥桥型方案时，建设单位在广泛征求各方面意见后，从城市建设对桥梁景观的要求出发，选择了桥型美观的方案，得到上级主管部门和设计单位的支持。在桥梁施工图设计过程中，景观设计单位从桥梁美学原则出发，对结构进行艺术造型设计。由于艺术造型设计方案影响到主体结构的安全度和变更施工图设计，所以需经建设单位转请结构设计单位进行强度验算并审查，只有在结构设计单位审定认可、纳入施工设计图之后，才能交付施工。

（二）设计单位主要任务

（1）在大桥初步设计阶段即同步进行大桥景观设计。首先编写景观设计大纲，明确建设单位对景观设计的要求，较全面、深入、具体地理解景观设计的方针、原则和创“一流景观”等具体目标，与建设单位达成共识。编写大纲之前，设计单位应仔细阅读前期完成的工程可行性研究报告，对工程规模及特点，桥型方案及特点，桥位周边环境全面了解，提出的数个桥型艺术方案及相关结构的艺术造型方案、涂装和色彩方案、灯饰夜景和照明方案、桥位周边景观设计方案等均符合建设单位的要求，从而防止了景观设计脱离结构设计，走到纯艺术的“胡同”。景观设计大纲中应对桥型美学特征进行分析论证，阐述景观设计艺术风格及表现方法，景观设计项目和预期达到的美学效果。大纲报送建设单位批准后，并经结构设计单位同意，方可进入下阶段工作。

（2）在桥位周边环境调查中，应充分了解当地民风民俗，大桥周边地形地物特点，珍稀动植物及地矿资源，建设规划等。这是涂装色彩设计，灯饰设计，特别是周边景观设计所必需的基础资料。

（3）景观设计预想方案是实施设计大纲的结果，也是开展初步设计的基础。

（4）根据建设单位评选的1~2个预想方案及提出的修改意见进行初步设计，这是重要的设计阶段。初步设计成果包括总体设计图、局部设计图、景观效果图、设备及工程量，工程概算以及相关的设计说明文件以及设计大纲中规定的所有项目。初步设计文件报送建设单位组织专家组评审，选出最终景观设计方案后，再送请设计单位进行结构承载能力验算，完成结构施工图变更设计。

（5）桥梁景观施工图设计的内容与桥梁结构施工图设计的内容不同，其重点是灯饰夜景的设备选型、布置及景观效果，色彩设计及色彩调配、涂装施工及景观效果；周边景点设计；景观资源开发利用及相关的工程设备清单、工程概算等文件，此外，还要给出不同视场观察的景观效果图。

1. 什么是桥梁景观？桥梁景观有哪些特点？
2. 桥梁结构设计和桥梁景观设计有什么关系？
3. 桥梁景观设计的原则是什么？
4. 桥梁景观设计时应注意哪些要点？

任务四 公路景观环境评价

公路景观环境及视觉影响评价是环境影响评价中的一个新领域。公路项目的建设除了可能造成环境污染和生态破坏外，还可能带来包括景观环境及视觉影响在内的其他影响。公路景观环境评价是对拟建公路所在区域景观环境的现状调查与评价，以及预测评价拟建公路在其建设和运营中可能给景观环境和视觉环境带来的不利和潜在的影响，提出景观环境和视觉环境保护、利用、开发及减缓不利影响措施的影响评价。

一、公路景观环境评价内容与体系

（一）评价因子

任何一处公路景观均由多重要素组成，以群体出现，各自具有明显特征和可比性。因此，公路景观的社会影响评价应以群体景观作为评价的要素，建立群体景观的评价体系。选择的评价因子应注重群体效果与生态功能，力求反映评价要素的特征。在自然景观、人文景观及公路建设影响方面，选择的评价因子如下。

1. 自然景观方面

（1）生态环境破坏度。指生态环境由于人为活动而被破坏的程度。

（2）动物珍稀度。指评价区域是否具有国家级保护动物和珍禽异兽。

（3）动物丰富度。指评价区域动物物种的丰富程度。

（4）植物珍稀度。指评价区域是否具有国家级保护植物或奇花异草。

（5）植物丰富度。指评价区域植物物种的丰富程度。

（6）地形、地貌自然度、稳定度。指地形、地貌原始自然形态、色彩及抵抗人为变动能力和变动后恢复到原状态的能力。

（7）水体丰富度、观赏度。指评价区域水体的丰富程度及观赏价值的高低。

（8）天象、时令丰富度、观赏度。指评价区域天象、时令变化的丰富程度及观赏价值的高低。

2. 人文景观方面

（1）虚拟景观丰富度、珍稀度。指评价区域虚拟景观（包括文物遗址、历史传闻、神话传说、名人轶事、诗词碑记、寓意象征等）的丰富程度。

（2）虚拟景观开发度、利用度。指评价区域虚拟景观开发、利用程度。

（3）虚拟景观区位度。指评价区域虚拟景观所处地理位置、交通方便程度。

（4）具象景观典型度。指评价区域具象景观（包括风土人情、服饰、建筑物、构筑物等）在国内外的典型程度。

（5）具象景观观赏度。指评价区域具象景观观赏价值的高低。

3. 公路建设影响

（1）公众关注度。指由于公路建设，评价区域景观环境发生变化，公众的关注程度。

（2）破坏度。指由于公路建设，评价区域内人文景观、自然景观的景观环境和视觉环境被破坏的程度。

（3）三效度。指由于公路建设，评价区域景观环境变化产生的社会、经济与环境效益的高低。

（二）评价程序

公路景观环境评价工作程序如图4-36所示。

二、公路景观环境评价方法

（一）综合评价指数

公路景观环境评价是多因子评价，为了能充分反映公路景观环境的质量，采用景观综合评价指数，即：

$$B = \sum X_i F_i \tag{4-1}$$

式中：B——某区域公路景观环境综合评价指数；

X_i——某评价因子的权值；

F_i——某景观在某评价因子下的得分值；

X_iF_i——景观某评价因子评价分指数。

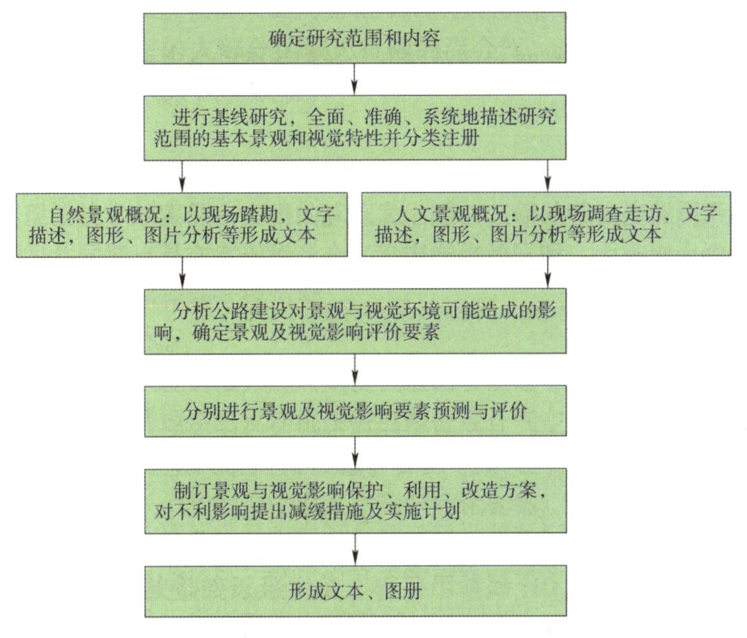

图 4-36　公路景观环境评价流程图

景观综合评价指数是由分指数叠加得出，具有适宜研究多属性、多因子评价体系结构的特点。也可以分别计算自然景观、人文景观和公路建设影响的综合评价指数，即 $B_{自}$、$B_{人}$、$B_{公}$。

（二）权值与评分

权值是反映不同评价因子间重要性程度差异的数值，也是体现各评价因子在总指标中的地位与作用，以及对总指标的影响程度。由于公路景观多数评价因子较抽象、宏观，故采用专家打分定权，确定各评价因子的权值。

每项评价因子设三个评分级别，依其优劣程度赋值，分级指标数值越高表示景观质量越好。评价因子权值分配及评分见表 4-1。

公路景观环境评价因子、权值及评分表　　表 4-1

项目	评价因子	权值 X_i	评分		
自然景观	1. 生态环境破坏度	0.12	无破坏　7	轻度破坏　4	严重破坏　1
	2. 动物珍稀度	0.05	少有　4	较少　2	一般　1
	3. 动物丰富度	0.04	极高　3	较高　2	一般　1
	4. 植物珍稀度	0.05	少有　4	较少　2	一般　1
	5. 植物丰富度	0.04	极高　3	较高　2	一般　1
	6. 地形、地貌自然度、稳定度	0.08	极自然、稳定　5	较自然、稳定　3	一般　1
	7. 水体丰富度、观赏度	0.03	极高　4	较高　2	一般　1
	8. 天象、时令丰富度、观赏度	0.03	极高　4	较高　2	一般　1

续上表

项目	评价因子	权值 X_i	评分		
人文景观	1. 虚拟景观丰富度、珍稀度	0.04	极高 4	较高 2	一般 1
	2. 虚拟景观开发度、利用度	0.06	极高 5	较高 3	一般 1
	3. 虚拟景观区位度	0.06	距公路≤20m 5	距公路≤50m 3	距公路＞50m 1
	4. 具象观赏典型度	0.04	国内外著名 4	省内外著名 2	一般 1
	5. 具象景观观赏度	0.04	极高 4	较高 2	一般 1
公路建设影响	1. 公众关注度	0.08	极关注 5	较关注 3	一般 1
	2. 破坏度	0.12	无破坏 7	轻度破坏 4	严重破坏 1
	3. 三效度	0.12	极高 6	较高 3	一般 1

（三）景观环境质量评价

景观环境质量用景观质量分数 M 表示：

$$M=\frac{\text{景观综合评价指数 }B}{\text{理想景观评价指数 }B^*}\times 100\% \tag{4-2}$$

式中：B^*——理想状态下的得分值，由表4-1可计算知 B^* 等于5.16。也可分别计算自然景观、人文景观和公路建设影响的景观质量分数 $M_{自}$、$M_{人}$、$M_{公}$，则相对应的理想景观评价指数分别为 $B^*_{自}$、$B^*_{人}$、$B^*_{公}$。其理想状态下的得分值分别为2.12、1.08、1.96；

M——作为景观环境质量分级的依据，以差值百分比分级法划分为Ⅰ、Ⅱ、Ⅲ、Ⅳ级，见表4-2。不同质量等级的具体说明见表4-3。

公路景观环境质量分级标准 表4-2

M（%）	100～80	79～60	59～30	＜30
公路景观质量等级	Ⅰ	Ⅱ	Ⅲ	Ⅳ

公路景观环境质量等级说明表 表4-3

公路景观环境质量等级	Ⅰ	Ⅱ	Ⅲ	Ⅳ
公路沿线区域景观环境质量现状	好	较好	一般	差
公路与沿线景观协调程度	协调	较协调	较不协调	不协调
公路建设对沿线景观环境影响程度	无不良影响	轻度不良影响	破坏	严重破坏

（四）生态环境、人文景观等级评价

表4-4及表4-5所列评价因子反映拟建公路所在区域人文景观和生态环境的现状，根据具体情况对其所在区域的人文景观和生态环境现状进行等级划分，进行现状评价。

人文景观评价因子和级分指标表 表 4-4

序号	评价因子	因子分级	级分
1	丰富度	评价区域未发现虚拟景观	0
		评价区域有一处虚拟景观	5
		评价区域有两处虚拟景观	8
		评价区域有多于两处虚拟景观	10
2	朝代	秦前	10
		秦、汉	8
		唐、宋	6
		元、明、清	4
		近、当代	2
3	珍稀度	世界级	10
		国家级	7
		省市级	4
		区市级	1
4	价值	极重要价值	10
		重要价值	7
		较重要价值	4
		一般价值	1

注：等级划分（四项级分和）：Ⅰ-级分 > 25；Ⅱ-级分 15 ~ 25；Ⅲ-级分 < 15。

生态环境评价因子和级分指标表 表 4-5

序号	评价因子	级分
1	大面积、完整的自然植被地区或珍奇的野生动物栖息地	30
2	大面积、完整的人工森林或具有珍稀野生动物贮备地	25
3	永久性草地	20
4	灌木、乔木构成的自然绿地或绿篱	18
5	完整的水岸、林地	16
6	农林用地和非生产性果园	14
7	水生栖息地（池塘、溪流）	12
8	散布的自然植被	10
9	人为破坏严重地域	5

注：等级划分：Ⅰ-级分 > 20；Ⅱ-级分 10 ~ 20；Ⅲ-级分 < 10。

1. 什么是公路景观环境评价？
2. 公路景观评价的因子有哪些？
3. 如何进行景观环境质量评价？

项目五
公路空气环境建设

学习目标

1. 掌握公路交通的大气污染源及公路交通大气污染的控制措施；
2. 掌握公路建设环境敏感区的空气质量要求及环境空气质量标注的分级情况；
3. 了解公路交通空气污染物排放量的估算方法；
4. 掌握机动车辆排气污染物的监测方法；
5. 掌握公路建设施工阶段防治空气污染的措施；
6. 了解公路运营期空气污染的防治途径；
7. 掌握公路运营期在公路交通管理方面的空气环境保护措施。

公路交通是造成大气污染的主要人为因素之一。公路交通大气污染源主要由两部分组成，一是公路施工期间产生的扬尘、沥青烟等大气污染物；二是公路营运期间机动车辆排放的尾气及在道路上产生的扬尘。

汽车排放的污染物大部分是有害有毒物质，有些还带有强烈刺激性，对人体健康造成直接危害。这些污染物还会与其他大气污染源一起造成温室效应，形成光化学烟雾、酸雨等影响人类的生存环境。公路交通大气污染控制措施包括：使用清洁燃料、改进汽车发动机性能、采用机内净化、机外净化技术控制尾气排放指标，隧道通风、改良道路交通条件等。减少汽车尾气对大气环境的污染。对沥青烟及粉尘污染的防治，可采取吸附法、洗涤法加以控制，降低沥青拌和站对周围大气环境的污染。

任务一 基本概念

一、气象要素

对大气状态和大气物理现象，给予定量或定性描述的物理量称为气象要素。与公路交通空气污染物扩散有关的气象要素主要有气温、气压、气湿、风向、风速、云况、云量、能见度及太阳辐射等。

1. 气温

气象上讲的地面气温，一般是指离地面1.5m高处，在百叶箱中观测到的空气温度。气温一般用摄氏温度（℃）表示，理论计算常用热力学温度（K）表示。

2. 气压

气压是大气作用到单位面积上的压力，气压的单位为帕斯卡（Pa）。

3. 气湿

空气湿度简称气湿，它是反映空气中水汽含量多少和空气潮湿程度的物理量。常用的表示方法有绝对湿度、水汽分压力、相对湿度等。其中相对湿度应用较普遍，它是空气中的水汽分压力与同温度下饱和水汽压的比值，以百分数表示。

4. 风

气象上把空气质点的水平运动称为风。空气质点的垂直运动称为升、降气流。风是矢量，用风向和风速描述其特征。

风向指风的来向。例如，风从东方吹来称东风，风向南边吹去称北风。风向的表示方法有方位表示法和角度表示法两种。

风速是单位时间内空气在水平方向移动的距离，单位用米/秒（m/s）表示。气象站给出的通常是地面风速，地面风速是指距地面10m高处的风速。

5. 云

云是由飘浮在空中的大量小水滴或小冰晶或两者的混合物构成。云的生成、外形特征、量的多少、分布及其演变不仅反映了当时大气的运动状态，而且预示着天气演变的趋势。云可用云状和云量描述。

云状是指云的形状。根据1956年公布的国际云图分类体系，按云的常见云底高度将云分为三族十属几十种。具体分类可查有关资料。

云量（亦称总云量）是指云的多少。我国将视野内的天空分为10等份，被云遮蔽的份数称为云量。例如，碧空蓝天，云量为零；云遮蔽了4份，云量为4；满天乌云，云量为10。低云量是指低云遮蔽天空的分数，低云是指云底高度在2500m以下的云。我国云量记录以分数表示，分子为总云量，分母为低云量。低云量不应大于总云量，如总云量为8，低云量为3，记作8/3。

6. 能见度

正常人的眼睛能见到的最大水平距离称为能见度（水平能见度）。所谓“能见”，就是能把目标物的轮廓从它们的天空背景中分辨出来。

能见度的大小反映了大气的混浊程度，反映出大气中杂质的多少。

二、空气污染

空气污染是指由于人类的活动或自然的作用，使某些物质进入空气，当这些物质在空气中达到足够的浓度，并持续足够的时间，危害了人体的舒适、健康和福利，或危害了生物界及环境。人类的活动包括生产活动和生活活动。自然的作用主要有火山喷发、森林火灾、岩石风化、土壤扬尘等。

所谓危害了人体的舒适和健康，是指对人体生活环境和生理机能的影响，引起急、慢性疾病，以至死亡等。所谓福利，是指人类为更好地生活而创造的各种物质条件，如建筑物、器物等。

自人类学会用火就对空气质量产生了干扰，当人类用煤作为燃料以后这种干扰加剧，并出现了空气污染现象。早期的空气污染主要是煤烟型空气污染（燃煤产生的烟尘和二氧化硫污染）。二次大战以后，工业国家燃料消耗量迅速增加，虽然用石油代替煤成为主要燃料，烟尘污染有所减轻，但二氧化硫污染仍在继续发展。

当今世界的空气污染主要是燃烧煤和石油造成的。当然，人类的其他活动排放的空气污染物，也使空气受到不同性质和不同程度的污染。

我国是世界上空气污染严重的国家之一。我国的空气污染属煤烟型污染，以颗粒物和酸雨危害最大。污染程度在加剧，特别是城市环境空气污染呈加重趋势。

我国的酸雨主要分布在长江以南、青藏高原以东地区及四川盆地，其中华中地区酸雨污染尤为严重。

三、环境空气质量标准

近地层的大气层常称为空气，环境空气是指室外的空气。空气由干洁空气、水蒸气和杂质三部分组成。空气是最宝贵的资源之一，它是生命物质。如果地球上没有空气，人类和生物界就不会存在。

《环境空气质量标准》（GB 3095—2012）中规定：按环境空气功能区分为两类：一类区为自然保护区、风景名胜区和其他需要特殊保护的区域；二类区为居住区、商业交通居民混合区、文化区、工业区和农村地区。一类区适用一级浓度限值，二类区适用二级浓度限值。一、二类环境空气功能区质量要求见表5-1、表5-2。标准中的1小时平均是指任何1小时污染物浓度的算术平均值，日平均是指一个自然日24小时平均浓度的算术平均值，季平均是指一个日历季内各日平均浓度的算术平均值，年平均是指一个日历年内各日平均浓度的算术平均值。标准中规定环境空气监测中的采样环境、采样高度及采样频率等要求，按《环境空气颗粒物（PM10和PM2.5）连续自动监测系统安装和验收技术规范》（HJ 655—2013）、《环境空气气态污染物（SO_2、NO_2、O_3、CO）连续自动监测系统安装验收技术规范》（HJ 193—2013）执行。

环境空气污染物基本项目浓度限值 表5-1

序号	污染物项目	平均时间	浓度限值		单位
			一级	二级	
1	二氧化硫（SO_2）	年平均	20	60	μg/m³
		24小时平均	50	150	
		1小时平均	150	500	
2	二氧化氮（NO_2）	年平均	40	40	
		24小时平均	80	80	
		1小时平均	200	200	

续上表

序号	污染物项目	平均时间	浓度限值		单位
			一级	二级	
3	一氧化碳（CO）	24小时平均	4	4	mg/m^3
		1小时平均	10	10	
4	臭氧（O_3）	日最大8小时平均	100	160	$\mu g/m^3$
		1小时平均	160	200	
5	颗粒物（粒径小于等于10μm）	年平均	40	70	
		24小时平均	50	150	
6	颗粒物（粒径小于等于2.5μm）	年平均	15	35	
		24小时平均	35	75	

环境空气污染物其他项目浓度限值　表5-2

序号	污染物项目	平均时间	浓度限值		单位
			一级	二级	
1	总悬浮颗粒物（TSP）	年平均	80	200	$\mu g/m^3$
		24小时平均	120	300	
2	氮氧化物（NO_X）	年平均	50	50	
		24小时平均	100	100	
		1小时平均	250	250	
3	铅（Pb）	年平均	0.5	0.5	
		季平均	1	1	
4	苯并[a]芘（B[a]P）	年平均	0.001	0.001	
		24小时平均	0.0025	0.0025	

四、污染物的危害

公路交通空气污染是由机动车辆（主要为汽车）排出的空气污染物引起的。主要污染物有一氧化碳（CO）、碳氢化合物（HC）、氮氧化物（NO_X）、二氧化硫（SO_2）、颗粒物质（铅化合物、碳烟、油雾）及恶臭物质。它们大部分是有害有毒物质，有些还带有强烈刺激性，甚至有致癌作用。

下面简要介绍这些空气污染物对人体健康及公共环境的影响。

1. 一氧化碳（CO）

CO是无色、无刺激的有毒气体。CO经呼吸道吸入肺部被血液吸收后，能与血液中的血红蛋白结合合成CO-COHb（血红蛋白）。CO与COHb的亲和力比氧大250倍，一经形成离解很难，使血液失去传送氧的功能，发生低氧血症，因而导致人体内各组织缺氧。当人体血液中CO-COHb含量为20%左右时就会引起中毒，当含量达60%时可因窒息而死亡。

2. 碳氢化合物（HC）

机动车辆排气中所含的碳氢化合物有百余种，其中大部分对人体健康的直接影响并不明显，但它是产生光化学烟雾的重要物质。排气中对人体健康危害较大的碳氢化合物主要是醛类（甲醛、丙烯醛）和多环芳烃（苯并［a］芘等）。甲醛和丙烯醛对鼻、眼和呼吸道黏膜有刺激作用，可引起结膜炎、鼻炎、支气管炎等症状，它们还有难闻的臭味。甲醛刺激阈的主观指标为2.4mg/m³，当空气中甲醛浓度为5mg/m³时，接触的人立即出现血压降低倾向。甲醛还有致癌作用，使人发生变态反应疾病。苯并［a］芘是一种强致癌物质。

3. 氮氧化合物（NO_X）

氮的氧化物较多，机动车排出的氮氧化物主要是NO和NO_2，统称氮氧化合物（NO_X）。

NO是一种无色、无臭、无味的气体。它和血红蛋白的结合力比氧高30万倍，如果NO侵入人体与血红蛋白相结合，就会造成体内缺氧，严重时可引起意识丧失，甚至死亡。NO本身对呼吸道亦有影响。因此，NO对健康的影响是不容忽视的。

NO_2是棕色气体，有特殊的刺激性臭味。NO_2被吸入肺部后，能与肺部的水分结合生成可溶性硝酸，严重时会引起肺气肿。

空气中NO_X和HC同时存在时，在太阳紫外线的照射下，存在着潜在的光化学烟雾污染。

4. 光化学烟雾

光化学烟雾，是空气中具有一定浓度的HC和NO_X在阳光紫外线作用下，进行一系列的光化学反应形成一种毒性较大的浅蓝色烟雾。光化学烟雾是臭氧（O_3）、NO_2、过氧化酰基硝酸盐（PAN）、硫酸盐、颗粒物及还原剂等的混合物。

实验证明，对眼睛有刺激作用时氧化剂（以O_3表示）的浓度为0.10～0.90mg/m³。引起人体有下列症状的1h氧化剂浓度为：头痛0.10mg/m³；咳嗽0.53mg/m³；胸部不适0.58mg/m³。

5. 二氧化硫（SO_2）

SO_2是一种无色气体。空气中SO_2浓度达1～3mg/m³时，大多数人都会有感觉，当浓度再高一些时便感觉有刺鼻的气味。由于SO_2的高度可溶性，大部分可被鼻腔和上呼吸道吸收，很少达到肺部。

SO_2对植物有危害，如温州蜜橘开花期受浓度8.58mg/m³的SO_2影响6h便产生伤害症状，在果实成熟期受浓度14.3mg/m³的SO_2影响24h便产生症状。

6. 颗粒物TSP

TSP是英文“Total Suspended Particulate”的缩写，其中文含义可译为“总悬浮颗粒物”。它是指悬浮在空气中，空气动力学当量直径≤100μm的颗粒物。它源自烟雾、尘埃、煤灰或冷凝气化物的固体或液态水珠，能长时间悬浮于空气中，包括碳基、硫酸盐及硝酸盐粒子。

机动车排气中的颗粒物主要有铅化物微粒和燃料不完全燃烧而生成的碳烟粒等。铅进入人体后主要损害骨髓造血系统和神经系统，对男性的生殖系统也有一定的损害，如果采用无铅汽油，铅化物微粒影响便可基本消失。碳烟主要是危害人体的呼吸系统。

1. 什么是空气污染？
2. 公路交通大气污染源是什么？
3. 公路交通大气污染的控制措施有哪些？
4. 《环境空气质量标准》（GB 3095—2012）中公路建设环境敏感区的空气质量要求有哪些？

任务二 公路建设的空气环境保护

一、公路建设施工期的空气环境保护

公路建设项目中，施工期污染物的排放相对简单，主要有粉尘和沥青烟气，对环境空气的影响相对较小。施工污染主要来自以下环节：一是施工活动中的灰土拌和、沥青混凝土拌和以及车辆运输等产生的扬尘；二是沥青混凝土制备过程及路面铺浇沥青等产生的沥青烟气（土、石和混凝土路面无此项）。

（一）施工期的扬尘

在公路建设项目的施工期，平整土地、打桩、铺筑路面、材料运输、装卸和搅拌物等环节都有扬尘产生，其中最主要的是运输车辆道路扬尘和施工作业扬尘（混凝土搅拌、水泥装卸和加料等）。

1. 运输车辆道路扬尘

施工区内车辆运输引起的道路扬尘占场地扬尘总量的50%以上。道路扬尘的起尘量与运输车辆的车速、载重量、轮胎与地面的接触面积、路面含尘量、相对湿度等因素有关。根据同类项目建设经验，施工期施工区内运输车辆大多行驶在土路便道上，路面含尘量高，道路扬尘比较严重，特别是在混凝土工序阶段，灰土运输车引起的扬尘对道路两侧影响更为明显。据有关资料，干燥路面在距路边下风向50m，TSP浓度约为10mg/m^3；距路边下风向150m，TSP浓度约为5mg/m^3。主要防治措施为洒水抑尘。

2. 施工作业扬尘

各种施工扬尘（平整土地、取土、筑路材料装卸、灰土拌和等）中，以灰土拌和所产生的扬尘最严重。灰土拌和有路拌和站拌两种方式：在采取路拌方式时，扬尘对周围环境空气的影响时间较短，影响程度也较轻，但影响的路线较长；采用站拌方式时，扬尘影响相对集中，但影响的时间较长，影响程度较严重。

3. 扬尘的防治

灰土拌和尽量采用站拌方式，但要慎重选择地址，拌和站应远离环境敏感点，并采取先进的除尘设施，距离应大于300m。

注意粉状筑路材料的堆放地点的选择并采取保护措施，减少堆放量并及时利用。筑路材料堆放点应选在环境敏感点下风向，距离应在100m以上。堆放时应采取防风措施，必要时设置围栏，并定时洒水防止扬尘，遇恶劣天气加篷布覆盖。

对出入料场的道路、施工便道以及未铺装的道路应经常洒水，以减少粉尘污染。路基施工时应及时分层压实，并注意洒水除尘。

对粉状材料如水泥、石灰等应采用罐装或袋装方式，禁止散装运输，严禁运输途中扬尘、散落。堆放应用篷布遮盖，运至拌和场应尽快与黏土混合，减少堆放时间，物料运输禁止超载，并盖篷布，严禁沿途散落。

（二）施工期沥青烟气

1. 沥青烟的危害

沥青烟是由一百多种有机化合物组成的混合气体，其中大部分是多环芳烃，尤以苯并[a]芘对动植物及人体危害最大。

沥青烟尘降落在植物叶片上，会堵塞叶片呼吸孔，使叶片变色、萎缩、卷曲甚至落叶。动物试验证明，沥青烟可使动物致癌。

沥青烟对人体造成伤害的主要成分有苯并[a]芘、吖啶类、酚类、吡啶类、蒽萘类等。长期处于沥青烟污染的环境中可引起人体的急、慢性伤害。易受伤害的部位是呼吸道和皮肤。皮肤受害以面颊、手背、前臂、颈部等裸露部分最明显，常见症状有日光性皮炎、痤疮型皮炎、毛囊炎、疣状赘生物等。沥青烟还会引起人体头晕、乏力、咳嗽、畏光、流泪等中毒症状，严重的可引起皮肤癌、呼吸道系统的癌症等。因此，必须重视对沥青烟的防治。

2. 沥青烟的防治

在公路建设中散发沥青烟主要有两道工序。一是沥青路面施工现场，沥青混合料由车辆倾倒时散发大量沥青烟，随后摊铺、碾压过程中也散发沥青烟，施工现场散发沥青烟的治理难度较大，至今尚未见有治理实例报道。二是沥青混合料的生产场（站）在熬油、搅拌、装车等工序中产生、散发沥青烟。对于沥青混合料生产场（站）的沥青烟散发可用下列方法防治：

（1）吸附法。

吸附法是利用吸附原理，采用比表面积大的吸附剂吸附沥青烟的技术。吸附法的关键是选择合适的吸附剂，常见的吸附剂有焦炭粉、氧化铝、白云石粉、滑石粉等。吸附法是防治沥青烟的一种很好的方法。

（2）洗涤法。

洗涤法是利用液体吸收原理，在洗涤塔中采用液相洗涤剂吸收沥青烟的技术。工艺流程通常是使沥青烟先进入捕雾器捕集，而后进入洗涤塔洗涤。洗涤塔的形式以喷淋塔居多，洗液由泵送至塔顶，沥青烟则由塔底部进入，烟尘与洗液在塔内相向接触，经洗涤后的烟气由塔顶排入大气，洗液落到塔的底部重复使用。洗涤液可用清水、甲基萘、溶剂油等。

（3）静电捕集器。

静电捕集器是由放电极和捕集极组成的捕集装置。其基本原理是，当沥青烟进入电场后，由放电极放电使沥青烟中微粒带电驱向捕集极，达到清除沥青烟微粒的目的。静电捕集器的运行电压一般在40000~60000V之间。静电捕集器的捕集效率较高，一般大于90%。

（4）焚烧法。

由于沥青烟是由一百多种有机化合物组成的混合气体，在一定温度和供氧的条件下是可以燃烧的，因此，可以用焚烧法处理沥青烟。沥青烟在大于790℃时才能燃烧完全。沥青烟的浓度越高越易燃烧。为了在较低的温度下使沥青烟能完全燃烧，可用催化燃烧方法。

目前，公路施工中已普遍采用设有除尘设备的封闭式厂拌工艺，用无热源或高温容器将沥青运至铺浇工地，因此沥青烟气的排放浓度较低，可以满足《大气污染物综合排放标准》（GB 16297—1996）中沥青烟气最高允许排放浓度，对周围环境影响较小。

二、公路营运期的空气环境保护

由于公路建设规模和等级的不同，公路营运期的环境空气影响因素存在一定的差异。高等级公路一般采用沥青混凝土路面，营运车辆较多，营运中主要环境空气污染物为车辆排放尾气中的有害物质；偏远地区低等级公路，由于受资金和材料运输条件等限制，路面采用砂石路面，这种道路一般营运车辆较少，车辆运行对环境空气质量的主要影响为车辆扬尘。

据有关资料报道，机动车辆排放尾气中含有120～200种不同物质的化合物。各种物质的含量多少，主要取决于车型、燃料、行驶状况、路面条件等因素。机动车辆行驶产生的空气污染物主要由尾气排放出来，占总排放量的65%～70%。此外，曲轴箱泄漏燃油约占20%，油箱、化油器等燃料系统的泄漏约占10%。各种泄漏产生的空气污染物是燃油的汽化物，即碳氢化合物。

这些污染物对其他动物、植物和人类赖以生存的水、土等环境均有不同的危害。

（一）机动车辆空气污染物排放量的估算

在公路交通的空气污染预测中，机动车辆空气污染物的排放量是其基础数据，直接影响空气污染预测的准确性。

1. 空气污染物排放量的估算方法

（1）实测法。

实测法是用仪器监测车辆排气中污染物的浓度（C_i）和废气的排放量（Q），废气中污染物的排放量（m_i）可按式（5-1）计算：

$$m_i = C_i Q \tag{5-1}$$

交通管理部门对机动车辆的性能有定期检测的制度。对车辆性能定期检测的同时，用实测法估算排气中污染物的排放量是较为方便的。

（2）经验计算法。

经验计算法，是利用机动车辆消耗单位燃料的空气污染物排放系数（K）、单车运行一定吨公里（t·km）所消耗的燃料量（Q），按下式计算排气中污染物的排放量（m_i）：

$$m_i = \mathrm{K}Q \tag{5-2}$$

式中，K值可按表5-3和表5-4取值。

机动车辆大气污染物排放系数表　　表5-3

污染物	以汽油为燃料（g/L）	以柴油为燃料（g/L）	
	小汽车	载货汽车	机车
铅化合物*	2.1	1.56	3.0
二氧化硫	0.295	3.24	7.8
一氧化碳	169.0	27.0	8.4
氮氧化合物	21.1	44.4	9.0
烃类	33.3	4.44	6.0

注：*使用无铅汽油时，该项可不考虑。

机动车辆消耗单位燃料大气污染物排放系数（g/L）　　表5-4

车的种类		CO	C_nH_m	NO_X	RCHO	SO_X	烟尘
公共汽车	轻型机动车	370	179	4.14	0.672	0.470	—
	轿车（用汽油）	191	24.1	22.3	0.324	0.291	—
	轿车（用柴油）	—	—	—	—	—	—
	同上（发动机汽车）	19.3	2.34	28.6	0.267	8.35	
货车	小型（汽油发动机）	322	40.3	22.2	0.315	0.290	—
	普通（发动机）	33.8	3.67	21.9	0.631	8.95	3.10

各类车辆的单车运行一定吨公里所消耗的燃料量（Q）用下列公式计算。

①载货汽车燃料消耗量。

载货汽车燃料消耗量按下式计算：

$$Q_1=\left(q_a\frac{S}{100}+q_b\frac{wS}{100}+q_c\frac{\Delta GS}{100}\right)K_rK_tK_hK_e \tag{5-3}$$

式中：Q_1——同一运行条件下的燃料消耗量，L；

q_a——空驶基本燃料消耗量，L/100km；

q_b——货物周转量的基本附加燃料消耗量，L/(100t·km)；

q_c——整车整备质量变化的基本附加燃料消耗量，L/(100t·km)；

S——在同一运行条件下的行驶里程，km；

w——承载质量（包括挂车整车整备质量），t；

ΔG——整车整备质量增量，t；

K_r——公路修正系数；

K_t——温度修正系数，各地应采用相应的K_t值；

K_h——海拔修正系数，海拔高度大于500m的地方，取$K_h=1.03$；

K_e——其他修正系数，一般情况下取1，最大不大于1.05。

②大型客车燃料消耗量。

大型载客汽车燃料消耗量按式（5-4）计算：

$$Q_2=\left(q_a\frac{S}{100}+q_b\frac{NS}{100}+q_c\frac{\Delta GS}{100}\right)K_rK_tK_hK_e \tag{5-4}$$

式中：N——旅客总质量，t；

其余符号的物理意义同式（5-3）。

③小型客车燃料消耗量。

小型客车燃料消耗量按式（5-5）计算：

$$Q_3 = q\frac{S}{100}K_rK_tK_hK_e \tag{5-5}$$

式中：q——小型客车综合基本燃料消耗量，L/100km；

上述各式中的各种参数取值请参阅有关资料。

（3）燃烧理论计算法（物料衡算法）。

由于燃烧理论计算法较繁琐，这里不做介绍，请查阅有关资料。

2. 公路交通线源源强估算方法

公路上行驶的机动车辆排气形成了空气污染线源，线源的中心线取为公路中心线。公路线源污染物的源强按式（5-6）计算：

$$Q_j = \frac{\sum_{i=1}^{3} E_{ij}A_i}{3600} \tag{5-6}$$

式中：Q_j——公路交通 j 类气态污染物线源源强，mg/(s · m)；

E_{ij}——i 型车在预测年的单车排放 j 类气态污染物的排放系数，mg/(m · veh)；各类车的排放系数按表5-5的推荐值取值，车辆的分类参数见表5-6；

A_i——i 型车预测年的小时交通量，veh/h；

3600——小时和秒的换算系数（1h = 3600s）。

车辆单车排放系数推荐值［g/(km · veh)］ 表5-5

平均车速（km/h）		50.00	60.00	70.00	80.00	90.00	100.00
小型车	CO	31.34	23.68	17.90	14.76	10.24	7.72
	THC	8.14	6.70	6.06	5.30	4.66	4.02
	NO_X	1.77	2.37	2.96	3.71	3.85	3.99
中型车	CO	30.18	26.19	24.76	25.47	28.55	34.78
	THC	15.21	12.42	11.02	10.10	9.42	9.10
	NO_X	5.40	6.30	7.20	8.30	8.80	9.30
大型车	CO	5.25	4.48	4.10	4.01	4.23	4.77
	THC	2.08	1.79	1.58	1.45	1.38	1.35
	NO_X	10.44	10.48	11.10	14.71	15.64	18.38

车型分类标准 表5-6

车型	车辆总质量	车型	车辆总质量
小型车	<3.5t	大型车	>12t
中型车	3.5～12t		

注：大型车包括集装箱车、拖挂车、工程车等。实际汽车质量不同时可按相近归类。

（二）机动车辆排气污染物的监测

1. 机动车辆排气污染物的监测方法

机动车辆排气污染物的监测必须在一定的工况条件下进行。根据工况条件不同，可把监测方法分为工况法、强制装置法和怠速法三种。

（1）工况法。

工况法是将被测试的汽车放在底盘测功机（转鼓试验台）上运转，并模拟汽车在公路上实际行驶所受到的阻力。该测试方法可以近似地呈现汽车实际行驶的工况，故称工况法。由于该方法需要底盘测功机、测试运转的控制系统、复杂而精密的污染物分析仪等。因此，该方法应用不普遍，主要用于作定型车的鉴定、科研以及生产车的抽样检验。我国摩托车的污染物监测方法《摩托车污染物排放限值及测量方法（中国第四阶段）》（GB 14622—2016）采用的是工况法。

（2）强制装置法。

强制装置法要求汽车制造厂在新生产的汽车上安装相应的装置，以控制曲轴箱通风和燃料系统的汽油蒸发所排放的HC污染物，即在现有车上安装减少排放HC和NO_X的装置。该方法应用较少。

（3）怠速法。

怠速法是在怠速工况下进行的测试方法。“怠速”是指机动车辆的驱动轮处于静止状态，发动机运转，化油器的节气门处于最小位置，阻风门全开，转速符合车辆使用说明书规定的运行状态。怠速工况测试法比较简便，它不需要特殊的试验台，应用便携式的测定仪器，在交通路口的验车处就可以进行测试。因此，怠速法在各国都广泛应用。

2. 怠速法监测车辆排气污染物的基本方法

怠速工况下，机动车辆排气中主要污染物是CO和HC。因此，怠速法只监测车辆排气中的CO和HC。怠速法监测的基本程序是受检车辆准备、监测仪器准备、排气取样、排气中污染物分析、数据处理等。

（1）受检车辆准备。

受检车辆应作检查并具备监测规定的各项条件，关于监测规定请参阅有关资料。

（2）监测仪器准备。

监测仪器准备主要是按有关标准和规范要求准备好采样仪器、分析仪器、转速计和点温计等。仪器在每次使用前后应作零点飘移和量程校正，误差不得超过满量程的±3%。

（3）排气取样。

排气的取样方法有直接取样法、全量取样法、比例取样法和定容取样法四种。各种方法请查阅有关资料。

（4）排气中污染物分析。

根据国标《轻型汽车污染物排放限值及测量方法（中国第六阶段）》（GB 18352.6—2016）规定：

一氧化碳（CO）和二氧化碳（CO_2）分析仪应是不分光红外线（NDIR）型。

碳氢化合物（HC）（对除柴油以外的所有燃料）分析仪应是氢火焰离子化（FID）型。用丙烷气体标定，以碳原子（C_1）当量表示。

碳氢化合物（HC）（对于柴油燃料）分析仪应是加热式氢火焰离子化（HFID）型，其检测器、阀、管等应加热至190℃ ±10℃。应使用丙烷气体标定，以碳原子（C_1）当量表示。

甲烷（CH_4）分析仪应是气相色谱（GC） + 氢火焰离子化（FID）型，或非甲烷截止器（NMC） + 氢火焰离子化（FID）型。用甲烷或丙烷气体标定，以碳原子（C_1）当量表示。

氮氧化物（NO_X）分析仪应是化学发光（CLD）型或非扩散紫外线谐振吸收（NDUVR）型，两者均需带有 NO_X – NO 转换器。

一氧化氮（NO）分析仪应是化学发光（CLD）型或非分散紫外共振吸收（NDUV）类型。

（5）数据处理。

首先应去除有误数据，然后按有关规则和各种测试方法的规定进行数据处理，以保证数据的正确性。

（三）公路运营期空气污染的防治措施

公路交通空气污染，主要由机动车辆行驶中排放有毒有害物质及在公路上产生的扬尘所致。公路交通空气污染防治主要有七种途径：采用新的汽车能源；采用新燃料；对现有燃料改进及前处理；改进发动机结构及有关系统；在发动机外安装废气净化装置；控制油料蒸发排放；加强和改进公路交通管理。

1. 采用新的汽车能源

为防治汽车空气污染，世界各国汽车行业都在寻找不产生空气污染物的汽车新能源。现已获得试验成功的新能源有太阳能和电能。欧、美、日的太阳能汽车和电力汽车已试验成功，但距商品化还有一定距离。我国也在积极研制新能源汽车，清华大学研制的太阳能汽车已试运行成功，标志着我国新能源汽车研究已跻身于世界先进之列。

2. 采用新燃料

液化石油气、甲醇、氢气已被列为汽车的新燃料而进行研究，在今后还会有新的发现。

（1）天然气。

天然气作为机动车用燃料可直接使用，也可以压缩后使用。天然气的主要成分是甲烷（CH_4），其含量在 81% ~98% 之间，甲烷不易着火，抗爆性好，甲烷的氢原子和碳原子比例高达 4，是汽油和柴油的 2 倍左右。产生同样的热能时，甲烷燃烧产生的 CO_2 比柴油和汽油少 30% 左右。根据对使用汽油和天然气的车辆实测，使用天然气的 CO 排放减少 60% 以上，NO_X 排放降低 80% 以上，HC 的总量虽略有增加，但能导致产生臭氧的非甲烷碳氢化合物却减少了 90% 以上。

（2）液化石油气。

液化石油气发动机是比较成熟的机型，许多国家都有定型产品。

液化石油气在发动机的工作温度下以气态存在，它可以和空气混合得十分均匀，从而获得完全燃烧。燃烧液化石油气排放的空气污染物数量比燃烧汽油有所减少。它的缺点是汽车需携带沉重的储气罐，在运行和更换时有爆炸的危险存在，是难以解决的隐患。因此，液化石油气只能在特殊运输工作中使用，如定线行驶的公交车等。

（3）甲醇。

甲醇是一种高辛烷值的燃烧，在常温下呈液态，沸点为64.7℃，在发动机工作温度下易于汽化。由于其汽化热比汽油高两倍多，使其和空气混合给汽车起动造成困难。燃用甲醇汽油混合燃料与燃用汽油相比，HC和CO的排放明显减少，NO_X的排放量也有一定的减少。其缺点是甲醇具有毒性，需防止蒸发。另外，甲醇能溶解塑料零件和使金属腐蚀，这些都需研究克服。

（4）氢气燃料。

氢气是一种理想的清洁燃料，以氢气为燃料的氢气发动机只排放NO_X。氢燃料的特点是：氢与空气混合气的着火界限很宽，氢的含量在4%～75%的范围内均可燃烧；氢的点火能量较低，与其他燃料相比，约差一个数量级；氢火焰的传播速度很快，为普通燃料的7～9倍；氢完全燃烧后，其容积有所缩小。这些特点要求氢在稀混合气条件下工作，以减少NO_X的产生量。不过实验表明，当空气系数近于1时，NO_X的排放量也不多。研究还发现，用1%的氢和99%的汽油混合燃烧，可以节油，并减少CO和HC的排放量。

目前，许多国家都在致力于氢发动机的研究，并取得了不少成果。由于氢气的制取和储存问题还有待于进一步研究解决，目前氢发动机还停留在实验阶段。

3. 对现有燃料的改进及前处理

（1）燃油掺水。

燃油掺水后在汽缸中燃烧时，由于水具有较高的比热，尤其是水蒸气的生成要吸收大量潜热，使燃烧最高温度下降。同时水蒸气稀释燃气降低了氧浓度，因而使NO_X的产生量减少。

燃油掺水的缺点是机件易锈蚀，冬季有结冰现象发生，乳化油储存时易发生水油分离，特别是喷水量随负荷变化的控制难以实现，因而该方法的应用受到限制。

（2）采用无铅汽油。

采用无铅汽油，可以杜绝汽车排气的铅污染。

（3）汽油裂化为可燃气体。

使汽油裂化为可燃气体的方法也称汽油裂化前处理方法。该方法是将液体燃料（例如无铅汽油或柴油）经裂化汽化器转变为可燃气体后，送入气体发动机工作。由于可燃气体与空气形成的混合气较均匀，燃烧完全，使空气污染物的排放量减少。目前该项技术尚处于试验研究阶段，有待完善。

4. 改进发动机结构及有关系统

（1）分层燃烧系统。

汽油发动机基本上是均匀混合气的燃烧，空燃比的变化范围较窄，通常在10～18范围内变化。所谓空燃比是指混合气中空气与燃料的质量之比。在分层燃烧系统中，使进入汽缸的混合气浓度依次分层，在火花塞周围充有易于点燃的浓混合气（空燃比为 12 ~ 13.5）以保证可靠的点火，在燃烧室的大部分区域充有稀的混合气。这样，燃烧室内总的空燃比在 18:1 以上，以减少 CO 和 NO_X 的排放量。

（2）均质稀燃技术。

均质稀燃技术是对现有发动机稍做修改，如改进燃烧室的形状、结构，以改善混合气的形成与分配。实现该技术的实例有丰田的扰流发生罐，三菱的喷流控制阀系统及火球型燃烧室等。这些实例的共同特点是在实现稀混合气稳定燃烧的同时，力求增大燃烧速度，以实现快速燃烧，获得高的热效率和降低排污量。

（3）汽油直接喷射技术。

发动机采用汽油喷射系统的最大优点是使各缸的喷油量非常均匀，并且能按照发动机的使用状况和不同工况，精确地供给发动机所需的最佳混合气空燃比。它可以在较稀的混合气条件下工作，从而减少 HC 和 CO 的排放量。试验结果表明，该技术还可以提高功率约 10%，节省燃料 5% ~10%，因此，它得到了实用性的发展。特别是电子控制式汽油喷射系统的采用，每缸的喷油量控制得更精确，混合气空燃比控制得更严格，使 CO 和 HC 的排放量达到最少，但 NO_X 的排放量接近最大值。再采用消除 NO_X 的机外技术，可以获得减少 CO、HC、NO_X 排放量的效果。

（4）电子控制发动机。

电子控制发动机系统主要控制的参数是混合气的空燃比和点火准时，也可以控制二次空气喷射及废气循环等，从而减少 CO、NO_X 的排放量。

（5）化油器的净化措施。

化油器对混合气的空燃比有直接影响，改进化油器的结构及使用调整，对减少排气中的 CO、HC 和 NO_X 有重要作用。关于这方面的技术已发展了许多种，如控制阻风门的开度、热怠速补偿装置、怠速转数调整及减速时的空燃比等。

5. 发动机外安装废气净化装置

当对发动机本体进行改进，尚不能符合汽车排气标准时，可加装机外净化装置，使其符合汽车排气标准要求。机外废气净化装置有多种，下面对主要的几种简单做介绍。

（1）二次空气喷射。

二次空气喷射是用空气泵把空气喷射到汽油发动机各缸的排气门附近，借助于排气的高温使喷射空气中的氧和废气中的 HC、CO 相混合后再燃烧，以减少 HC 和 CO 的排放量，达到排气净化的目的。

（2）热反应器。

热反应器通常与二次空气喷射技术一起使用。热反应器是由壳体、外筒和内筒三层壁构成，壳体与外筒之间填有绝热材料，使热反应器内保持高温，以利于 HC 和 CO 再燃烧。由喷管向排气门喷射的二次空气与排气相混合后进入热反应器的内筒及热反应器的心部，利用热反应器和排气的高温，使 HC 和 CO 燃烧变为无害物质。

（3）氧化催化转换器。

氧化催化转换器是具有很大表面并具有催化剂的载体。当汽车排气经过转换器时，排气中的 HC 和 CO 在催化剂的作用下可以在较低的温度下与 O_2 反应，生成无害的 H_2O 和 CO_2，从而使排气得以净化。由于所用催化剂为贵重金属铂和钯，使该方法的应用受到了限制。在20世纪70年代，发现用稀土金属作催化剂也可收到良好的效果，给氧化催化转换器的实际应用带来了希望。

（4）三元催化转换器。

三元催化转换器是一种能使 CO、HC 和 NO_X 三种有害成分同时得到净化的处理装置。这种转换器要求把空燃比精确地控制在理论空燃比的最佳范围内，以实现同时对三种有害成分的高效率净化。为做到这一点，将三元催化转换器与电子计算机控制系统结合使用。该反应器净化效率高，但成本费用大，只适用于汽油发动机。

6. 控制油料蒸发排放

油料蒸发排放的有害气体主要是 HC，蒸发排放的部件主要有曲轴箱、油箱、化油器。

（1）曲轴箱油料蒸发控制。

曲轴箱油料蒸发是指从汽缸窜入曲轴箱的混合气体和箱内润滑油蒸气，经通风管直接排到大气中。美国首先对曲轴箱的窜气加以控制，采用强制通风系统把窜气引入汽缸内燃烧。目前，该系统有开式的和闭式的两种，闭式的是对开式的改进。

（2）油箱和化油器油料蒸发控制。

油箱和化油器油料蒸发主要是在汽车行驶和受热时引起排放 HC 蒸气对大气污染。控制油箱和化油器油料蒸发的方法较多，它们的基本思路如下：

①消除和减少周围热源对油箱和化油器的影响，减少油料蒸发污染。可采取对油箱和化油器防热和隔热的措施。

②对油箱和化油器中的油料蒸气直接引入发动机的进气系统，在汽缸内烧掉。

③把油箱和化油器产生的油料蒸气输送到曲轴箱内，靠曲轴箱设置的强制通风系统把蒸气送入汽缸内烧掉。

④将油箱和化油器产生的油料蒸气送入进气系统的储存器内，随滤清的空气进入汽缸燃烧。

7. 加强和改进公路交通管理

为减少公路交通对环境空气的污染，应从以下几方面加强和改进对公路交通的管理：

（1）加强对公路的养护，使公路保持平整，保证汽车在良好的路况下行驶，减少排放有害气体。

（2）加强汽车保养管理，以保证汽车安全和减少有害气体的排放量。

（3）制定各种机动车辆的废气排放标准，控制机动车辆的废气排放量。

（4）限制拖拉机、载重柴油机动车在城市市区公路上行驶。

（5）取消公路上各种关卡和收费站（以其他收费方式取代），减少车辆的怠速状态。

（6）改善城市交叉口的通行条件和交通干道的通行条件，以减少有害物质的排放。

（7）加强油料质量管理，防止产生严重污染的劣质油料上市。

（8）加强公路两侧绿化，种植能吸收（或吸附）CO、HC 和 NO_X 等有害气体的树种，以减小公路交通大气污染的范围。

请分析如图 5-1 所示的公路建设阶段应注意的空气环境因素有哪些？应该采取哪些措施进行相应的保护？

图 5-1　能力训练图

1. 公路交通空气污染物排放量的估算方法有哪几种？
2. 机动车辆排气污染物的监测方法有哪些？
3. 公路交通空气污染的防治措施有哪些？
4. 如何防治沥青混合料生产场（站）的沥青烟散发？
5. 公路交通管理中可以从哪些方面来考虑减少空气环境的污染？

项目六
公路的其他环境建设

学习目标

1. 了解公路交通可能涉及的社会环境问题；
2. 能根据公路建设的阶段分析应该采取的社会环境影响控制措施；
3. 了解水环境污染的类型；
4. 了解我国水环境保护的法规；
5. 能分析公路水环境污染源并采取相应的处理方法；
6. 掌握公路交通振动的概念、对人体的影响及传播特点；
7. 掌握公路交通振动的防治措施。

公路在建设期和营运期除对生态环境、声环境和空气环境有影响外，还会影响社会环境、水环境，并引起振动等其他环境问题。

公路对沿线两侧一定范围内社会的影响成为不可忽视的社会环境问题，如占地、拆迁、灌排水系统、出行阻隔、文物景观保护等，都应在可持续发展与社会安定的前提下妥善解决。防止水污染已成为社会共识。公路施工中对水泥及外加剂、沥青、桥面防水剂等容易造成污染的材料应远离河流和渠道以防止污染水源。应改进施工工艺，防止桥梁施工造成的水体污染。公路运营期要建立完善的排水系统，设置必要的沉淀池，防止路面污水对水体、耕地的污染。同时尽可能降低施工过程中的机械振动，以减少营运期车辆激振对道路两侧产生的振动影响。

任务一　基本概念

一、公路交通的社会环境

（一）社会环境

社会环境是人类生存环境要素（自然环境、社会环境）之一，它的内涵很广，包括政治、经济、宗教、法律、生产力、生产关系、人口及其质量、文化教育、社团组织、家庭和人类创造的物质财富等。公路交通社会环境，主要是指公路沿线范围内人类在自然环境基础上，经过长期有意识的社会劳动所创造的人工环境。

一般情况，公路交通可能涉及的社会环境问题如图 6-1 所示。我国地域辽阔，各地的自然环境及社会环境有着较大的差异，每条公路的建设都应针对各地的特点，认真分析筛选出主要社会环境问题。

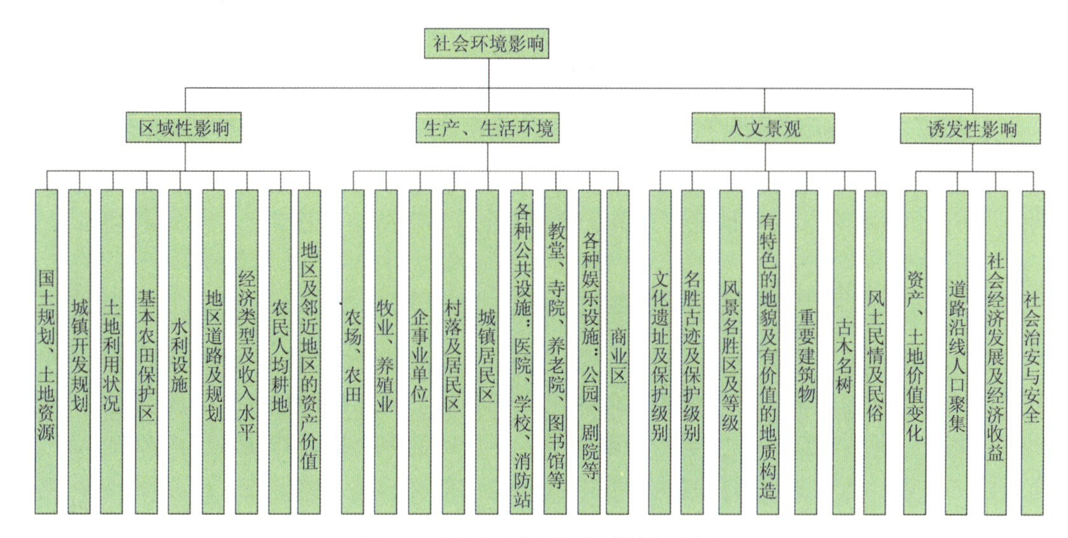

图 6-1 公路交通主要社会环境影响因素

（二）社会环境影响分析

公路交通对社会环境的影响有正面的，也有负面的，但正面影响是主要的，为挖掘公路建设对环境的负面影响，教材着重讨论负面影响。由于公路建设项目涉及的社会环境问题较多，这里只对较为普遍的、主要的问题做简要讨论。

1. 土地资源

土地资源是人类赖以生存和发展的基础，也是陆地生物生长和生存的基础。土地是农业生产中最基本的生产资料，也是工业、交通、城市建设等不可缺少的宝贵自然资源。2022年度全国国土变更调查初步汇总结果显示，全国共有耕地 12760.1 万 hm^2、园地 2012.8 万 hm^2、林地 28352.7 万 hm^2、草地 26427.2 万 hm^2、湿地 2357.3 万 hm^2、城镇村及工矿用地 3596.7 万 hm^2、交通运输用地 1018.4 万 hm^2、水域及水利设施用地 3628.7 万 hm^2。

2. 基本农田保护区

各地的基本农田保护区都是当地的稳产、高产良田，一般不能在保护区内占地进行项目建设。当非占不可时，必须补偿同等数量同等质量的农田。

人口、粮食、资源是影响当今世界可持续发展的主要问题。国家实行基本农田保护区方针，是缓解人口、粮食、资源矛盾，实现 21 世纪可持续发展战略的重要举措。公路建设应不占或少占基本农田保护区内的耕地。

3. 水利设施

水利是农业的命脉，水利设施是国家、地区重要的基础设施，也是人民生产、生活和经济建设的保障设施。公路建设必须保护农田排灌系统、蓄水防洪工程及其他水利设施。

4. 拆迁安置

（1）拆迁安置民房。

房屋是民众生活的基本条件，也是民众最主要的财产。拆迁民房会对民众生活造成干扰，经济上造成损失。公路建设应尽可能少拆迁民房，拆迁时应做到拆迁安置合理，尽可能地保护民众利益。

（2）拆迁企、事业单位。

拆迁企、事业单位将涉及单位人员的就业，生活资金来源及迁址后的交通、生活条件等，影响的人员及因素较多。一般情况不宜拆迁较大的企、事业单位，避免产生不安定因素。

5. 出行阻隔

高速公路和一级公路普遍存在对民众出行的阻隔问题，公路两侧民众对此反映较为强烈，一般存在横向通道的数量、质量和位置等问题。随着地区（特别是经济发达地区）交通条件及交通工具的改善，通道的数量问题已不很突出，较突出的是通道的质量问题。如下雨积水使老人、儿童难以通行，有的公路清扫人员从路的中央排水口向通道内倾倒垃圾，使通道内肮脏不堪。通道的设置位置也存在一些问题，如有的通道离学校太远，不但给小学生的上学造成不便，也产生了不安全因素。

6. 文物

文物（包括古迹、遗址等）是不可再生的文化景观资源，具有很高的历史、政治、文化和经济价值。原则上，不论其属于何种保护级别，都应合理保护。

公路建设项目往往途经几个地区，干扰文物常有发生。因此，在项目建设的各个阶段都应十分重视文物的保护和利用。

7. 景观环境

高速公路和一、二级公路的投资巨大，占用了大量资源，是国家重要的永久性建筑物。因此，公路建设应研究公路美学，研究其与所经地域的地形地物、文化风情和人文景观的协调性，使公路融合到环境中去，减少或防止因高填深挖等对环境景观造成损害。

二、水环境

（一）水资源

水资源是自然资源的组成部分。水资源和当今世界面临的人口、资源、环境、生态等四大问题有着密切的关系，因此，水资源已成为世界各国关心的一个重要问题。随着经济的发展以及人类生活水平的提高，人类社会对水的需求量日益增长，不少国家和地区已经发生了不同程度的水资源危机，水资源已成为不亚于能源和粮食的严重问题。2023 年《联合国世界水发展报告》指出，在过去的 40 年中，全球用水量以每年约 1% 的速度增长，在人口增长、社会经济发展和消费模式变化的共同推动下，预计直到2050年，全球用水量仍将以类似的速度继续增长。这部分增长主要集中在中低收入国家，尤其是新兴经济体。全球有20亿人（约占世界人口的26%）没有安全饮用水，36亿人缺乏管理得当的卫生设施。有20亿~30亿人每年至少有一个月会遇到缺水问题，这给他们的生计造成严重风险，尤其是粮食安全和电力供应。报告预计全球面临缺水问题的城市人口将翻倍，从2016年的9.3亿增长到2050年的17亿~24亿。

衡量一个国家淡水资源多少的标准是，淡水消耗量占全国可用淡水的20%~40%为中高度缺水，超过40%的为高度缺水。

淡水资源分为地表水资源和地下水资源两部分。地表水资源包括河川径流、冰川雪融水、湖泊沼泽水等地球表面上的水体，其中河川径流占90%以上。地下水资源是指埋藏在地表以下岩层中的水。通常，由于地下水在流动过程中被岩层吸附、过滤和微生物净化，其水质多数比地表水好。我国的河川径流量为2.7万亿m^3，地下水约8300亿m^3，水资源绝对量居世界前列，但人均占有量约2600m^3，低于世界平均水平。

（二）水环境污染

作为环境介质的水通常不是纯净的，其中含有各种物理的、化学的和生物的成分。水的感官性状（色、嗅、味、浑浊度等）、物理化学性质（温度、pH、电导率、氧化还原电位、放射性等）、化学成分、生物组成和水体底泥状况等，均因污染程度不同而有很大差别。

早期的水体污染主要由人口稠密的城市生活污水造成。工业革命以后，工业排放的废水和废物成为水体污染物的主要来源。20世纪50年代以后，一些水域和地区由于水体严重污染而危及人类的生产和生活。70年代以来，人们采取了一些防治污染措施，部分水体的污染程度虽有所减轻，但全球性的水污染状况还在发展，尤其是工业废弃物对水体的污染还具有潜在的危险性。水源因受到污染而降低或丧失了使用价值，使水资源更加短缺。

水环境污染按水体污染物进行分类，有以下几种类型：

（1）病原体污染。生活污水、畜禽饲养场污水以及制革、洗毛、屠宰业和医院等排出的废水常含有各种病原体，水体受到病原体污染会传播疾病。如：1848年和1854年英国两次霍乱流行，每次死亡约10000人；德国汉堡1892年发生的霍乱流行，死亡7500余人。这几次大的瘟疫流行，都是因水污染而引起的。

（2）需氧物质污染。生活污水、食品加工和造纸等工业废水含有碳水化合物、蛋白质、油脂、木质素等有机物质。这些物质以悬浮或溶解状态存在于污水中，通过好氧微生物的作用分解而消耗氧气，因而称为需氧污染物。这些物质使水中的溶解氧减少，影响鱼类及其他水生生物的生长。当水中溶解氧不足时，有机物将在厌氧菌的作用下进行厌氧分解，产生硫化氢、氨和硫醇等小分子有机化合物以及具有毒性和难闻气味的物质，使水质进一步恶化。

（3）富营养化物质污染。生活污水和某些工业废水常含有一定量的磷、氮等植物营养物质，这些物质排入水体后，引起水体富营养化，使水质恶化。

（4）石油污染。石油类物质在水面形成油膜，阻碍水体的复氧作用，致使鱼类和浮游生物的生存受到威胁，并使水产品的质量恶化。石油污染主要由于海洋石油运输的事故泄漏。

（5）放射性污染。放射性物质进入水体造成放射性污染。放射性物质来源于核动力工厂排出的废水，向海洋投弃的放射性废物，核动力船舶事故泄漏的核燃料，核爆炸进入水体的散落物等。受放射性物质污染的水体使生物受到危害，并可在生物体内蓄积。

（6）热污染。它是由工矿企业向水体排放高温废水造成的。热污染使水温升高，水中化学反应、生化反应速度随之加快，溶解氧减少，破坏了水生生物的正常生存和繁殖的环境。一般水生生物能生存的水温上限为35℃。

（7）有毒化学物质污染。有毒化学物质主要指重金属和微生物难以分解的有机物。重金属在自然界不易消失，它们通过食物链而被富集。难分解的有机物中不少属于致癌物质。水体一旦被有毒化学物质污染，其危害极大。

（8）盐类物质污染。各种酸、碱、盐等无机化合物进入水体，使淡水的矿化度增高，降低了水的使用功能。

三、振动环境

（一）公路交通振动的传播

公路交通振动是指由公路上行驶车辆的激振而产生的地面振动，因而公路交通振动很大程度上取决于公路结构和地质条件。振动在半无限弹性介质中（如地面）传播时，在弹性体内产生纵波（压缩波）和横波（切变波），同时还存在一种沿表面传播的波，称为瑞利表面波。介质内纵波和横波的传播速度表达式如下：

纵坡（P坡）波速：

$$v_{\mathrm{P}} = \sqrt{\frac{E(1-\mu)}{2\rho(1+\mu)}} \approx \sqrt{\frac{B}{\rho}} \tag{6-1}$$

横波（S波）波速：

$$v_{\mathrm{S}} = \sqrt{\frac{E}{2\rho(1+\mu)}} \tag{6-2}$$

式中：E——介质的弹性模量，$\mathrm{kg/cm^2}$，弹性模量大的介质对振动的反应大；

μ——介质的泊松比；

ρ——介质的密度，$\mathrm{kg/cm^3}$；

B——介质的体积弹性模量。

瑞利表面波（R波）的波速 v_{R} 与横波的波速 v_{S} 之间有如下关系：

$$\frac{1}{8}\left(\frac{v_{\mathrm{R}}}{v_{\mathrm{S}}}\right)6 - \left(\frac{v_{\mathrm{R}}}{v_{\mathrm{S}}}\right)4 + \frac{2-\mu}{1-\mu}\left(\frac{v_{\mathrm{R}}}{v_{\mathrm{S}}}\right)2 - \frac{1}{1-\mu} = 0 \tag{6-3}$$

根据地表面激振的波动理论分析，点振源上、下方向振动，表面瑞利波的振幅以传播距离 $r^{-\frac{1}{2}}$ 衰减，地表内（地基中）纵波和横波的振幅以 $\left(\frac{1}{r}\right)^2$ 衰减。对于线振源，纵波和横波的振幅以 $1/r$ 衰减。

实际上，公路交通振动随传播距离的衰减与地质条件有关，软土地基比一般黏土地基随距离衰减要小，一般黏土地基比砂砾地基随距离衰减亦小，岩石地基随距离衰减最小。据资料介绍，在公路边测得振动在水平面内的分量比垂直面内上、下方向的分量要小得多，而且距公路边越远，表面波的波动越占优势，但是表面波一旦进入地表内便迅速衰减。

（二）公路交通振动的测量

反映振动强弱的物理量是振动的位移（γ）、速度（v）和加速度（α），三者之间有如下关系：

$$\alpha = \omega v = \omega^2 \gamma \tag{6-4}$$

式中：ω—— 振动的圆频率($\omega = 2\pi f$)。

对于公路交通振动,其振动频率(f) 是车辆的固有频率和路面的凹凸不平产生的综合作用,其中由路面的凹凸不平产生的振动影响占支配地位。

与噪声相类似，振动的位移、速度和加速度等也可用分贝数来表示它们的相对大小，国家标准《城市区域环境振动测量方法》（GB 10071—1988）规定采用振动加速度级。振动-加速度级的定义是，加速度与基准加速度的比值以 10 为底的对数乘以 20，记为 VAL 上，单位为分贝（dB）。其表达式为：

$$VAL = 20\lg^{\frac{\alpha}{\alpha_0}} \tag{6-5}$$

式中：α——振动加速度有效值，m/s^2；

α_0——基准加速度，$\alpha_0 = 10^{-6} m/s^2$。

一般采用铅垂向的 Z 振级表示振动的强弱。Z 振级是按国际标准 ISO 规定的全身振动 Z 计权因子修正后得到的振动加速度级，记为 VL，单位为分贝（dB）。

测量振动的方法较多，最简单的是用振动级计直接测定环境振动的加速度级。振动级计采用加速度计作为测量振动加速度的传感器（拾振器），测量时传感器的底座平稳地安置在平坦而坚实的地面上。在野外测量时，先将传感器固定在一平整的平板上，再将平板安置在经压实的地面上。平板的尺寸和质量要尽可能地小，使对振动的影响可以忽略不计。测量点设置在各类建筑物室外 0.5m 以内的振动敏感点，必要时可置于建筑物室内地面的中央。

应用传感器和磁带记录仪可以将振动信号记录下来，再用信号分析仪对记录的振动信号进行分析，可获取振动频率、加速度、速度和位移等振动参数。

（三）振动对人体的影响和振动标准

1. 振动对人体的影响

振动通过人体各部位与其接触而产生作用，根据振动作用范围的不同，对人体的影响可分为全身振动和局部振动两种。全身振动是指人体直接站（或坐）在振动体上所受的振动，局部振动是指人体只有部分部位（如手）与振动体接触所受的振动。由于公路交通振动激起的是地面振动，所以对人体的影响是全身的，车内的乘客振动亦是全身的。

人体对振动的反应相当于一个复杂的弹性系统，当振动的频率与人体的某些固有频率一致（或接近）时，因产生共振而对人体的影响特别大。实验表明，人体对频率 2 ~ 12Hz 的振动感觉最敏感，对低于 2Hz 或高于 12Hz 的振动，敏感性逐渐减弱。

人体全身垂直振动时，在频率 4 ~ 8Hz 范围内有一个最大的共振峰，称第一共振频率，它主要由胸腔共振产生，对心脏、肺脏的影响最大。在频率 10Hz 附近存在第二个共振频率，主要由腹腔共振产生，对肠、胃、肝脏等的影响较大。人体其他器官的共振频率头部为

25Hz，手为30～40Hz，上下颌为6～8Hz，中枢神经系统为250Hz。

频率给定时，振动对人体的影响主要决定于振动的强度。其次与振动的暴露时间也有很大关系，短暂时间可以容忍的振动，在长时间就可能不能容忍。

当振动增强到某一程度人就感到不舒适，这是人对振动的心理反应。当振动继续增强，人对振动产生心理反应的同时产生生理反应，与此相应的振动强度叫作疲劳阈。当振动强度超过疲劳阈时，人的神经系统及其功能会受到不良影响。如果振动进一步增强，达到极限阈强度时，对人不仅有心理及生理影响，还会产生病理性损伤。长期在超极限阈的强烈振动下工作，会使感受器官和神经系统产生永久性病变，这种由振动引起的病变叫作振动病，它的全身症状是指头晕、头痛、烦躁失眠、食欲不振和疲乏无力等，局部症状是指承受强烈振动的部位，如手、肘、肩关节等发生损伤，手指肿胀僵硬，手臂无力等。

2. 振动容许标准

振动容许标准有两类，一类是关于人的健康所建立的标准，另一类是关于机器设备、房屋建筑及特殊要求（如天文台、文物古迹等）所制订的标准。下面介绍前一类标准，关于后一类标准请查阅有关资料。

（1）城市区域环境振动标准。

我国于1988年颁布了《城市区域环境振动标准》（GB 10070—1988），目的是控制城市环境振动污染。标准规定的振级值见表6-1，表中给出的是铅垂向Z振级容许值，即各个区域的Z振级不得超过表中的限值。

各类区域铅垂向Z振级标准值（dB） 表6-1

适用地带范围	昼间	夜间
特殊住宅区：特别需要安静的地区	65	65
居民、文教区：纯居民区和文教、机关区	70	67
混合区、商业中心区：一般商业与居民混合区；工业、商业、少量交通与居民混合区	75	72
工业集中区：城市或区域内规划明确确定的工业区	75	72
交通干线公路两侧：车流量每小时100辆以上的公路两侧	75	72
铁路干线两侧：距每日车流量不少于20列的铁道外轨30m外两侧的住宅区	80	80

（2）对人体影响的评价标准。

国际标准《机械振动和冲击 人体暴露于全身振动的评估》（ISO 2631-1：2004）关于人体全身铅垂向振动暴露评价标准如图6-2所示。该标准给出了3个振动容许界限和暴露时间。

①疲劳、效率降低界限。图6-2中给出的曲线是疲劳和效率降低振动标准，即当振动强度超过该疲劳阈时，人体不能保持正常工作效率。

②舒适性降低界限。将图中每条曲线的加速度除以3.15（减10dB）便是舒适性降低界限，即当振动强度超过该界限时，人体对振动产生心理不舒适感。

③暴露界限。将图6-2中每条曲线的加速度乘以2（加6dB）便是振动暴露界限，即当振动强度超过该极限阈时，人体不仅产生心理反应，而且会产生生理病变。

④暴露时间。图 6-2 中每条曲线上的时间，即表示在该振动强度下允许的暴露时间。用以控制人的工作时间，以保持正常工作和身体健康。

另外，从图 6-2 中还可看出，人体对频率在 4～8Hz 范围内振动的反应最敏感。

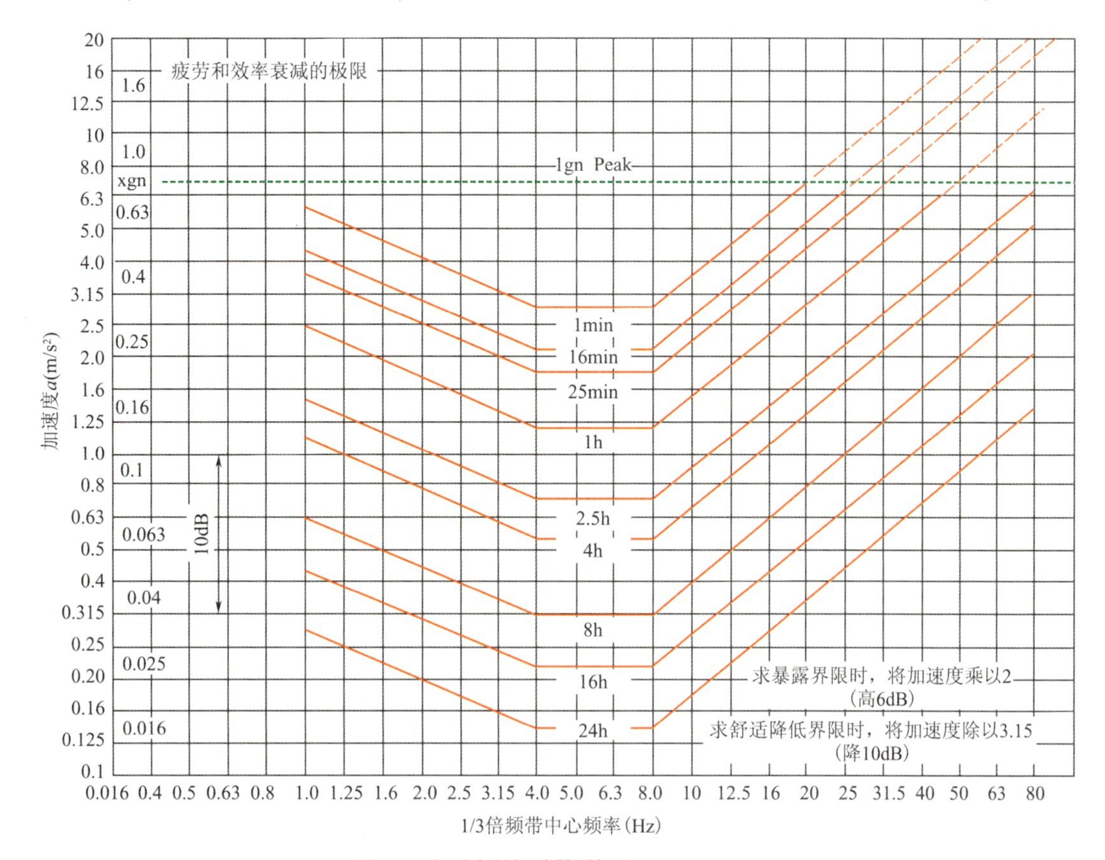

图 6-2 铅垂向的振动暴露标准（ISO 2631-1）

1. 公路交通可能涉及的社会环境问题有哪些？
2. 水环境污染的类型有哪些？
3. 什么是公路交通振动？其特点是什么？
4. 公路交通振动对人体有哪些影响？
5. 什么是振动容许标准？

任务二 公路其他环境的保护

一、社会环境影响控制对策

2010 年 5 月发布的《公路环境保护设计规范》（JTG B04—2010）（以下简称《规范》）中第 3 节，对社会环境的保护设计做了原则性的规定，这是确定公路交通社会环境影响控制对策的依据和评定标准。公路交通社会环境影响控制，应采取保护措施为主的原则，并应贯彻在公路整个建设过程中。根据《规范》要求，表6-2列出了公路建设中可能造成的（或应关注的）主要社会环境影响及其控制对策，供参考和讨论。关于社会环境影响控制的管理措施及经济补偿政策等，请参考有关专业书籍。

公路交通社会环境影响及控制对策 表6-2

工程阶段或名称	社会环境影响	控制对策
路线设计	①占用耕地和良田。 ②占用基本农田保护区耕地。 ③分割城镇小区及村落。 ④阻隔出行。 ⑤影响风景名胜区、文物保护区和其他人文景观	①对项目建设地区的自然环境、社会环境等作全面详细调查、统计和分析。 ②路线方案比选分析时，对社会环境有重大影响的重点部位应用可持续发展的战略进行多方案论证分析。 ③路线占地应少占耕地、保护良田。 ④尽可能地绕避城镇居民区和较大的村落，对少数民族居住区尤应关注。 ⑤避免将小学与主要生源的居民区和村落分隔。 ⑥绕避省级以上文物保护单位、风景名胜区、名胜古迹，并尽量绕让其他有价值的人文景观。 ⑦路线应与沿线地区自然景观、人文景观相协调，并合理保护和利用
路基和桥涵设计	①占用耕地、良田。 ②影响水利设施。 ③拆迁安置。 ④阻隔出行和交往。 ⑤影响文物古迹、风景名胜和其他人文景观	①尽可能地降低路基高度，在良田路段的路基采用陡边坡，减少路基占地。 ②路基、桥涵设计应确保当地排洪、防洪要求，确保水利设施的安全。按《规范》规定保护农田水利设施。 ③尽可能地减少拆迁数量。对拆迁对象，特别是老、弱、病、残等脆弱群体应做好安置设计，切实保护公众利益。 ④认真调查确定通道或天桥的数量及位置。应做好通道内的排水设计，或在通道的一侧设人行台阶，以方便通行。在牧区设放牧通道。 ⑤文物古迹等保护及利用设计
公路施工	①影响土地资源。 ②影响农田水利设施。 ③影响地方道路。 ④影响出行。 ⑤影响文物和人文景观。 ⑥影响安全	①认真调查做好取、弃土设计，取土坑、弃土场尽可能复耕、还耕或植草种树，保护土地资源。 ②料场等临时用地尽量不用耕地，不能使用良田。施工结束及时恢复原土地以便利用。 ③合理安排桥涵施工，不影响农田排灌。 ④及时修复因施工损坏的地方道路，确保安全通行。 ⑤在可能有文物遗址的地区，施工前会同文物管理部门做文物勘探，防止损坏文物。 ⑥设安全防范设施和安全监督措施

续上表

工程阶段或名称	社会环境影响	控制对策
公路养护	①影响土地资源。 ②影响农田水利设施。 ③影响交通。 ④污染环境。 ⑤影响安全	①认真调查做好取、弃土设计，取土坑、弃土场尽可能复耕、还耕或植草种树，保护土地资源。 ②料场等临时用地尽量不用耕地，不能使用良田。施工结束及时恢复原土地以便利用。 ③合理安排桥涵保养维修，不影响农田排灌。 ④设置维持通车的临时设施并及时修复损坏部分，确保安全通行。 ⑤认真做好废渣等的处理及堆放工作，不占用土地，不污染环境。 ⑥设安全防范设施和安全监督措施

二、水环境保护

（一）水环境防护法规

水体的自净能力是有一定限度的，自净过程也是缓慢的。随着城市和工业的发展，污水量不断增加，往往上游河段受到的污染尚未恢复，又再次受到下游城市或工厂污水的污染，以致整条河流处于不洁净状态，影响水体的利用。

为保护水体而制定的一系列法规，是作为向水体排放污水时确定其处理程度的依据。法规既要有保护天然水体的功能，又要使天然水体的自净能力得以充分利用，以降低污水处理的费用。水环境保护有两个方面，一是直接控制水体的污染，二是规定各种用途天然水体的水质标准。

1. 防治水污染法规

（1）海洋污染防治法规。

海洋是一种特殊的环境要素，是人类生命系统的基本支柱。海洋调节着全球气候，创造了人类生存的自然环境。它拥有丰富的生物资源和各种矿产资源、药物资源、动力资源，是社会物质生产的原料基地。为了保护海洋环境，防治海洋污染，我国自 20 世纪 70 年代起，先后颁布了多项海水保护专门法规。

①海水水质标准。

《海水水质标准》（GB 3097—1997），根据海水的用途，将海水水质分为四类：第一类适用于保护海洋渔业水域、海上自然保护区和珍稀濒危海洋生物保护区；第二类适用于水产养殖区、海水浴场、人体直接接触海水的海上运动或娱乐区，以及与人类食用直接有关的工业用水区；第三类适用于一般工业用水区、海滨风景旅游区；第四类适用于港口水域和海洋开发作业区。该标准对各类水质分别规定了不同的要求和海水中有害物质的最高允许浓度，并规定了防护措施。

②海洋环境保护法。

1982 年我国颁布了海洋环境保护的综合性法律《中华人民共和国海洋环境保护法》，截至 2024 年底，该法历经 3 次修正、2 次修订。为了贯彻该法，又颁布了保护海洋环境的一系列条例，如《中华人民共和国防止船舶污染海洋环境管理条例》《中华人民共和国海洋倾废管理条例》《中华人民共和国防治陆源污染物污染损害海洋环境管理条例》和《中华人民共和国防治海岸工程建设项目污染损害海洋环境管理条例》等。该一系列法规和条例，对保护我国海洋环境提供了法律依据。

（2）陆地水污染防治法规。

陆地水包括江河、湖泊、渠道、水库等地表水体和地下水体。我国是水资源缺乏且时空分布极不均衡的国家。目前不但水源紧缺，且现有水体已受到严重污染。保护水资源和防治水污染是国民经济和社会发展中的一项重要任务。为了保护水资源，防治陆地水体污染，国家颁布了一系列法规。

①水污染防治法。1984年我国颁布了《中华人民共和国水污染防治法》，截至2023年底，该法历经2次修正、1次修订，是陆地水污染防治方面比较全面的综合性法律。依据该法，国家有关部门先后发布了《排污许可管理条例》《饮用水水源保护区污染防治管理规定》等专项行政规章。

②地表水环境质量标准。国家地表水质标准主要有《地表水环境质量标准》（GB 3838—2002）、《污水综合排放标准》（GB 8978—1996）、《农田灌溉水质标准》（GB 5084—2021）和《渔业水质标准》（GB 11607—1989）等。这些国家标准为保护地表水环境提供了技术和法律依据。

2. 水资源保护法规

国家非常重视对水资源保护的立法，1988年第六届全国人民代表大会第二十四次常务委员会议通过了《中华人民共和国水法》（以下简称《水法》），标志着我国开始进入依法用水、保护水和治水的新阶段。截至2023年底，该法历经2次修正、1次修订。除国家立法外，各地还针对本地区的水资源问题颁布了地方性水资源保护法则和规定。

《水法》规定，开发利用水资源应当全面规划、统筹兼顾、综合利用、讲求效益，发挥水资源的各种功能。采取有效措施保护自然植被，种树种草，涵养水源。实行计划用水，厉行节约用水。国家对水资源实行统一管理与分级分部门管理相结合的制度。《水法》还对保护江河湖泊、地下水、饮用水水源、农业灌溉水源等做了明确的法律规定。

（二）公路水环境污染防治

1. 公路服务设施污水处理

公路建成投入营运后，其服务设施将排放一定数量的污水，如服务区的生活污水、洗车台（场）的污水、加油站的地面冲洗水、路段管理处及收费站的生活污水等。当这些设施的所在地远离城镇不能直接排入污水系统时，排放的污水须经处理达标后排放。

（1）生活污水处理。

①化粪池。化粪池是污水沉淀与污泥消化同在一个池子内完成的处理构筑物，其构造简单，类似平流式沉淀池（图6-3）。污水在池中缓慢流动，停留时间为12～24h，污泥沉淀于池底进行厌氧分解。污泥的储存容积较大，停留时间为3～12个月。由于污泥消化过程完全在自然条件下进行，所以效率低，历时长，有机物分解不彻底，且上部流动的污水易受到下部发酵污泥的污染。通常化粪池作为初步处理，以减轻污水对环境的污染。

②双层沉淀池。双层沉淀池又称隐化池。它具有使污水沉淀，并将沉淀的污泥同时进行厌氧消化的功能（图6-4）。污水从上部的沉淀槽中流过，沉淀物从槽底缝隙滑入下部污泥室进行消化。在沉淀槽底部的缝隙处设阻流板，使污泥室中产生的沼气和随沼气上浮的污泥

不能进入沉淀槽内，以免影响沉淀槽的沉淀效果和污水受到污染。双层沉淀池的污泥消化仍在自然条件下进行，当污水冬季平均温度为10～15℃时，污泥的消化时间需60～120d，因此，消化室的容积较大。

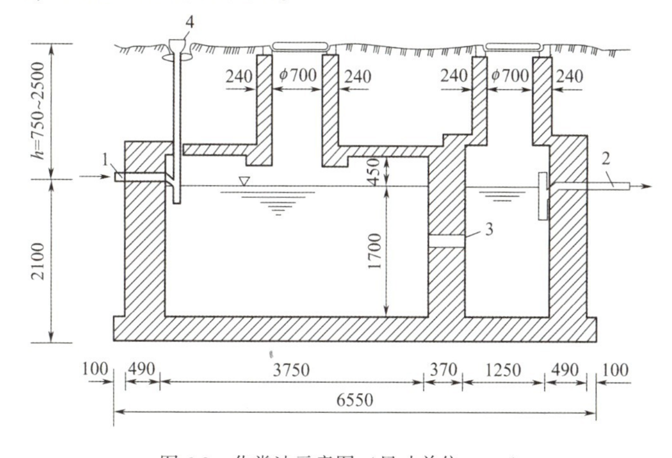

图6-3 化粪池示意图（尺寸单位：mm）
1-进水管；2-出水管；3-连通管；4-清扫口

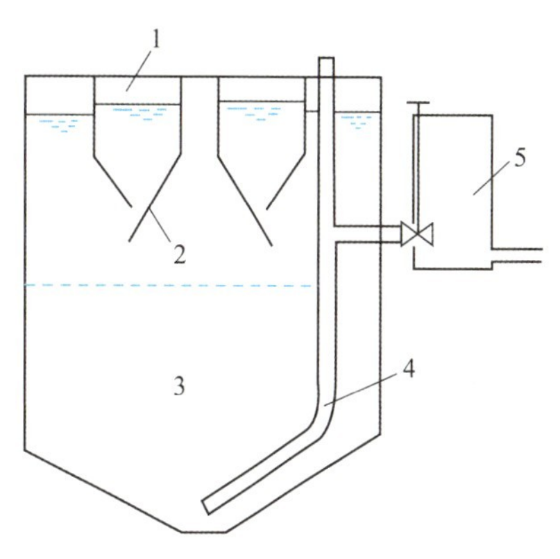

图6-4 双层沉淀池示意图
1-沉淀槽；2-阻流板；3-消化室；4-排泥管；5-窨井

双层沉淀池的沉淀槽设计与前述平流式沉淀池相同，排泥静水压头应不小于1.5m，沉淀槽的宽度不大于2.0m，其斜底与水平的夹角不小于50°，底部缝宽一般为0.15m，阻流板宽度一般取0.15～0.35m。沉淀槽底部到消化室污泥表面应有缓冲层，其高度一般为0.5m。消化室的容积根据当地年平均气温按表6-3确定。

消化室容积确定 表6-3

年平均气温（℃）	每人所需消化室容积（L）
4～7	45
7～10	35
>10	30

③生物塘。当公路服务设施附近有取土坑（或洼地）可以利用时，可将取土坑（或洼地）适当整修作为生物塘。生物塘是一种构造简单、管护容易、处理效果稳定可靠的污水处理方法。生物塘可以作为化粪池或双层沉淀池的后续处理，也可单独使用。

污水在塘内经较长时间的停留和储存，通过微生物（细菌、真菌、藻类、原生动物等）的代谢活动与分解作用，对污水中的有机污染物进行生物降解，最后达到稳定。因此，生物塘又称为生物稳定塘。生物塘可分为好氧塘、兼性塘、厌氧塘和曝气塘四种。

a. 好氧塘。好氧塘的深度较浅，有效水深一般小于1m，通常采用0.5m，阳光可以透入池底。塘内存在着藻—菌—原生动物生态系统（图6-5）。

在阳光照射的时间内，藻类光合作用而释放大量氧，塘表面由于风力的搅动而进行自然复氧，使塘内保持着良好的“好氧”条件。好氧异养性微生物通过生化代谢活动，对有机污染物进行氧化分解，代谢产物CO_2供作藻类光合作用所需要的碳源。藻类利用CO_2、

H_2O、无机盐及光能合成其细胞质，并释放出氧气。

好氧塘的设计参数应根据当地气候等具体条件而定。可参考下列数据：有效水深不大于0.5m，停留时间2～6d；BOD5负荷10～22g/(m^2·d)，BOD5去除率80%～95%。

b. 兼性塘。兼性塘的水深较好氧塘深，因而塘内的污水有较长的停留时间，对于污水流量和浓度的波动有较好的缓冲能力。兼性塘内存在着好氧层、兼性层和厌氧层三个区域（图6-6）。好氧层在塘的上层，阳光能透入，藻类光合作用旺盛，溶解氧充足，好氧微生物在这个区域内进行代谢活动。兼性层在塘的中间，藻类光合作用减弱，溶解氧不足，白天处于好氧状态，而夜间则处于厌氧状态，兼性微生物占优势。塘的底部厌氧微生物占主导，对沉淀池的底泥进行酸性发酵和甲烷发酵。

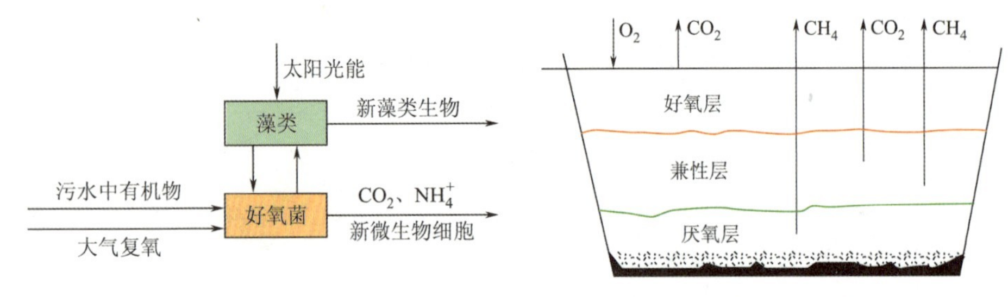

图6-5 好氧塘内藻菌共生关系

图6-6 兼性塘的三个区域示意图

兼性塘的设计参数一般为：有效水深0.6～2.4m，停留时间7～50d；BOD5负荷2～6g/(m^2·d)，BOD5去除率70%～90%。

c. 厌氧塘。塘内有机物质分解需氧量超过大气复氧和水生植物光合作用释放氧量时，生物塘便处于厌氧状态。减小塘的表面积和加大塘的水深，都能降低光合作用的强度，塘内呈厌氧状态。有机物在厌氧微生物的代谢作用下缓慢降解，最后转化为甲烷，并释放出H_2S及其他致臭物，如乙硫醇、硫甘醇酸、粪臭素等。

厌氧塘的设计参数为：有效水深2.4～4.0m，停留时间30～50d；BOD5负荷20～60g/(m^2·d)，BOD5去除率50%～70%。

d. 曝气塘。采用人工曝气（多采用曝气机）在水面进行曝气充氧，以维持良好的充氧状态。由于曝气具有搅拌和充氧双重功能，当曝气机的动力足以维持塘内全部固体处于悬浮状态，并向污水提供足够的溶解氧时，这种塘称为好氧曝气塘。当曝气机的动力仅能供应污水必要的溶解氧，并使部分固体处于悬浮状态，而另一部分固体沉积塘底并发生厌氧分解时，这种塘称为兼性曝气塘。

曝气塘的设计参数为：有效水深1.8～4.5m，停留时间2～10d；BOD5负荷30～60g/(m^2·d)，BOD5去除率80%～90%。

（2）含油污水的处理。

大型洗车场和加油站的污水，常含有泥沙和油类物质。油类不溶于水，在水中的形态为浮油或乳化油。乳化油的油滴微细，且带有负电荷，需破乳混凝后形成大的油滴才能除去。洗车场和加油站的含油污水以浮油为主，通常采用隔油池进行处理。当污水进入隔油池后，泥沙沉淀于池的底部，浮油漂浮于水面，利用设置在水面的集油管收集去除。隔油池的形式有平流式、波纹板式、斜板式等。关于隔油池的设计可参考有关污水处理专著。

2. 公路路面径流水环境污染防治

公路路面径流水环境污染是指公路营运期，货物运输过程中在路面上的抛撒，汽车尾气中微粒在路面上的降落，汽车燃油在路面上的滴漏及轮胎与路面的磨损物等，当降水形成路面径流就挟带这些有害物质排入水体或农田。对于这种污染及其污染程度，至今研究甚少，一般说来，不会对水体和土壤造成大面积的污染。但当公路距水源保护地、生活饮用水水源和水产养殖水体较近时，应考虑路面径流对水环境的污染，由于路面排水不能排入这些水体，必要时可设置生物塘（好氧塘），将路面径流引入塘内得到隔油沉淀和净化处理。

3. 施工期的水环境污染防治

公路施工期间无论是施工废水，还是施工营地的生活污水，都是暂时性的，随着工程的建成其污染源也将消失。通常公路施工期的污水对水环境不会有大的影响，可采用简单、经济的处理方法。如施工营地的生活污水采用化粪池处理，施工废水设小型蒸发池收集，施工结束将这些池清理掩埋。

大桥、特大桥施工期对水环境的污染主要是向水体弃渣，向水体抛、冒、滴、漏有毒化学物品，如各类桥面防渗使用的化学材料等。在桥梁桩基采用钻孔灌注桩施工中，用以清渣护壁的泥浆往往含有多种化学成分，施工中乱排放容易对水体造成污染。防止此类污染的有效措施是加强监督管理与采用先进的施工工艺。

三、公路交通振动防治

公路交通激振引起公路两侧地面振动，会给人体、建筑、精密设备和文物等产生影响。公路交通振动的防治较为困难，根据国际、国内经验，公路交通振动防治可以采取下列措施：

1. 控制公路与敏感点的距离

振动在地面传播时，其振动强度随传播距离衰减较快。一般情况，公路交通振动传至距路边 30m 左右便不会有太大的影响，传至 50m 便可安全。对于有特殊要求的敏感点如天文台、文物古迹等，可根据相应的振动标准控制路线距这些地点的距离，这是唯一可行的措施。

在村庄附近做强振动施工时（如地基夯实、振动式压路机操作等），或爆破施工时，应对临近施工现场的民房进行监控，防止事故发生，对确受工程施工振动影响较大的民房应采取必要的补救措施。

2. 降低公路交通振动强度

（1）提高和改善路面平整度。由于路面的不平整是公路交通振动的主要激振因素，因而提高和改善路面的平整度是降低公路交通振动的主要措施。

（2）研究采用有橡胶树脂的沥青混凝土防振路面。

（3）选择合适的桥梁伸缩缝，减小车辆的冲击振动。

3. 防振沟

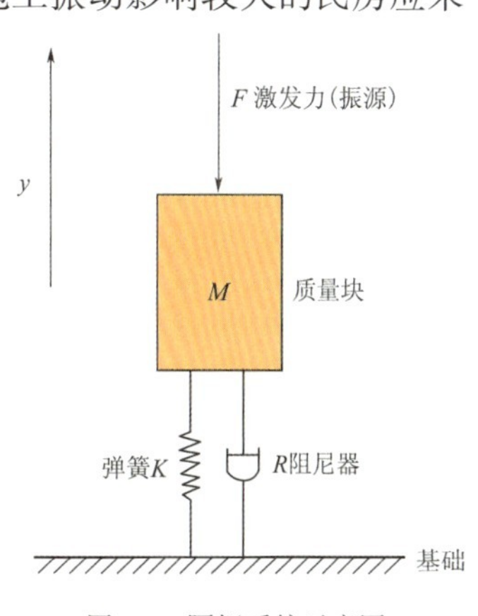

图 6-7 隔振系统示意图

一般的隔振系统由质量块、弹簧和阻尼器构成（图 6-7），以减弱振动源向基础（地基）传递振动。对于公路交通振动，一般的隔振措施显然是不可行的。

防振沟是在振动源与保护目标之间挖一道沟，以隔离地面振动的传播，所以又叫隔振沟。一般防振沟的宽度应大于60cm，沟深应为地面波波长的1/4（在低频时其波长较长，如$f=10\text{Hz}$时，波长可达数百米），因此防振沟深度应在被保护建筑物基础深度的两倍以上。为了有效地隔离公路交通振动，防振沟的长度应大于保护目标沿公路方向的长度，有时需在保护目标的周围挖一圈防振沟。防振沟内最好是不填充物体而保持空气层，但实际中较难实现，通常是填充砂砾、矿渣或其他松散的材料。须注意，防振沟内如被填充坚实，或者被灌满水将会失去隔振作用。

由上述可见，防振沟本身是一项比较艰巨的工程，因此，只有在特别需要时才采用，一般情况不宜采用。

1. 分别说出公路设计阶段、公路施工阶段、公路养护阶段中对社会环境影响控制的对策有哪些?

2. 我国有哪些水环境保护的法规?

3. 什么是公路路面径流水环境污染? 你认为应该怎样处理?

4. 公路交通振动的防治措施有哪些?

项目七
公路建设环境影响评价

学习目标

1. 明确公路建设项目环境影响评价的阶段划分；
2. 能判定公路路线方案是否存在环境制约因素；
3. 掌握环境影响识别与评价因子筛选；
4. 能准确描述环境影响评价等级与范围；
5. 能准确描述各类环境的现状调查与评价的主要内容和要求；
6. 掌握环境影响预测评价方法，能准确描述各类环境影响预测与评价的主要内容和评价结论；
7. 明确公路交通环境主要保护措施；
8. 能准确描述公路工程环境管理计划的主要内容和要求；
9. 了解环境保护投资估算的总体要求；
10. 能编制环境影响报告书。

环境影响评价制度是防止产生环境污染和生态破坏的法律措施，是贯彻环境保护“预防为主，防治结合，综合治理”方针的主要手段。其目的是通过评价，查清拟建公路项目所在地区环境质量现状，针对工程特征和污染特征，预测项目建成后对当地环境可能造成的不良影响及其范围和程度，从而制订避免污染、减少污染和防止破坏的对策，起到为主管部门提供决策依据，为设计工作制订防止措施，为环境学提供科学数据的作用。

环境质量的好坏，以对人类生活和工作，特别是对人类健康的适宜程度作为判别的标准。为了控制建设项目对环境产生新的污染，造成重大的潜在影响，必须实行建设项目环境影响评价制度。

环境影响评价在环境管理中的主要作用如下：

（1）为地区发展规划和环境管理提供科学依据；

（2）通过环境影响评价了解拟建项目所在地区的环境质量现状，预测拟建项目对环境质量可能造成的影响；

（3）针对项目对环境质量造成的不利影响，提出有效的、经济合理的防治措施，使不利影响降至最低程度。

总之，环境影响评价是正确认识经济发展、社会发展和环境之间相互关系的科学方法，是正确处理经济发展与国家整体利益和长远利益关系、强化环境规划管理的有效手段，是对经济发展和保护环境一系列重大问题做决策的依据。

公路建设项目环境影响评价工作一般分为三个阶段，如图7-1所示。

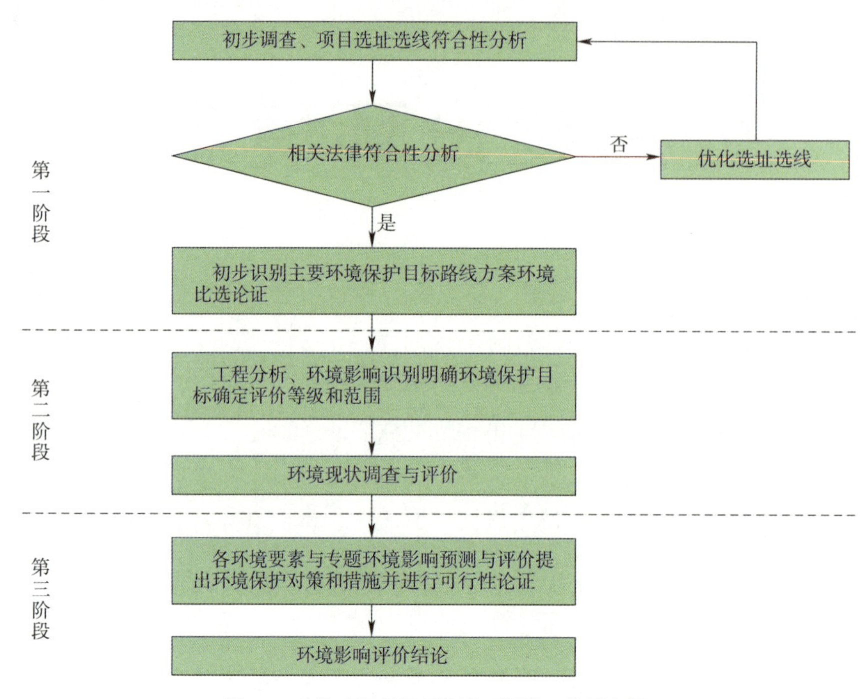

图7-1 公路建设项目环境影响评价工作程序图

第一阶段，收集建设项目工程技术文件和相关的法律法规、政策、规划、标准和技术规范等文件，开展环境现状初步调查，分析判定公路选址选线与国家和地方有关法律法规、政策要求的符合性，对纳入交通专项规划的项目，分析判定其与规划和规划环境影响评价结论及审查意见的符合性，并与国土空间规划、生态环境分区管控要求进行对照，初步识别生态、水、声等主要环境保护目标，对不同路线方案进行环境比选。

第二阶段，充分收集资料，明确工程概况，通过工程分析进行环境影响识别，筛选评价因子，明确环境保护目标，确定评价等级、评价范围和评价标准，开展环境现状调查与评价。

第三阶段，进行环境影响预测和评价，确定科学合理可行的工程方案，提出预防或减缓不利环境影响的对策和措施，制订相应的环境管理和监测计划，给出环境影响评价结论。

环境影响评价不但具有工程技术性，而且具有很强的政策性，所以开展这项工作时，从选址选线、工程分析、环境影响识别、评价等级、评价范围和评价标准的确定，到环境现状调查与评价、环境影响预测和评价，再到环境保护对策和措施的可行性论证以及评价结论，都应以严肃认真的科学态度进行。

任务一 环境影响识别

公路项目一般为大型建设项目，每个公路项目因其工程性质（如城市道路，高速公路，一、二级公路，大桥）和所在地区（如平原、山区）的不同，对环境影响的种类和程度有差别。因此，对某个公路项目进行环境影响评价时，在项目工程分析和所在地区环境分析的基础上，应对项目可能产生的潜在环境问题，即环境影响因子进行分析识别，以便进行环境影响评价因子筛选。

在进行环境影响识别阶段列出建设项目的直接和间接行为，结合建设项目所在区域发展规划、环境保护规划、环境功能区划、生态功能区划及环境现状，分析可能受上述行为影响的环境影响因素。

一、工程概况

（一）选址选线方案环境比选

概述公路建设项目整体选址选线涉及的主要环境敏感区和法规政策、规划符合性判定情况，说明与生态优先、节约集约、绿色低碳发展要求的符合性。

公路建设项目整体选址选线应充分考虑生态环境保护要求，尽可能避让生态保护红线等环境保护目标；对具备工程可行性的整体比选方案，应从生态环境影响方面进行比选，给出比选结论。

（二）工程内容

（1）工程基本情况：概述工程名称、建设性质、建设地点（所在省、市、县级行政区）、路线走向、公路技术等级、建设里程、计划建设起止时间和工程投资，给出工程组成与主要工程量一览表和地理位置图。

（2）主要技术标准：说明公路技术等级、车道数、设计速度及路基宽度等，列表给出设计采用的平纵曲线参数、设计洪水频率、设计荷载等主要技术指标。主线、连接线或分段采用不同设计标准的应分别说明。

（3）路线方案：说明路线走向、主要控制点等，给出路线平纵面缩图。

（4）主要工程技术方案：

①路基、路面。

说明主线、连接线等不同路段的路基宽度及路幅划分情况，给出路基标准横断面图；说明路面类型与结构；说明路基防护与路基、路面排水措施；给出高路堤和深路堑路段一览表，列出各路段起讫桩号、长度、平均填高（挖深）、最大填高（挖深）、防护与排水工程等。

②桥梁、涵洞。

说明特大、大、中、小等各型桥梁设置情况，给出主要桥梁一览表，列出桥梁位置桩号、桥跨布设、长度、下部结构与基础形式、通航净空（有通航要求时需明确）、涉水桥墩数量和对应水体名称等；对于跨越大江、大河、重要湖泊等的特殊结构桥梁，还应具体说明桥梁结构形式、桥塔或锚碇的基础部分的设计方案，并明确涉水工程等情况。说明涵洞形式与数量。

③路线交叉。

说明互通立交设置情况，给出互通立交一览表，列出互通立交的位置桩号、被交路名称与等级、互通形式、占地面积与土地利用类型等；说明分离立交、平面交叉及通道、天桥设置情况；对于评价范围内有声环境保护目标的分离立交或平面交叉，应列表说明被交路名称、等级、交叉方式（上跨、下穿、平交）及交叉区环境保护目标等；对于工程设置的野生动物通道，应列表说明位置桩号、净空尺寸、通道形式及目标物种等。

④隧道。

说明特长、长、中、短等隧道设置情况，给出隧道一览表，列出各隧道起讫桩号、长度洞门形式、通风方式等；对于设有施工导洞或通风斜井、竖井等的特长隧道，还应明确导洞、斜井、竖井出口的位置和形式。

⑤沿线设施。

说明管理中心、服务区、停车区、收费站、养护工区、桥（隧）管理站等设置情况，给出沿线设施一览表，列出各设施站点名称、位置桩号、常驻人员数量、占地面积与土地利用类型等；明确服务区、停车区的主要服务功能。

（5）工程占地及拆迁改移情况：

①说明工程永久占地和临时用地情况，分别给出永久占地和临时用地的面积与土地利用类型。

②说明工程建设引起的房屋建筑拆迁情况。

③说明工程建设引起的道路、河渠沟道改移情况。

（6）工程土石方情况：说明工程土石方挖、填、借、弃方数量，给出土石方平衡表或土石方平衡框图；说明表土剥离、利用情况。

（7）取土（料）场和弃土（渣）场：

①说明取土场、自采砂石料场设置情况，给出取土（料）场一览表，列出各取土（料）场的名称或编号、位置（或上路桩号及方位、距离）、用地面积与土地利用类型、计划取土（料）量、取土（料）方式（平地下挖、削坡取料、岗丘取平等）等。

②说明弃土（渣）场设置情况，给出弃土（渣）场一览表，列出各弃土（渣）场的名称或编号、位置（或上路桩号及方位、距离）、用地面积与土地利用类型、弃土（渣）容量及计划弃土（渣）量、弃土（渣）场类型（凹地型、平地型、坡地型或沟道型）。

③说明外购筑路材料情况，给出外购土（砂石）料场一览表，列出各料场名称、材料类别、位置（或上路桩号及方位、距离）等；涉及大宗固废作为筑路材料的，应列表说明固废来源、种类、数量等信息。

（三）施工组织与施工方案

（1）说明工程总体施工方案，明确各工程组成的工期安排。

（2）说明施工生产生活区设置情况，给出一览表，列出各场地位置（或桩号及方位、距离）、场地功能类别、用地方式（临时租用土地、利用永久占地等）、用地面积与土地利用类型等。

（3）说明新建施工便道（桥）情况，给出长度、宽度、用地面积与土地利用类型等。

（4）说明重点工程组成部分、构造物的施工工艺、方法。

（四）预测交通量

根据工程可行性研究报告或设计文件，分别选取运营第1、7和15年作为运营近、中、远期的代表年份，并分路段（包括主线各区间、连接线等）列出各代表年份的相对交通量预测值；说明运营期车型比、昼间系数等参数。

交通量换算可根据工程可行性研究或设计文件提供的标准小客车按照不同折算系数分别换算成大、中、小型车，车型及车辆折算系数应按表7-1的相关规定执行。

车型分类及车辆折算系数表 表7-1

车型	汽车代表车型	车辆折算系数	车辆划分标准
小	小汽车	1.0	座位≤19座的客车和载质量≤2t货车
中	中型车	1.5	座位>19座的客车和2t<载质量≤7t货车
大	大型车	2.5	7t<载质量≤20t货车
	汽车列车	4.0	载质量>20t的货车

按上表规定的代表车型车辆折算系数，分路段给出各代表年份的绝对交通量总量以及大、中、小型车的绝对交通量。对于专用公路，还应给出与环境影响有关的其他交通量特征参数。

二、工程分析

（一）基本要求

工程分析包括政策与规划符合性分析、工程环境影响分析和环境污染源强分析等内容。工程分析应涵盖工程施工期和运营期。改扩建公路建设项目还应说明既有公路的生态环境保护措施实施情况、污染物排放及达标情况，以及存在的需要“以新带老”解决的生态环境问题等。

工程分析可采用类比分析法、实测法、查阅参考资料分析法等。

（二）政策与规划符合性分析

工程选址选线、建设方案与国家和地方相关法律法规、标准、政策等的符合性，对纳入交通专项规划的项目，分析判定其与规划和环境影响评价结论及审查意见的符合性，并与生态环境分区管控要求进行对照分析。

（三）工程环境影响分析

（1）施工期环境影响分析。分析路基路面、桥涵、隧道等主体工程施工影响，施工场地、营地、便道等临时工程施工影响，环境敏感路段施工作业对环境保护目标的影响等。

（2）运营期环境影响分析。分析交通噪声对沿线环境保护目标的影响，服务区等沿线设施污水、大气污染物以及固废排放影响，危险化学品运输车辆事故污染影响等。

（四）生态影响因素分析

（1）施工期生态影响分析。分析路基、路面、桥梁、涵洞、隧道等主体工程和施工生产生活区、施工便道及取土（料）场、弃土（渣）场等造成的生态影响，重点关注各类施工行为对野生保护动、植物及其生境的占压、惊扰、伤害等不利影响。

（2）运营期生态影响分析。分析公路运营造成的生态影响，重点关注对生境破碎化和野生动物迁徙等的不利影响。

（五）污染影响因素分析

（1）施工期污染影响分析。分析施工机械、运输车辆、爆破等噪声，施工扬尘、拌和站废气、运输车辆和非道路移动机械尾气等废气，桥梁、隧道、预制厂、拌和站、钢筋加工厂等的施工废水和施工营地生活污水等污（废）水，各类弃土（渣）、施工废料、生活垃圾、危险废物等固体废物的产生及排放情况。

（2）运营期污染影响分析。分析交通噪声以及沿线设施的生活污水、废气、生活垃圾、危险废物等的产生及排放情况，危险货物运输车辆事故的环境风险等。

噪声污染源强分析包括施工机械噪声、爆破噪声和运营期交通噪声源强分析等。公路施工机械噪声源强见表7-2。

公路工程机械噪声源强表 表7-2

序号	机械类型	距离声源5m［dB（A）］	距离声源10m［dB（A）］
1	液压挖掘机	82～90	78～86
2	电动挖掘机	80～86	75～83
3	轮式装载机	90～95	85～91
4	推土机	83～88	80～85
5	移动式发电机	95～102	90～98
6	各类压路机	80～90	76～86
7	木工电锯	93～99	90～95
8	电锤	100～105	95～99
9	振动夯锤	92～100	86～94

续上表

序号	机械类型	距离声源 5m [dB (A)]	距离声源 10m [dB (A)]
10	打桩机	100 ~ 110	95 ~ 105
11	静力压桩机	70 ~ 75	68 ~ 73
12	风镐	88 ~ 92	83 ~ 87
13	混凝土输送泵	88 ~ 95	84 ~ 90
14	商混凝土搅拌车	85 ~ 90	82 ~ 84
15	混凝土振捣器	80 ~ 88	75 ~ 84
16	云石机、角磨机	90 ~ 96	84 ~ 90
17	空压机	88 ~ 92	83 ~ 88

水污染源强分析包括桥梁、隧道、施工场地等施工废水和施工营地、运营期沿线设施生活污水以及路（桥）面径流污染源强分析等。沿线设施污水量定额及污水浓度参见表 7-3 和表 7-4。

生活污水量定额 表 7-3

序号	公路沿线设施	平均日污水量（L/人）				
		一分区	二分区	三分区	四分区	五分区
1	收费站（无住宿人员）	12 ~ 40	30 ~ 45	40 ~ 65	40 ~ 70	25 ~ 40
2	服务区工作人员	95 ~ 125	100 ~ 140	110 ~ 150	120 ~ 160	100 ~ 140
3	管理中心以及收费站（有住宿人员）	95 ~ 125	100 ~ 140	110 ~ 150	120 ~ 160	100 ~ 140
4	服务区住宿人员	45 ~ 90				
5	服务区就餐人员	8 ~ 20				
6	服务区过往人员冲洗厕所	10 ~ 20				

注：第一分区：黑龙江、吉林、辽宁、内蒙古、新疆、西藏、青海；
第二分区：北京市、天津市、山东、河北、山西、陕西、宁夏、河南、甘肃；
第三分区：上海市、浙江、江苏、安徽、江西、湖北、湖南、福建；
第四分区：广东、台湾、广西、海南；
第五分区：贵州、四川、云南、重庆市。

公路沿线设施污水浓度 表 7-4

沿线设施	指标（mg/L，pH 除外）						
	pH	SS	COD	BOD5	氨氮	石油类	动植物油
管理中心、收费站等	6.5 ~ 9.0	500 ~ 600	400 ~ 500	200 ~ 250	40 ~ 140	2 ~ 10	15 ~ 40
服务区	6.5 ~ 9.0	500 ~ 600	800 ~ 1200	400 ~ 600	40 ~ 140	2 ~ 10	15 ~ 40

大气污染源强分析包括施工扬尘、废气和运营期汽车尾气及沿线设施大气污染物排放源强分析等。

固体废物源强分析包括施工弃渣、生活垃圾和运营期生活垃圾源强分析等。

三、环境影响识别与评价因子筛选

根据项目特点和区域生态环境状况，按照生态、声、地表水、地下水、大气、土壤等环境要素环境影响评价技术导则和建设项目环境风险评价技术导则识别项目在施工期、营运期可能产生环境影响的工程行为及其影响方式，判断其影响性质和影响程度。

根据项目特点与环境影响的主要特征，并结合环境功能区划、环境保护目标、评价标准、“三线一单”管控要求等筛选确定评价因子。

环境影响因子识别和评价因子筛选，对环评工作非常重要，既能抓住主要环境问题，又可及时反馈给工程设计和建设单位，针对潜在的重大环境问题采取相应的环境保护对策。

四、环境保护目标

依据环境影响识别结果，按照环境要素明确评价范围内环境保护目标，列表给出环境保护目标的名称、属性特征、与工程的空间位置关系以及环境保护要求等信息，绘制环境保护目标分布示意图。

（一）生态保护目标

生态保护目标包括评价范围内受影响的重要物种、生态敏感区以及其他需要保护的物种、种群、生物群落及生态空间等。列表给出生态保护目标的名称、与工程的位置关系、保护要求等。

（二）声环境保护目标

声环境保护目标包括评价范围内居住、科学研究、医疗卫生、文化教育、机关团体办公和社会福利等噪声敏感建筑物集中区域以及其他分散的噪声敏感建筑物。列表给出声环境保护目标的名称、所属基层行政区、人口数量、与工程的位置关系、声环境功能区划及保护要求等。

（三）地表水环境保护目标

地表水环境保护目标包括评价范围内主要河流、湖泊和水库等地表水体以及入海河口、近岸海域、地表水饮用水水源保护区、集中式饮用水水源取水口等。列表给出地表水环境保护目标的名称、与工程的位置关系、饮用水水源保护区划定情况、水环境功能区划及保护要求等。

（四）地下水环境保护目标

地下水环境保护目标包括评价范用内地下水饮用水水源保护区、饮用水取水井（泉）以及泉域等特殊地下水资源保护区等。列表给出地下水环境保护目标的名称、与工程的位置关系、饮用水水源保护区划定情况、功能区划及保护要求等。

（五）大气环境保护目标

大气环境保护目标包括主要集中式排放源（如特长隧道洞口、长隧道洞口、通风井洞口、服务区）周围200m范围内的居住区、文化区和农村地区中人群较集中的区域。列表给出大气环境保护目标的名称、所属行政区、与工程的位置关系、大气功能区划及保护要求等。

1. 在环境管理中，环境影响评价具有怎样的作用？
2. 环境影响评价工作是怎样进行的？
3. 如何判定路线方案是否存在环境制约因素？
4. 工程分析要考虑哪些因素？
5. 如何进行环境影响识别与评价因子筛选？

任务二 环境影响评价等级与范围

一、评价等级

（一）生态影响

生态影响评价应根据公路走廊带（路线中心线两侧各外延1km）的生态敏感性差异分段确定评价等级。路段评价工作等级划分原则如下。

（1）三级评价：评价范围内无野生动植物保护物种或成片原生植被，不涉及省级及以上自然保护区或风景名胜区，不涉及荒漠化地区、大中型湖泊、水库或水土流失重点治理区的路段。

（2）二级评价：评价范围内涉及荒漠化地区、大中型湖泊、水库或水土流失重点防治区，但评价范围内无野生动植物保护物种或成片原生植被，不涉及省级及以上自然保护区或风景名胜区的路段。

（3）一级评价：评价范围内涉及野生动植物保护物种或成片原生植被，或涉及省级及以上自然保护区、风景名胜区的路段。

（二）声环境

声环境评价等级按《环境影响评价技术导则　声环境》（HJ 2.4—2021）规定划分为三级，等级判定应符合下列规定。

（1）评价范围内有适用于《声环境质量标准》（GB 3096—2008）规定的0类声环境功能区域，或项目建设前后评价范围内声环境保护目标噪声级增量达5dB（A）以上［不含5dB（A）］，或受影响人口数量显著增加时，按一级评价。

（2）项目所处的声环境功能区为《声环境质量标准》（GB 3096—2008）规定的1类、2类地区，或项目建设前后评价范围内声环境保护目标噪声级增量达3～5dB（A），或受噪声影响人口数量增加较多时，按二级评价。

（3）项目所处的声环境功能区为《声环境质量标准》（GB 3096—2008）规定的3类、4类地区，或建设项目建设前后评价范围内声环境保护目标噪声级增量在3dB（A）以下［不含3dB（A）］，且受影响人口数量变化不大时，按三级评价。

（4）在确定评价等级时，如果项目符合两个等级的划分原则，按较高等级评价。

（三）地表水环境

地表水环境评价根据《环境影响评价技术导则　地表水环境》（HJ 2.3—2018）中水污染影响型建设项目判定评价等级，等级判定应符合下列规定。

（1）工程或沿线设施涉及饮用水水源保护区、集中式饮用水水源取水口、重点保护与珍稀水生生物栖息地、重要水生生物自然产卵场等保护目标时，评价等级不低于二级。

（2）当沿线设施废水排放的污染物为受纳水体超标因子时，评价等级不低于二级。

（3）仅涉及清净下水排放且排放水质满足受纳水体水环境质量标准要求的，评价等级为三级A。

（4）依托现有排放口且对外环境未新增排放污染物，评价等级为三级B。

（5）废水全部回用，不排放到外环境，评价等级为三级B。

（四）地下水环境

地下水环境评价应针对加油站场区和其他区段（除加油站以外的场站区、公路路段），根据《环境影响评价技术导则　地下水环境》（HJ 610—2016）中地下水敏感程度分级原则，分别确定评价等级。

拟新建、利用或改扩建的加油站，评价等级判定应符合如下规定。

（1）加油站场区地下水环境敏感或较敏感的，评价等级为二级。

（2）加油站场区地下水环境不敏感的，不定评价等级，可结合场区地下水环境特点进行简单分析或不做评价。

（3）有多个加油站时，应分别判定评价等级，并按相应等级分别开展评价工作。

对于工程中只是预留位置而不属于工程建设内容的加油站，无须进行评价等级判定，仅开展加油站场地选址环境合理性分析。

其他区段，无须进行评价等级判定。涉及地下水饮用水水源保护区（以公路中心线两侧各200m范围与饮用水水源保护区范围有交集为准）的，须分析、识别主要环境影响和污染源项，并提出针对性环境保护措施与要求；不涉及的，无须开展地下水环境评价。

（五）土壤环境

土壤环境仅需针对工程拟新建、利用或改扩建的加油站开展环境影响评价。除加油站以外的场站区和公路路段，以及工程中只是预留位置而不属于工程建设内容的加油站，无须开展土壤环境评价工作。

加油站设计用地四界各外延50m范围内土壤环境敏感的，评价等级为三级；较敏感或不敏感的，无须开展土壤环境影响评价。

有多个加油站时，应分别判定评价等级，并按相应等级分别开展评价工作。

（六）大气环境

大气环境评价等级根据《环境影响评价技术导则　大气环境》（HJ 2.2—2018）判定，按沿线设置的锅炉等集中式排放源排放的污染物计算评价等级。

二、评价范围

（一）生态影响

生态敏感区路段，以线路穿越段向两端外延1km、线路中心线向两侧外延1km为参考评价范围。实际确定时应结合生态敏感区主要保护对象的分布、生态学特征、项目的穿越方式、周边地形地貌等适当调整。当生态敏感区位于线路单侧时，无生态敏感区一侧评价范围可适当缩小；当主要保护对象为野生动物及其栖息地时，应在调查野生动物习性及栖息地分布的基础上确定评价范围；涉及迁徙、洄游物种时应将受工程影响的迁徙洄游通道纳入评价范围。工程以隧道穿越或桥梁跨越的方式通过生态敏感区，且在生态敏感区范围内无永久、临时占地时，评价范围可适当缩小。

一般路段，以中心线向两侧各外延300m为参考评价范围。

临时用地，以占地边界外扩200m为参考评价范围。

（二）声环境

施工期评价范围为施工场界外扩100m。

运营期评价范围一般为公路中心线两侧各200m。可根据声环境功能区类别及声环境保护目标的实际情况适当扩大或缩小，如距中心线200m处交通噪声贡献值仍不能满足相应功能区标准时，应将评价范围扩大到交通噪声贡献值满足相应功能区标准值的距离。

（三）地表水环境

跨越河流路段评价范围为跨河位置上游100m至下游1km的范围，当河流为感潮河段时，为跨河位置上下游各1km的范围；跨越湖库路段评价范围为路中心线两侧各1km的范围；涉及饮用水水源保护区、集中式饮用水水源取水口、重点保护与珍稀水生生物栖息地、重要水生生物自然产卵场等保护目标时应扩大到保护区边界或可能产生影响的范围。

项目沿线设施污水受纳水体为河流等开放性地表水水域（含灌溉渠道）时，评价范围应覆盖污染影响所及水域，一般为公路沿线设施排污口至下游1km。

项目沿线设施污水受纳水体为湖、库等封闭性水域时，评价范围为以工程沿线设施排污口为圆心、半径为1km的水域；当水域面积小于2km^{2}时为整个水域。

（四）地下水环境

1. 加油站场区调查评价范围

（1）宜将图7-2作为调查评价范围，其中 L 取200m，该范围应包含整个加油站场区；当水文地质条件较为简单且资料掌握充足时，下游方向延伸距离 L 可通过计算取溶质运移5000d的距离；当上述矩形范围超出所处水文地质单元边界时，超出侧边界应以所处水文地质单元边界为准。

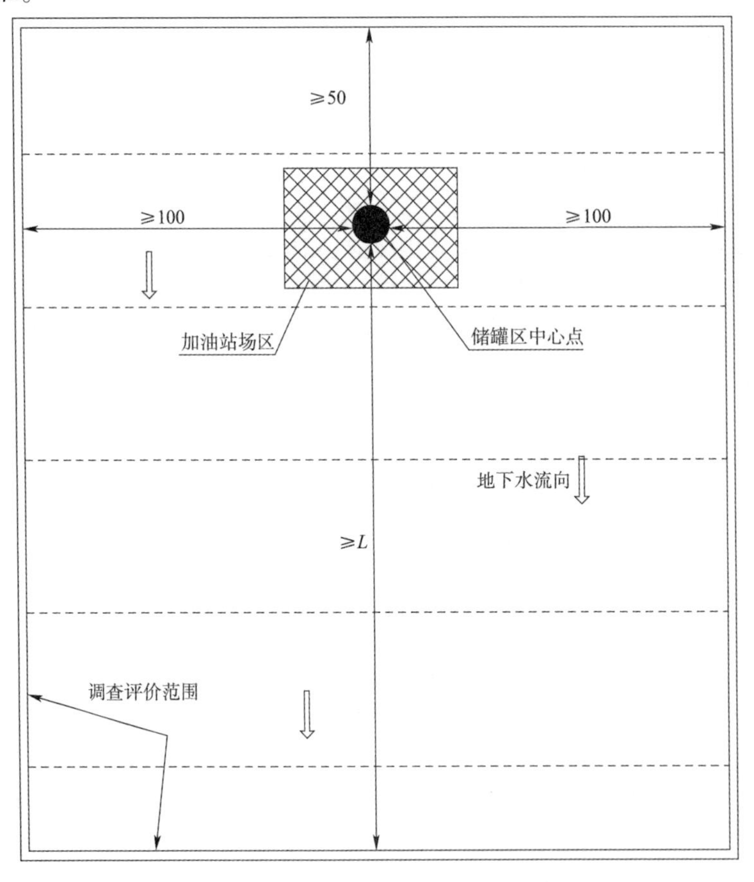

图7-2 加油站地下水环境调查评价范围示意图（尺寸单位：m）

（2）充分掌握区域水文地质情况时，可根据加油站场区水文地质条件自行确定评价范围，但须说明理由。

（3）按上述两条确定评价范围与集中式地下水饮用水水源保护区或其他特殊地下水水资源保护区范围有交叠时，应将保护区范围纳入评价范围。

2. 其他区段调查评价范围

（1）涉及地下水饮用水水源保护区时，以整个保护区范围作为调查评价范围。

（2）不涉及地下水饮用水水源保护区的，不开展评价。

(五) 土壤环境

土壤环境调查评价范围为加油站设计用地四界各外延50m以内的区域。

(六) 大气环境

一级评价项目根据建设项目排放污染物的最远影响距离 $D_{10\%}$ 确定大气环境影响评价范围。即以项目场址为中心区域，自场界外延 $D_{10\%}$ 的矩形区域作为大气环境影响评价范围。当 $D_{10\%}$ 超过25km时，确定评价范围为边长50km的矩形区域；当 $D_{10\%}$ 小于2.5km时，评价范围边长取5km。

二级评价项目大气环境影响评价范围边长取5km。

三级评价项目不需设置大气环境影响评价范围。

对于新建、迁建及飞行区扩建的枢纽及干线机场项目，评价范围还应考虑受影响的周边城市，最大取边长50km的矩形区域。

规划的大气环境影响评价范围以规划区边界为起点，外延规划项目排放污染物的最远影响距离 $D_{10\%}$ 的区域。

1. 在环境影响评价中如何划分评价等级？
2. 在环境影响评价中如何确定评价范围？

任务三 环境现状调查与评价

一、生态现状调查与评价

(一) 生态现状调查内容

1. 陆生生态现状调查主要内容

(1) 自然环境概况，包括地形地貌、气候气象、地质、水文、土壤及土地利用现状等。

(2) 重要物种及种群现状，包括重要物种的种类、分布、生态学特征和种群现状、古树名木的种类及分布。

(3) 生物群落特征，包括植物区系、植被类型；植物群落结构、演替规律、关键种、建群种、优势种；动物区系、物种组成及分布特征。

(4) 生态功能区划，生态系统的类型、面积及空间分布。

2. 水生生态现状调查主要内容

(1) 水生生境应调查水域形态结构、水文情势、水体理化性状和底质等。

（2）水生生物应调查重要物种的分布、生态学特征和种群现状等。

（3）鱼类等重要水生动物应调查种类组成、种群结构、渔业资源时空分布等。

3. 生态敏感区现状调查主要内容

（1）法定生态保护区域的保护对象、功能区划、保护要求及相关规划，包括国家公园、自然保护区、自然公园、世界自然遗产、生态保护红线等。

（2）重要生境的分布及现状，包括重要物种的天然集中分布区、栖息地，重要水生生物的自然产卵场、索饵场、越冬场和洄游通道，天然渔场，迁徙鸟类的重要繁殖地、停歇地、越冬地以及野生动物迁徙通道等。

（3）其他具有重要生态功能、对保护生物多样性具有重要意义区域分布及现状。

（4）涉及生态敏感区的路段，应详细调查用地范围和评价范围内生态保护目标的种类、分布及保护要求，生态敏感区及保护目标与工程的空间位置关系，生态敏感区内工程组成、施工与运营特征等。

4. 区域存在的主要生态问题调查主要内容

（1）水土流失、沙漠化、石漠化、盐渍化、生物入侵和污染危害等。

（2）现存对生态保护目标产生不利影响的干扰因素等。

应调查工程永久和临时用地范围内生态保护目标的分布情况。

改扩建和分期实施的项目应调查既有工程或已实施工程的生态影响及已采取的生态保护措施。

（二）生态现状调查要求

生态现状调查包括区域性调查和评价范围内调查。区域性调查范围应大于评价范围；调查宜充分利用既有资料，资料时限宜在5年以内，用于回顾或趋势分析的资料无时限要求；当既有资料不满足评价要求时应开展现场调查。评价范围内应开展现场调查。现场调查应符合下列规定。

（1）应选择能够反映全线生态现状的代表性路段进行实地调查，其中评价等级为二级及以上的路段均应实地调查，评价等级为三级的路段应通过必要的实地或遥感调查对既有资料进行校核。

（2）应结合调查对象、调查范围、调查时限、环境特征和工程特点等实际情况选择合适的调查方法。

（3）设置样方调查植被现状时，宜按群落类型合理设置样方数量并根据群落特征合理设定样方的位置和面积；评价等级为一级的路段每类群落设置样方不少于5个，评价等级为二级的路段每类群落设置样方不少于3个；调查宜选择在植物生长旺盛季节。

（4）设置样线调查野生动物现状时，宜按生境类型合理设置样线数量并根据野生动物习性合理设定样线的位置和长度；评价等级为一级的路段每类生境设置样线不小于5条，评价等级为二级的路段每类生境设置样线不少于3条；一级评价应获得近1～2个完整年度不同季节的现状资料，二级评价宜获得繁殖期、越冬期、迁徙期等关键活动期的现状资料。

（5）水生生态现状调查，宜按水域类型合理设置调查点位或断面的数量并根据水域特征合理布设点位或断面的位置；评价等级为一级的路段应至少开展丰水期、枯水期（河流、湖库）或春季、秋季（入海河口、海域）两期（季）调查；评价等级为二级的路段应至少获得一期（季）调查资料；涉及显著改变水文情势的路段应增加调查频次；鱼类调查应包括主要繁殖期。

（6）生态敏感区内的现场调查应符合敏感区保护和管理要求。

（7）应编制样方、样线、点位、断面等布设图。

生态现状调查还应考虑生物多样性保护的要求。

（三）生态现状评价内容及要求

一级、二级评价应根据现状调查结果选择以下全部或部分内容开展评价。

（1）根据土地利用现状调查结果，编制土地利用现状图，统计评价范围内的土地利用类型及面积。

（2）根据物种及生境现状调查结果，分析评价范围内的物种分布特点、重要物种的种群现状以及生境的质量、连通性、破碎化程度等，编制重要物种、重要生境分布图和物种迁徙、洄游路线图；涉及国家重点保护野生动植物、极危物种、濒危物种的，可通过模型模拟物种适宜生境分布并编制物种适宜生境分布图。

（3）根据植被和植物群落现状调查结果，编制植被类型图，统计评价范围内的植被类型及面积；可采用植被覆盖度等指标分析植被现状，编制植被覆盖度空间分布图。

（4）根据生态系统现状调查结果，编制生态系统类型分布图，统计评价范围内的生态系统类型及面积；结合区域生态问题调查结果，分析评价范围内的生态系统结构与功能状况以及总体变化趋势；涉及陆地生态系统的，可采用生物量、生产力、生态系统服务功能等指标开展评价；涉及河流、湖泊、湿地生态系统的，可采用生物完整性指数等指标开展评价。

（5）涉及生态敏感区的路段，应分析敏感区生态现状、保护现状和存在的问题；统计分析工程用地范围和评价范围内生态保护目标的种类、分布及保护要求，编制生态敏感区及其主要保护对象、功能分区与工程位置关系图。

（6）可采用物种丰富度、香农－威纳多样性指数、匹娄（Pielou）均匀度指数、辛普森（Simpson）优势度指数等对评价范围内的物种多样性进行评价。

三级评价可采用定性描述或面积、比例等定量指标，对评价范围内的土地利用现状、植被现状、野生动植物现状等进行分析，编制土地利用现状图、植被类型图、生态保护目标空间分布图等图件。

改扩建和分期实施的项目，应对既有工程或已实施工程的生态影响及已采取的生态保护措施的有效性和存在问题进行评价。

二、声环境现状调查与评价

（一）声环境现状调查

（1）调查应覆盖评价范围内建成区声环境保护目标和已获规划部门审批的拟建、在建声环境保护目标。

（2）应详细调查评价范围内声环境保护目标的名称、所属行政区、所在路段、里程范围、线路形式（路基、桥梁）、方位（路左、路右、正对、侧对）、声环境保护目标预测点与路面高差、距路边界距离、距路中心线距离、不同功能区户数，及声环境保护目标情况（建筑结构、朝向、楼层、周围环境情况），并列表说明。对于改、扩建项目，还应给出改、扩建前后与公路相对位置关系（如公路红线）变化情况。

（3）说明评价范围内主要噪声源种类、数量和分布情况。

（二）声环境现状监测

根据确定的评价工作等级的要求，对评价范围内的声环境保护目标进行布点监测，分析现状噪声源的影响，评价声环境质量现状。

1. 监测布点要求

（1）选取具有代表性的声环境保护目标布设监测点位，学校、医院等均应进行实测。

（2）声环境保护目标环境状况相似时可选择一定数量的代表性点位进行实测：一级评价监测点比率不少于30%；二级评价监测点比率不少于20%；三级评价监测点比率不做具体要求，可引用符合要求的已有监测数据或类比。噪声源较为复杂（如有其他道路、铁路、工厂等影响）的路段，应适当增加监测点位。

（3）当声环境保护目标为高于（含）三层的建筑且存在既有声源时，应在不同楼层布设垂直断面监测点。

（4）对受既有公路、铁路噪声影响的声环境保护目标，应在不同的声环境功能区布点监测。

（5）改、扩建项目应对不同路段分别监测受现有工程影响的环境噪声现状值和大于拟扩建工程边界200m外不受现有工程交通噪声影响的环境噪声背景值。同时，还应布设必要的交通噪声监测断面和24h交通噪声连续监测点位，并同步进行交通量等相关参数的记录。

（6）对声环境现状非稳态地区，必要时宜进行24h连续监测。

2. 监测方法与频次

（1）监测方法：传声器所置位置选择在敏感点建筑物外，距墙壁或窗户1m处，距地面（或楼层地面）高度1.2m以上。具体要求按《声环境质量标准》（GB 3096—2008）的规定执行。

（2）监测频次：监测2d，每天昼、夜各监测1次。

3. 测量量与评价量

（1）测量量为L_{Aeq}、L_{10}、L_{50}、L_{90}、L_{max}。

L_{Aeq}——指在规定测量时间内A声级的能量平均值；

L_{10}——在测量时间内有10%的时间A声级超过的值，相当于噪声的平均峰值；

L_{50}——在测量时间内有50%的时间A声级超过的值，相当于噪声的平均中值；

L_{90}——在测量时间内有90%的时间A声级超过的值，相当于噪声的平均本底值；

L_{max}——在规定的测量时间段内或对某一独立噪声事件，测得的A声级最大值，单位dB（A）。

（2）评价量为 L_{Aeq}。

（三）声环境现状评价

（1）根据现状噪声监测结果或监测资料，对照评价标准，评价不同声环境功能区敏感点超、达标情况，对超标的敏感点应说明超标原因。

（2）确定对声环境保护目标进行运营期声环境影响预测时需叠加的背景噪声值（可取平均值），并说明取值依据。

三、地表水环境现状调查与评价

（一）地表水环境现状调查

地表水环境保护目标调查包括名称、与路线相对位置关系、水体环境功能、使用功能、规模、服务范围（对象）、开发利用现状及规划、环境质量现状及存在的环境问题等。

收集地表水环境保护目标的常规水文资料和调查范围内水域的常规水质监测资料，绘制水系分布图。调查受纳水体的水系构成、水环境功能区划、使用功能、限制排污总量等环境质量管理要求。

调查尽量利用现有近 3 年内的资料。现状调查资料应保证来源的可靠性、时效性，必要时应核实基础数据和资料。

改、扩建项目还应调查改建前沿线设施的污水排放量、既有水质监测资料、污水排放去向、受纳水体环境功能区划。

（二）地表水环境现状监测

当评价范围内污水受纳水体无常规水质监测资料或资料不完整时，应对其水质进行现状监测，监测因子与评价因子相同。

取样断面、取样点的选择及监测频率应符合《环境影响评价技术导则　地表水环境》（HJ 2.3—2018）的有关规定。水样分析方法应符合《地表水环境质量标准》（GB 3838—2002）的规定。

改、扩建项目，当既有水质监测资料不能全面反映污水排放状况时，应实测污水排放量和污水水质。采样频率和水样分析方法应符合《污水综合排放标准》（GB 8978—1996）的规定。

（三）地表水环境现状评价

根据水环境现状资料，对水环境保护目标、水环境功能区等进行水质达标状况评价。

现状评价结果应明确环境保护目标主要地表水环境问题、水体的污染程度、主要污染因子、主要污染时段、水体的主要污染区域、主要水污染源及其分布等。

改、扩建项目，应对既有污水排放的达标现状进行评价，对既有污水处理设施处理效果和处理能力进行评述。

四、地下水环境现状调查与评价

（一）地下水环境现状调查

加油站场区地下水环境敏感或较敏感的，应根据区域水文地质条件复杂程度及确定的评价范围开展调查，主要包含以下内容。

（1）包气带及含水层岩性、分布、结构、厚度及渗透系数，隔水层岩性、厚度、渗透特征等。

（2）地下水类型及补给、径流、排泄条件。

（3）地下水水位、水质状况。

（4）地下水水源保护区划分情况及水井分布、井深、供水量等。

（5）泉的成因与出露位置、水质、水量及利用情况。

（6）非本项目相关的其他石油类污染源相关情况。

（7）拟继续利用或改扩建的既有加油站，还应重点针对加油站地下储罐区，开展包气带污染现状及地下水影响情况调查。

加油站场区地下水环境不敏感的，只需调查上述（2）款内容。

其他区段，应重点针对可能穿越的集中式饮用水水源地开展调查，调查内容包括饮用水源保护区划分、水井分布、井深、供水量，以及相关的地下水类型和补给、径流、排泄条件等情况。

（二）地下水环境现状监测

加油站场区评价范围水质现状监测原则上应按《环境影响评价技术导则　地下水环境》（HJ 610—2016）规定执行，并应遵守以下原则和要求。

（1）充分利用评价范围内的既有有效监测数据（包括例行监测数据或其他工作事项监测数据，在评价区未新增石油类污染源的前提下以36个月内数据为有效数据）。利用的既有监测数据，应明确监测点位置、取样含水层及取样时间。

（2）既有有效数据不足时，应补充监测。补充监测时，应充分利用评价范围内现有的井、泉或常规监测点进行监测布点，特别必要时再新增钻孔测点。

（3）既有有效监测数据、现有井（泉、常规监测点）和新增钻孔测点所获得的监测数据，均可同等效力作为项目现状监测数据使用，并以能反映加油站场区上、下游潜水层和可能受影响的其他含水层水质现状为数据充分性判据。

（4）地下水背景水质监测因子应包括pH、总硬度、溶解性总固体、耗氧量、氨氮、亚硝酸盐、硝酸盐等基本水质因子和石油类。必要时，可根据区域现状环境特征，适当增加铁、锰、汞、砷、镉、铬（六价）、铅等区域环境特征水质因子。

（5）对拟继续利用或改扩建的既有加油站可能已经造成的地下水污染的调查监测，宜增加1，2-二溴乙烷、1，2-二氯乙烷、苯、甲苯、乙苯、邻二甲苯、间（对）二甲苯、甲基叔丁基醚等特征污染因子。

（6）监测取样与分析方法按《地下水环境监测技术规范》（HJ 164—2020）和《地块土

壤和地下水中挥发性有机物采样技术导则》(HJ 1019—2019) 执行。

充分利用区域水文地质资料、本工程地勘数据，分析、推演评价范围地下水流向、水力坡度等水文特征。必要时，可利用评价范围既有井（泉）了解地下水水位，无须开展专门的环境水文地质勘查工作。

其他区段，无须开展地下水环境现状监测。涉及集中式饮用水水源地的，可调取水源地例行监测数据说明区域地下水水质现状情况。

(三) 地下水环境现状评价

属于《地下水质量标准》(GB/T 14848—2017) 水质指标的评价因子，应按其规定的水质分类标准值进行评价；对于不属于《地下水质量标准》(GB/T 14848—2017) 水质指标的评价因子，参照《地表水环境质量标准》(GB 3838—2002) 进行评价；应采用标准指数法进行水质现状评价。对于超标的评价因子，应给出超标原因分析。

自 2001 年起，美国国家环境保护局（EPA）发布的《饮用水标准和健康建议》将甲基叔丁基醚列入污染物名录，并要求在地下水和地表水样品检测中均需将甲基叔丁基醚列为检测指标。2017 年原环境保护部发布的《加油站地下水污染防治技术指南（试行）》（环办水体函〔2017〕323 号）中规定，若加油站位于地下水饮用水水源保护区和准保护区，则地下水中甲基叔丁基醚的控制和治理目标采用《美国饮用水健康建议值》中的标准，为 0. 02mg/L。

拟继续利用或改扩建的既有加油站，评价区地下水环境敏感或较敏感的，应根据现状调查分析包气带污染状况，识别、提出应“以新带老”解决的环境问题。

五、土壤环境现状调查与评价

(一) 土壤环境现状调查

土壤环境现状调查应重点针对评价范围内敏感地块调查以下内容。

(1) 土地利用类型及土壤质地、重度、孔隙度等重要特性指标。

(2) 其他石油类污染源及其特征数据。

(3) 对于拟继续利用或改扩建的既有加油站，应调查现有工程采取的环境保护措施，并结合地下水调查与监测情况，调查加油站场区附近土壤污染现状。无须开展地下水调查与监测的既有加油站，也不再开展专门的土壤污染状况调查。

(二) 土壤环境现状监测

评价范围内的农用地类，无须开展现状监测。

评价范围内的居住、学校、医院等敏感类建设用地，应按地块用途不同分别取样监测，以掌握其土壤环境背景特征。土壤环境监测应按如下规定执行。

(1) 监测因子宜选择石油烃（C10-C40）和多环芳烃、卤代烃类指标。

(2) 监测对象为表层土壤。

(3) 现场采样按《地块土壤和地下水中挥发性有机物采样技术导则》(HJ 1019—2019) 执行，取样应避开可能受同类污染源或其他人为污染的区域。

（三）土壤环境现状评价

评价区土壤环境质量现状评价

（1）以《土壤环境质量 建设用地土壤污染风险管控标准（试行）》（GB 36600—2018）中相应类别土地的筛选值作为评价标准限值。

（2）采用标准指数法进行评价，明确土壤环境质量达标与否的结论。超标的，说明超标倍数，并分析超标原因。

（3）农用地土壤环境质量现状可依据收集到的数据资料进行评价，或不进行现状评价。

拟继续利用或改扩建的既有加油站，应结合地下水调查与监测情况，分析、评价加油站对土壤环境的影响情况，识别并提出需“以新带老”解决的环境问题。

六、大气环境现状调查与评价

（一）大气环境现状调查

（1）调查项目所在区域环境空气质量情况，按照《环境影响评价技术导则 大气环境》（HJ 2.2—2018）的相关规定开展。

（2）改扩建项目还应调查改建前沿线设施既有集中式排放源的情况。

（二）大气环境现状监测

当既有监测数据不能满足《环境影响评价技术导则 大气环境》（HJ 2.2—2018）规定的评价要求时，应按照该规范的相关规定进行补充监测。根据监测因子的污染特征，选择污染较重的季节进行现状监测。补充监测应至少取得7d有效。

对于部分无法进行连续监测的其他污染物，可监测其一次空气质量浓度，监测时次应满足所用评价标准的取值时间要求。

以近20年统计的当地主导风向为轴向，在厂址及主导风向下风向5km范围内设置1~2个监测点。如需在一类区进行补充监测，监测点应设置在不受人为活动影响的区域。

监测方法应选择符合监测因子对应环境质量标准或参考标准所推荐的监测方法，并在评价报告中注明。

（三）大气环境现状评价

对评价范围内环境空气保护目标的功能划分、大气环境质量现状、现有污染源情况等进行评价分析，评价方法按照《环境影响评价技术导则 大气环境》（HJ 2.2—2018）进行确定。

1. 项目所在区域达标判断

城市环境空气质量达标情况评价指标为SO_2、NO_2、PM_{10}、$PM_{2.5}$、CO和O_3，六项污染物全部达标即为城市环境空气质量达标。

根据国家或地方生态环境主管部门公开发布的城市环境空气质量达标情况，判断项目所在区域是否属于达标区。如项目评价范围涉及多个行政区（县级或以上，下同），须分别评价各行政区的达标情况，若存在不达标行政区，则判定项目所在评价区域为不达标区。

国家或地方生态环境主管部门未发布城市环境空气质量达标情况的，可按照《环境空气质量评价技术规范（试行）》（HJ 663—2013）中各评价项目的年评价指标进行判定。年评价指标中的年均浓度和相应百分位数24h平均或8h平均质量浓度满足《环境空气质量标准》（GB 3095—2012）中浓度限值要求的即为达标。

2. 各污染物的环境质量现状评价

长期监测数据的现状评价内容，按《环境空气质量评价技术规范（试行）》（HJ 663—2013）中的统计方法对各污染物的年评价指标进行环境质量现状评价。对于超标的污染物，计算其超标倍数和超标率。

补充监测数据的现状评价内容，分别对各监测点位不同污染物的短期浓度进行环境质量现状评价。对于超标的污染物，计算其超标倍数和超标率。

1. 什么是环境质量现状评价？
2. 环境质量现状评价的内容是什么？
3. 简述环境质量现状评价的程序。

任务四 环境影响预测与评价

一、环境影响预测与评价方法

环境影响预测与评价常用的方法，是将环境污染物的监测值（或预测值）与评价标准容许值进行比较，由是否超出标准值及超出量的大小作出评价结论。为了更加直观、定量地对环境质量进行评价，世界各国对噪声、水质、空气和土壤等环境质量规定了评价方法。下面就我国环境质量评价中常用的评价方法及其指标做简要介绍。世界各国环境影响预测评价的方法较多，公路项目环境影响预测与评价常用的有数学模型预测法、类比调查法和图形叠置法等。

（一）数学模型预测法

数学模型预测法是人们熟知的应用最广泛的一种预测方法。在公路项目环境影响评价中交通噪声级预测、环境空气污染物浓度预测、水质污染物浓度预测和土壤侵蚀量预测等，都采用数学模型预测法，有关数学模型及模型中各项参数的取值请查阅有关资料，这里不赘述。在各种参数或资料具备的条件下，采用数学模型预测较为方便，结果亦较准确。

（二）类比调查法

当缺乏必要的参数资料且获取它们又有困难时，常用类比调查法来预测评价拟建项目对环境的影响，该方法因简单直观而为广大环境科学工作者所青睐。采用类比调查法必须选择恰当的类比原型，选择类比原型应符合下列原则。

（1）类比公路与拟建公路的等级、路面类型相同。

（2）类比公路与拟建公路的交通量和平均行车速度相近。

（3）类比公路与拟建公路在同一个地区。

（4）类比公路的环境监测点位，应选择与拟建公路环境影响预测路段的环境相似。

（三）图形叠置法

图形叠置法由麦克哈格（Mcharg）于1968年提出。该方法首先将研究地区分成若干个地理单元在每个单元中通过各种手段获取有关环境因素的资料，利用这些资料为每个环境因素绘出一幅环境图，这样可绘出一系列环境图。然后把这些图衬于整个地区的基本地图之上，做出地区的环境复合图。通过对该图的综合分析，就可对土地利用的适用程度和工程建设的可能性等做出评价，并采用颜色、阴影的深浅等形象地表示工程项目对地区环境影响的大小。

该方法使用简便，但不能对影响做出确切的定量表示。它主要用于预测评价和表达某一地区适合开发的项目及其程度，对环境影响的范围（如确定洪水泛滥的范围）、公路选线以及景观环境影响等评价。

二、生态影响预测与评价

生态影响预测与评价内容应与现状评价内容相对应，根据建设项目特点、区域生物多样性保护要求以及生态系统功能等选择评价预测指标。且应预测评价工程施工和运营对沿线生态保护目标的不利影响，当影响不可接受时应给出方案或工程环境影响不可行的结论。

公路这类线性工程应对植物群落及植被覆盖度变化、重要物种的活动、分布及重要生境变化、生境连通性及破碎化程度变化、生物多样性变化等开展重点预测与评价。

评价等级为一级和二级的路段，预测与评价包括但不限于以下内容。

（1）对沿线土地利用的影响，包括占地对沿线土地资源特别是耕地、园地、永久基本农田、基本草原和农业生产的影响，工程永久占地和临时用地环境合理性及节约集约用地分析等。

（2）对沿线植被和植物资源的影响，包括对群落的物种组成、结构和植被覆盖度的影响，对天然林、公益林的影响，对野生植物特别是重要物种和古树名木的影响等。

（3）对沿线动物资源的影响，包括对野生动物特别是重要物种的活动、分布的影响，施工活动和运营交通噪声、行车灯光等对重要物种的影响，工程施工和运营对迁徙洄游物种的阻隔影响，对鱼类等重要水生生物的种类组成、种群结构、资源时空分布的影响等。

（4）对重要生境质量、连通性及破碎化的影响，包括对重点保护野生动物栖息地的影响，对迁徙鸟类的重要繁殖地、停歇地、越冬地和野生动物迁徙通道的影响；对重点保护野生植物生长繁殖地的影响；对重要水生生物的自然产卵场、索饵场、越冬场和洄游通道的影响，对天然渔场的影响等。

（5）涉及法定生态保护区域的路段，应开展避让保护区域的方案比选论证，结合保护区的类型、功能定位、管理目标、功能区划、保护要求以及保护对象的生态特征，综合评价工程的生态影响范围和程度。

（6）对沿线生态系统的影响，通过统计分析工程占用各类生态系统的面积及比例，结合生物量、生产力、生态系统功能等指标的变化情况预测分析工程对生态系统的影响。

（7）结合工程施工和运营引入外来物种的主要途径、物种生物学特性以及区域生态环境特点，参考《外来物种环境风险评估技术导则》（HJ 624—2011）分析工程实施可能导致外来物种造成生态危害的风险。

（8）结合物种、生境以及生态系统变化情况，分析工程对所在区域生物多样性的影响；分析工程通过时间或空间的累积作用方式产生的生态影响，如生境丧失、退化及破碎化、生态系统退化、生物多样性下降等。

（9）当工程涉及海洋时，应评价对海洋生态环境的影响，对重要物种的活动、分布及重要生境变化、海洋生物资源变化、生物入侵风险以及典型海洋生态系统的结构和功能变化、生物多样性变化等开展重点预测与评价。

评价等级为三级的路段可采用图形叠置法、生态机理分析法、类比分析法等预测分析工程对土地利用、植被、野生动植物等的影响。

当工程通过土壤、地下水、地表水等环境要素间接影响生态保护目标时，应对保护目标进行影响评价，如：隧道工程导致地下水自然流态发生改变时，应评价对地表植被的影响。改扩建项目，应评价项目实施后既有生态环境影响的变化情况。

三、声环境影响预测与评价

建设项目评价范围内声环境保护目标和建设项目厂界（场界、边界）应作为预测点和评价点。声环境应按施工期和运营期分别进行评价。施工期应对施工场界噪声和场界外声环境保护目标的影响进行评价，运营期应对路段交通噪声污染和声环境保护目标的影响进行评价。

（一）评价时段

施工期评价时段应贯穿全部施工阶段。运营期评价时段应选取公路投入运营后第 1 年、第 7 年和第 15 年，分别代表运营近期、中期和远期进行评价。

（二）施工期声环境影响预测与评价

施工期声环境影响预测与评价应重点评价施工机械噪声对场界外声环境保护目标的影响。隧道洞口附近有声环境保护目标分布时还应分析隧道爆破施工作业对声环境保护目标的影响。

可采用类比测量或资料调查方法，确定各施工机械的噪声源。施工机械噪声源强可参照《环境噪声与振动控制工程技术导则》（HJ 2034—2013）执行。施工机械均按点声源计，其对环境保护目标的影响按公式（7-1）计算。

$$L_i = L_0 - 20\lg\frac{R_i}{R_0} - \Delta L \tag{7-1}$$

式中：L_i——R_i处的设备噪声级，dB（A）；

L_0——R_0处的设备噪声级，dB（A）；

ΔL——障碍物、植被、空气等产生的附加衰减量，dB（A）。

对于多台施工机械对某个敏感点的影响，应进行声级叠加，按公式（7-2）计算。

$$L_i = 10\lg \sum 10^{0.1 l_i} \tag{7-2}$$

对照《建筑施工场界环境噪声排放标准》（GB 12523—2011），根据施工期声环境影响评价结果，可提出优化施工机械、施工场地布局、施工作业时间、施工方案、施工进度以及设置临时声屏障等噪声防治措施。

（三）运营期声环境影响预测与评价

1. 预测评价内容

（1）路段交通噪声预测。预测各路段在运营近、中、远期的昼间和夜间交通噪声贡献值。当车道数≤4时，预测距离分别取距公路中心线20m、30m、40m、50m、60m、80m、100m、120m、160m和200m；当车道数>4时，预测距离分别取距公路中心线30m、40m、60m、80m、100m、120m、160m和200m。

（2）声环境保护目标环境噪声预测。预测全部声环境保护目标在不同评价时段、不同声环境功能区，昼间和夜间的交通噪声贡献值及与背景噪声值叠加后的环境噪声值。当敏感点为高于（含）三层建筑时，应区分楼层进行预测。

2. 工程参数

（1）明确公路（或城市道路）建设项目各路段的工程内容，路面的结构、材料、标高等参数；明确公路（或城市道路）建设项目各路段昼间和夜间各类型车辆的比例、车流量、车速。

（2）声源参数。按照表7-1中大、中、小车型的分类，利用相关模型计算各类型车的声源源强，也可通过类比测量进行修正。

（3）声环境保护目标参数。根据现场实际调查，给出公路（或城市道路）建设项目沿线声环境保护目标的分布情况，各声环境保护目标的类型、名称、规模、所在路段、与路面的相对高差、与线路中心线和边界的距离以及建筑物的结构、朝向和层数，保护目标所在路段的桩号（里程）、线路形式、路面坡度等。

3. 声传播途径分析

列表给出声源和预测点之间的距离、高差，分析声源和预测点之间的传播路径，给出影响声波传播的地面状况、障碍物、树林等。

4. 预测方法

声环境影响可采用参数模型、经验模型、半经验模型进行预测，也可采用比例预测法、类比预测法进行预测。噪声预测可采用模式预测法或类比分析法。

（四）影响评价内容

（1）根据路段交通噪声预测结果，对照评价标准，说明各路段不同评价时段，昼间和夜间交通噪声的达标距离。

（2）根据敏感点环境噪声预测结果，对照评价标准，分析不同评价时段、不同声环境功能区，昼间和夜间环境噪声的超、达标情况，给出超标量和噪声影响户数。当敏感点环境噪声现状值超标时，应说明变化量。

（3）绘制经过城镇规划区路段水平或垂直等声级线图。等声级线图应依据交通噪声贡献值预测计算结果，按照5dB的间隔，在1∶2000地形图或1∶10000卫星遥感图、航拍片上绘制。

四、地表水环境影响预测与评价

评价重点是运营期沿线设施污水排放对地表水环境保护目标的影响，同时应考虑施工期污、废水排放对地表水环境保护目标的影响。

（一）施工期地表水环境影响评价

（1）调查施工方案、施工临时驻地位置、大型隧道和桥梁施工点的选址，以及施工污、废水受纳水体和水域功能。

（2）分析施工期各主要施工点、施工营地污、废水排放的来源、排放量及水质特征。

（3）可采用类比调查方法预测施工期污、废水排放量和污水水质，对照评价标准评价施工期污、废水排放可能产生的影响范围、影响程度。

（二）运营期地表水环境影响评价

评价内容主要是沿线设施污水达标排放情况，包括建成后排放的污水量、污染物浓度、排放总量和排放去向，分析污水处理设施的处理效果和处理能力是否能够满足受纳水体的管控要求等。

五、地下水环境影响预测与评价

（一）加油站选址

（1）加油站选址应符合如下规定。

①禁止设置于集中式地下水饮用水水源保护区和其他特殊地下水资源保护区范围内，并应尽可能避让饮用水水源保护区的准保护区、主要补给区。

②地下储油罐及防渗池不应扰及承压含水层及上覆隔水顶板。

③地下储罐区（含防渗池）不宜设置于砂性、砾石岩性区域，或介质渗透系数大于1×10^{-3}cm/s的区域。

④对场地区包气带防污性能给出分析、评价。

（2）应重点预测、评价地下储罐区油品泄漏对地下水环境可能造成的影响，宜按如下规定开展预测工作。

①假定泄漏源强为恒定源强。根据《环境影响评价技术导则　地下水环境》（HJ 610—

2016），结合地下储罐及防渗池设计方案，合理选取污染源强算式计算确定油品泄露污染源强。

②基于油品泄漏点直接位于潜水含水层开展预测，不考虑包气带迁移过程。

③采用一维无限区域连续注入点源解析模型。

④以评价范围内重要环境保护目标（如取水井，无敏感目标时，以下游边界为预测点）为预测目标点，给出泄漏污染物扩散到目标点的最短时间，以及泄漏发生后100d、1000d时的污染物浓度。

（二）其他区段地下水环境影响评价

针对涉及的地下水饮用水水源保护区，分析公路施工期、营运期可能的地下水环境污染源项及污染影响途径。

六、土壤环境影响预测与评价

根据现状调查，结合地下水环境影响预测情况，定性分析加油站运行可能对评价范围敏感建设用地地块使用功能产生的影响。预测评价范围一般与现状调查评价范围一致。预测评价时段根据建设项目土壤环境影响识别结果，确定重点预测时段。

（一）基本原则与要求

根据影响识别结果与评价工作等级，结合当地土地利用规划确定影响预测的范围、时段、内容和方法。

选择适宜的预测方法，预测评价建设项目各实施阶段不同环节与不同环境影响防控措施下的土壤环境影响，给出预测因子的影响范围与程度，明确建设项目对土壤环境的影响结果。

应重点预测评价建设项目对占地范围外土壤环境敏感目标的累积影响，并根据建设项目特征兼顾对占地范围内的影响预测。

土壤环境影响分析可定性或半定量地说明建设项目对土壤环境产生的影响及趋势。

建设项目导致土壤潜育化、沼泽化、潴育化和土地沙漠化等影响的，可根据土壤环境特征结合建设项目特点，分析土壤环境可能受到影响的范围和程度。

（二）预测与评价因子

污染影响型建设项目应根据环境影响识别出的特征因子选取关键预测因子。

可能造成土壤盐化、酸化、碱化影响的建设项目，分别选取土壤盐分含量、pH值等作为预测因子。

（三）预测与评价方法

土壤环境影响预测与评价方法应根据建设项目土壤环境影响类型与评价工作等级确定。

可能引起土壤盐化、酸化、碱化等影响的建设项目，其评价工作等级为一级、二级的，预测方法可采用一维非饱和溶质运移模型预测方法、土壤盐化综合评分法或进行类比分析。

污染影响型建设项目，其评价工作等级为一级、二级的，预测方法可进行类比分析；占地范围内还应根据土体构型、土壤质地、饱和导水率等分析其可能影响的深度。

评价工作等级为三级的建设项目，可采用定性描述或类比分析法进行预测。

（四）预测评价结论

（1）以下情况可得出建设项目土壤环境影响可接受的结论：

①建设项目各不同阶段，土壤环境敏感目标处且占地范围内各评价因子均满足相关标准要求的；

②生态影响型建设项目各不同阶段，出现或加重土壤盐化、酸化、碱化等问题，但采取防控措施后，可满足相关标准要求的；

③污染影响型建设项目各不同阶段，土壤环境敏感目标处或占地范围内有个别点位、层位或评价因子出现超标，但采取必要措施后，可满足《土壤环境质量　农用地土壤污染风险管控标准（试行）》（GB 15618—2018）、《土壤环境质量　建设用地土壤污染风险管控标准（试行）》（GB 36600—2018）或其他土壤污染防治相关管理规定的。

（2）以下情况不能得出建设项目土壤环境影响可接受的结论：

①生态影响型建设项目：土壤盐化、酸化、碱化等对预测评价范围内土壤原有生态功能造成重大不可逆影响的；

②污染影响型建设项目各不同阶段，土壤环境敏感目标处或占地范围内多个点位、层位或评价因子出现超标，采取必要措施后，仍无法满足《土壤环境质量　农用地土壤污染风险管控标准（试行）》（GB 15618—2018）、《土壤环境质量　建设用地土壤污染风险管控标准（试行）》（GB 36600—2018）或其他土壤污染防治相关管理规定的。

七、大气环境影响预测与评价

评价重点是运营期沿线设施设置的锅炉等集中式排放源对环境空气保护目标的影响，同时考虑施工扬尘和预制场、拌和站等场站扬尘对环境空气保护目标的影响。对属于工程建设内容的加油站应评价其运营期油品挥发废气无组织排放对环境空气保护目标的影响。

（一）施工期影响评价

对施工期的大气环境影响不做模式预测，可只根据现有资料进行类比分析。施工期评价重点为施工路面扬尘（含施工便道及新铺设路面）、施工场站扬尘（搅拌站及堆料场等）、沥青拌和站沥青烟等。

（二）运营期影响评价

（1）根据沿线设施所设锅炉采用的燃料种类，分析其废气排放情况，并提出排放控制的要求。

（2）预测、分析长期气象条件下，沿线设施集中式排放源对环境空气保护目标的环境影响，分析其是否超标、超标浓度、超标范围和位置。

（3）分析沿线设施餐饮油烟排放对环境空气保护目标的环境影响。

（4）含加油站项目应分析加油站废气无组织排放对环境空气保护目标的环境影响。

八、环境风险分析

公路建设项目环境风险分析的重点是运营期危险化学品运输车辆事故风险。

应识别环境风险敏感路段，识别重点是公路穿（跨）越及邻近水体的路段，尤其是涉及饮用水水源保护区、饮用水取水口等水环境敏感路段。

工程建设内容中包含加油站时，应针对加油站按照《建设项目环境风险评价技术导则》（HJ 169—2018）的规定开展风险评价。

对确认的环境风险敏感路段，应根据事故风险、危害种类等，在对工程设计方案风险防范措施有效性分析的基础上，提出事故泄漏危险化学品的收集、处理要求。

结合工程设计提出环境风险防范措施和事故应急管理对策。对于存在环境污染风险路段，在确保安全和技术可行的前提下，提出采取加装防撞护栏、设置桥（路）面径流收集系统和收集池等环境风险防范措施。

1. 什么是环境影响预测评价，预测方法有哪些？
2. 环境影响预测评价的内容是什么？
3. 环境影响预测评价的程序是怎样的？

任务五 环境保护措施

环境保护措施应以“保护优先、预防为主、防治结合、注重实效”为原则，并符合相关的环境保护法律法规，必要时应有比选方案，并对方案进行技术可行性、费用效益比、可操作性等论证。

在比选路线方案时，应结合工程量、施工难度、工程费用，对沿线地方政府、公众意见和环境影响的程度（环境敏感度、受影响人群数量以及环境影响损益量）等指标进行综合比选，采用定量和定性方式，从环保角度推荐较佳方案。

一、总体要求

（1）提出项目施工期、运营期的生态保护、污染防治、环境风险防范等措施建议。

（2）污染防治措施的效果应满足排放污染物长期稳定达标的要求。

（3）噪声污染控制及沿线污水处理设施工程可视交通量增长情况提出统一规划、分期实施方案。

（4）改建、扩建项目必须采取措施治理与该项目有关的原有生态破坏和环境污染。

（5）提出项目施工期和运营期环境管理要求。

（6）针对环境保护目标制订项目施工期、运营期环境监测计划，明确监测因子、方法、频次、点位等。

二、生态保护措施

（1）应根据生态影响预测与评价结果，对可能受到不利影响的生态保护目标提出保护措施。

（2）应优先采取预防保护性措施防止公路施工、运营对生态保护目标产生不利影响。预防保护性措施包括但不限于：

①调整工程选址选线，避让或远离生态保护目标；

②调整部分工程技术指标或规模，避免对生态保护目标产生扰动或破坏；

③合理安排工期，避开重要物种的繁殖期、越冬期、迁徙洄游期等需要特别保护的时段；

④对工程永久和临时用地范围内耕地、林地、草地等表土的剥离、保护和利用；

⑤采取绿色施工技术、工艺或材料，避免对生态保护目标产生扰动或破坏。

（3）应采取措施减缓公路施工、运营可能对生态保护目标产生的不利影响。减缓影响的措施包括但不限于：

①优化工程设计，采取无害化穿（跨）越方式减缓对生态敏感区的影响；

②通过选址选线或工程方案的优化减少永久占用耕地尤其是基本农田，如设置旱桥、边坡挡墙、节地型排水沟和压缩护坡道、碎落台宽度等以减少工程占地；

③优化施工生活区、办公区、钢筋加工厂、拌和厂、预制厂和取弃土场、施工便道等临时工程选址，减少临时用地数量、缩短临时占用时间；

④采取就地或迁地保护、加强观测等措施，减缓对重点保护野生植物、特有植物、古树名木的不利影响；

⑤采取野生动物通道、过鱼设施、降噪遮光等措施，减缓对野生动物及其生境的影响；

⑥对沿线林地、草原、湿地等生境的保护措施，如节约集约利用林地、草原和湿地，林木移植、湿地连通，植被恢复等。

（4）应对公路施工运营导致的生态扰动或破坏进行生态修复。生态修复应符合下列规定：

①以修复受扰动或破坏的生态功能为目标，如恢复植被盖度或土壤肥力，维持物种多样性，恢复生物群落，维持生境连通等；

②因地制宜，充分考虑区域自然生态条件；

③优先使用原生表土和乡土物种，构建与周边生态环境相协调的植物群落；

④应综合考虑物理方法、生物方法和管理措施，有条件的可提出“边施工、边修复”的措施要求。

三、声环境保护措施

（一）一般原则

（1）应根据运营中期噪声预测结果，提出声环境保护规划防治对策、技术防治措施和环境管理措施。对于运营近、中期不超标但远期超标的敏感点，应进行跟踪监测。

（2）噪声防治应优先采取噪声源和传播途径控制技术措施（如低噪声路面、路堑土堤遮挡、声屏障等），以保证环境噪声达标。当采取控制技术措施后，敏感点环境噪声仍不能达标时，可根据《民用建筑隔声设计规范》（GB 50118—2010）对建筑物采取隔声窗措施治理。

（3）噪声防治措施应进行技术和经济论证，确定最佳防治方案，并给出各保护目标的噪声防治投资估算。

（4）对于环境噪声现状值超标的敏感点，应明确环境噪声现状值超标影响源，并以环境噪声增量为治理目标提出公路交通噪声防治措施。

（二）规划防治对策

（1）应提出环境噪声达标控制距离要求。对于规划未建成区的噪声敏感路段，可提出沿线用地规划调整、规划建筑物布局、建筑物使用功能置换、搬迁和预留措施等建议。

（2）可通过技术和经济论证，提出优化选线或调整建议。

（三）技术防治措施

（1）噪声源控制：可采取低噪声路面、桥梁减振降噪等措施。

（2）传播途径噪声控制：可采取声屏障、密植降噪林带等措施。采取声屏障措施，应明确声屏障长度（桩号范围）、高度和降噪指标。

（3）对采取技术防治措施的应进行降噪效果分析。

（四）环境管理防治措施

宜给出噪声敏感路段车辆行驶规定（如禁鸣等）、跟踪监测计划、公路路面或桥梁及声屏障维护保养等建议或要求。

四、地表水环境保护措施

（1）地表水环境保护措施应包括管理措施和工程防治措施。

（2）应根据建设项目污水排放达标情况和对受纳水体的影响程度提出污水治理措施。

（3）对施工临时驻地位置、集中施工场地、大型隧道和桥梁施工工点等提出选址限制性要求；对施工营地及施工工点应根据污、废水去向和规模合理选用处理工艺，确保在施工期持续、有效使用。

（4）环境管理措施包括地表水环境监测计划、施工环境监控、管理措施等。

（5）应结合当地同类设施的污水处理要求和地区经济发展、气候特征、受纳水体环境功能等对沿线设施污水排放口的设置进行论证，并合理选用处理工艺。

五、地下水环境保护措施

公路施工期，应禁止将含有有毒、有害物质的物料堆场设置于地下水饮用水水源保护区

（及其准保护区和径流补给区）、其他特殊地下水水资源保护区范围，并不得向上述敏感区范围排放各类污水。

（一）加油站场区环境保护措施

加油站选址不合理或罐区布置方案不合理的，应提出优化建议。

加油站地下储罐应采用双层罐，埋地加油管道应采用双层管道，罐体外建设防渗池，双层罐、双层管道及防渗池均应符合《汽车加油加气加氢站技术标准》（GB 50156—2021）的规定。钢制油罐外表面防腐设计应符合《石油化工设备和管道涂料防腐蚀设计标准》（SH/T 3022—2019）的有关规定，且防腐等级不应低于加强级。防渗池应设检测立管，用于池内油品泄漏的检测。

装有潜油泵的油罐入孔操作井、卸油口井、加油机底槽、加油区等可能发生油品渗漏的部位，也应采取防渗措施。场地周边设置完备的排水边沟，场区径流经边沟收集、隔油池隔油处理后，纳入服务区、停车区污水处理设施进行处理。

应采取以下措施对加油站地下储油罐可能发生的泄漏、污染进行全生命周期监控。

（1）设置地下水监测井进行例行监控。

①在加油站场区内于地下储油罐区轴线下游方向 5 ~ 10m 范围设置监测井 1 座，在保证安全和正常运营的条件下，监测井与油罐的距离应尽可能靠近。监测井设置宜按《建设用地土壤污染风险管控和修复监测技术导则》（HJ 25. 2—2019）执行，并充分考虑区域 10 年内地下水位变幅。

②当加油站下游评价范围内有集中式饮用水水源井等保护目标时，应于储罐区轴线下游 10 ~ 20m 范围内增设一处监测井，监测井设置要求同①。

③定性监测。可通过肉眼观察、使用测油膏、便携式气体监测仪等快速方法判定地下水监测井中是否存在油品污染，定性监测每周 1 次。

④定量监测。若定性监测发现地下水存在油品污染，立即启动定量监测；若定性监测未发现问题，则每季度开展 1 次定量监测。监测指标宜包括石油类、石油烃（C10-C40）、苯、甲 26 苯、乙苯、邻二甲苯、间（对）二甲苯、甲基叔丁基醚等特征污染因子。

⑤防渗池内设置的检测立管可作为监测井用于池内油品泄漏的监控，监测方法同上。

（2）定期进行储、加油计量核算，发现数据差异问题，立即启动罐体泄漏调查。

若发现油品泄漏，应及时向生态环境主管部门报告，并立即启动环境预警和应急响应，应急响应措施主要包括加油站停运、油品阻隔和泄漏油品回收等。

既有加油站继续使用或改扩建后使用的，应针对调查发现的环境污染问题及风险隐患，提出地下水环境补救措施。

①按上述要求，落实整改措施。

②现状调查中发现既有加油站已经造成地下水和土壤环境污染的，应及时委托专业单位，启动场地风险评估和继续利用适宜性评价，并开展场地土壤与地下水环境生态修复工作。

（二）其他区段地下水环境保护措施

针对涉及的地下水饮用水水源保护区，根据识别出的污染源项，提出施工期物料堆放防护和营运期事故泄漏物应急收集等措施。

1. 源头控制措施

主要包括提出各类废物循环利用的具体方案，减少污染物的排放量；提出工艺、管道、设备、污水储存及处理构筑物应采取的污染防控措施，将污染物跑、冒、滴、漏降到最低限度。

2. 分区防控措施

（1）结合地下水环境影响评价结果，对工程设计或可行性研究报告提出的地下水污染防控方案提出优化调整建议，给出不同分区的具体防渗技术要求。

（2）对难以采取水平防渗的建设项目场地，可采用垂向防渗为主、局部水平防渗为辅的防控措施。

（3）根据非正常状况下的预测评价结果，在建设项目服务年限内个别评价因子超标范围超出厂界时，应提出优化总图布置的建议或地基处理方案。

六、土壤环境保护措施

（1）结合地下水环境保护，一并提出加油站油品泄漏土壤污染预防和保护措施。必要时，应提出周边敏感地块的功能调整建议。

（2）既有加油站继续使用或改扩建后使用的，还应针对现有的土壤环境污染问题，对评价范围敏感地块使用提出优化调整建议。

七、大气污染防治对策

（1）应对施工期场站选址、施工现场（含施工道路）、物料装运、材料堆放等提出扬尘污染防治要求。

（2）应根据排放要求对沿线设施位置、所设锅炉的吨位、烟囱高度、使用燃料、除尘设备设置情况等提出环保要求。

（3）应关注项目设置的加油站、餐饮等设施的环保措施和要求。

1. 环境保护的总体要求是什么？
2. 生态环境保护对策措施有哪些？
3. 声环境保护对策措施有哪些？
4. 地表水环境保护对策措施有哪些？
5. 地下水环境保护对策措施有哪些？
6. 土壤环境保护对策措施有哪些？
7. 大气环境保护对策措施有哪些？

任务六 环境管理与监测计划

一、环境管理计划

按建设项目建设阶段、生产运行、服务期满后（可根据项目情况选择）等不同阶段，针对不同工况、不同环境影响和环境风险特征，提出具体环境管理要求。

给出污染物排放清单，明确污染物排放的管理要求。包括工程组成及原辅材料组分要求，建设项目拟采取的环境保护措施及主要运行参数，排放的污染物种类、排放浓度和总量指标，污染物排放的分时段要求，排污口信息，执行的环境标准，环境风险防范措施以及环境监测等。提出应向社会公开的信息内容。

提出建立日常环境管理制度、组织机构和环境管理台账相关要求，明确各项环境保护设施和措施的建设、运行及维护费用保障计划。

具体计划包括但不限于如下几个方面。

（1）应提出建立环境管理制度、组织机构和职责等相关要求。必要时，提出人员培训计划。

（2）应分别提出施工期和运营期的环境管理要求。

（3）应明确各项环境保护设施和措施的建设、运行及维护保障计划。

（4）可根据项目特点提出工程环境监理要求。

（5）可根据项目特点、规模、环境敏感程度、影响特征等提出开展科研或环境影响后评价的要求。

二、环境监测计划

（1）应提出环境监测计划，内容包括监测因子、监测点布设、监测频次、监测时段、监测数据采集与处理、采样分析方法等，明确自行监测计划内容。

（2）应对施工期和运营期排放的污染物达标情况进行定期或不定期监测。

①根据施工进度安排、污染源特征和分布、项目区域特点等，对典型的生产场所（工艺）、污染物排放口等进行监测，重点是噪声、废水、废气等。

②监测布点原则、监测项目、监测频次根据各环境要素确定。

（3）应对项目施工和运营对环境保护目标造成的影响进行定期跟踪监测。

①根据影响预测结果和环境保护措施，对于预测可能超标的敏感点、选择代表性点位进行监测。

②监测布点原则、监测项目、监测频次根据各环境要素确定。

③营运初期的监测频次应保证每年 1 次，运营中后期频次应适当减少，同时适当增加点位。

（4）新建50km及以上的高速公路项目或穿（跨）越生态敏感区的项目应开展生态监测。生态监测应符合下列规定。

①施工期重点监测生态保护目标受施工活动的干扰影响状况，如植物群落变化、重要物种的活动及生境质量变化等；运营期重点监测生态保护目标受到的实际影响、生态保护对策措施的有效性以及生态修复效果等。

②评价等级为一、二级的路段应开展施工期和运营期生态监测；评价等级为三级的路段可只开展施工期生态监测。

1. 公路工程环境管理计划的主要内容和要求有哪些？
2. 环境监测计划包括哪些方面？

任务七 环境保护投资估算与环境影响评价结论

一、环境保护投资估算

（一）总体要求

（1）为预防和减缓项目不利环境影响而采取的各项环境保护措施和设施的建设费用、运行维护费用，直接为建设项目服务的环境管理与监测费用以及相关科研费用等应列入工程环境保护投资。

（2）环境保护投资估算应说明采用的费用标准和定额等编制依据，应估算环境保护总投资并提出分年度投资安排。

（二）环境保护投资分类

环境保护投资包括生态保护措施、污染防治措施、环境保护设计及咨询、环境保护科研、环境风险防范与应急处理、环境监测及其他环境保护投资。

1. 生态保护措施投资

（1）为保护依法设立的各级各类生态保护区域的工程设施投资。

包括为保护生态保护红线、自然保护区、风景名胜区、世界文化和自然遗产地、海洋特别保护区、地质公园、森林公园、湿地公园、国家公园、水产种质资源保护区、重要湿地、天然林、珍稀濒危野生动植物天然集中分布区、水产种质资源保护区、重要水生生物的自然产卵场、索饵场、越冬场和洄游通道、天然渔场、水源涵养林、生态公益林等的工程设施投资。

（2）土地资源保护投资。

包括表土剥离，临时堆土，承包人驻地、预制场、拌和场、仓库、加工厂（棚）、堆料场、取弃土场、进出场便道、便桥、临时码头等临时用地的绿化、防护、排水、复耕等投资。

（3）植物保护措施投资。

包括植物的采种、养殖、就地保护、移栽、挂牌保护等投资。

（4）陆生动物保护投资。

包括动物通道、警示标志、监控设施、隔声设施、防眩设施、隔离设施、栖息地保护等投资。

（5）水生生物保护投资。

包括水生生物观测、驱鱼、增殖、放流、过鱼设施、生境保护与修复等投资。

（6）绿化工程投资。

包括主体工程绿化，为补偿因工程建设所占原有绿地而在用地范围以外建设的绿化，防风、防沙、防雪等防护林带投资。

2. 污染防治措施投资

（1）污染防治措施投资。

包括固定资产投资和运行维护费用。

（2）噪声污染防治措施投资。

包括声屏障，隔声窗，隔声围墙，房屋外廊封闭，房屋功能置换，环保搬迁及安置，防护林带，专设的限速、禁鸣标志，低噪声路面，设备的隔声罩、消声器、减震基座，房屋吸声、消声、隔振结构等投资。

（3）水污染防治措施投资。

①承包人驻地、预制场、拌和场、仓库、加工厂（棚）、堆料场、临时码头等临时用地污水防治措施投资。

②桥梁和隧道施工污水防治措施投资。

③服务区、停车区、收费站、养护工区、管理中心、监控中心、隧道管理站等服务设施污水防治措施投资。

④饮用水水源保护区、集中式生活饮用水取水口和敏感水体保护涉及的取水口改移、暂停取水补偿、防撞护栏加固、警示标志、视频监控设施、防渗排水沟、径流收集处理等投资。

⑤加油站等地下水污染防治措施投资，包括双层罐或者措置防渗池，渗漏检测等投资。

（4）大气污染防治设施投资。

包括洒水降尘、粉状物料苫盖、运输车辆苫盖和冲洗、环境敏感区围挡、沥青烟处理、锅炉废气处理、锅炉升级改造、油烟废气处理、消烟除尘、防护林带、防尘标识等投资。

（5）固体废物污染防治措施投资。

包括项目施工和运行产生的生活垃圾、建筑垃圾（含废弃物）、含油垃圾或油泥（车辆维修、加油站罐体清洗油泥）、污泥（沿线污水设施）等固体废物的收集、储存、转运、处置等投资。

3. 环境保护设计及咨询投资

（1）环境保护设计投资。

包括降噪工程、污水处理、大气污染控制、固体废物、动物通道、重要生境保护与修复等工程设计费用。

（2）环境保护咨询投资。

包括环境影响评价、竣工环境保护验收、环境影响后评价、涉及环境敏感区的专题评价报告等环境保护咨询费用。

4. 环境保护科研投资

包括直接目的为环境保护的科研投资，不包括直接目的为保护其他工程，起到环境保护效果的科研投资。

5. 环境风险防范与应急处理投资

包括环境应急预案编制、应急演练、应急培训、应急设备、应急设施、应急物资等投资。

6. 环境监测投资

包括环境监测设施建设、运营，以及开展环境监测和应急监测业务的投资。

7. 其他环境保护投资

包括除以上环境保护资金投入外的其他环保投资，如环境管理、单独开展的环境监理、环保培训等。

二、环境影响评价结论

环境影响评价结论应对建设项目的建设概况、选址选线、环境质量现状、污染物排放情况、主要环境影响、公众意见采纳情况、环境保护措施、环境影响经济损益分析、环境管理与监测计划等内容进行概括总结，并结合环境质量目标要求，明确给出项目的选址选线评价结论和项目环境影响可行性结论。

对存在重大环境制约因素、环境影响不可接受或环境风险不可控、环境保护措施经济技术不满足长期稳定达标及生态保护要求、区域环境问题突出且整治计划不落实或不能满足环境质量改善目标的建设项目，应提出环境影响不可行的结论。

环境影响评价报告书是环境影响评价工作成果的集中体现，是环境影响评价承担单位向其委托单位——工程建设单位或主管单位提交的工作文件。应按照全面、客观、公正、重点突出的原则，以及公路建设项目环境影响报告书编制的基本要求、编制要点，分析所得到的各种资料、数据，给出结论，完成环境影响报告书的编制。

（一）编制环境影响报告书的目的与原则

1. 编制环境影响报告书的目的

编制环境影响报告书的目的，是在项目可行性研究阶段（对公路项目可延至初步设计阶段），对项目可能给环境造成的潜在影响和工程中采取的防治措施进行评价，拟定环境保护对策与措施，论证和选择技术经济合理、对环境影响较小的最佳方案，为领导部门决策提供科学依据。

环境影响报告书是从环境保护的角度，对建设项目编制的可行性研究报告，也是项目环境影响评价工作的最终成果。经环境保护部门审查批准的环境影响报告书，是计划部门和主管部门审批建设项目和做决策的重要依据之一，是设计单位进行环境保护设计的主要技术文件，是环保管理部门对建设项目进行环境监测、管理和验收的依据。

2. 编制环境影响报告书的原则

在编写环境影响报告书时应遵循下列原则。

(1) 环境影响报告书应该全面、客观、公正、概括地反映环境影响评价的全部工作。

(2) 文字应简洁、准确，图表要清晰。

(3) 论点要明确，大（复杂）项目的报告书应有主报告和分报告（或附件），主报告应简明扼要，分报告应列入专题报告、计算依据等。

(二) 环境影响报告书编制格式

报告书文件幅面应采用 A4 纸，封面应采用草绿底黑字。

(1) 报告书封面格式如图 7-3 所示。

(2) 报告书封里一格式如图 7-4 所示。

证书编号（字号四宋） 项目编号（字号四宋）

×××公路工程

（字号三仿）

环境影响报告书

（字号一黑）

委托单位：（字号三仿）

编制单位：（字号三仿）

××年××月××日（字号三仿）

图 7-3 报告书封面格式

环境影响评价证书

（影 印 件）

（按原件1/3比例缩印）

持证单位：（字号四宋）

法人代表：

评价机构：（加盖公章）

评价机构负责人：

项目名称：

图 7-4 报告书封里一格式

(3) 报告书封里二格式如图 7-5 所示。

(4) 报告书封里三格式如图 7-6 所示。

主编单位：（字号四宋）

法人代表：（签章）

总工程师：姓名　　签字　　职称

评价机构负责人：姓名　　签字　　职称

参编单位：（字号四宋）

法人代表：（签章）

总工程师：姓名　　签字　　职称

评价机构负责人：姓名　　签字　　职称

项目负责人：姓名　　签字　　环境影响评价工程师职业资格证书编号

总报告编写：姓名　　签字　　环境影响评价工程师职业资格证书编号

参 编 人 员：姓名　　签字　　环境影响评价工程师职业资格证书编号

图7-5　报告书封里二格式

目　录

正文

附件

附图

注：

（1）正文目录应编至×××节。

（2）附件应列出项目环境影响评价委托书、环境影响评价标准确认函等依据性文件。

（3）附图主要是监测布点图、项目地理位置图、路线平、纵面缩图、水系图等技术性图纸。

图7-6　报告书封里三格式

（三）环境影响报告书的内容提要

环境影响报告书应全面、概括地反映环境影响评价的全部工作，文字应简洁、准确，并尽量采用图表和照片，报告引用的数据须可靠、翔实，评价结论应明确、可信，环境保护措施应具有针对性与可操作性。

这里给出的“提要”是为大型公路建设项目的环境影响报告书编排的。承担环境影响评价工作时，可根据公路项目规模的大小和地区环境的不同，以及对环境影响的差异等具体情况，选择下列全部或部分内容进行工作。

1. 总则

（1）综合评价项目的特点，阐述编制环境影响报告书的目的。

（2）编制依据。编制环境影响报告书的依据通常有：①项目建议书；②评价大纲及其审查意见；③评价委托书（合同）或任务书；④建设项目可行性研究报告；⑤国家有关环境保护法律和规范等。

（3）使用标准。包括国家标准、地方标准或拟参照的国外有关标准。参照的国外标准应按国家环保局规定的程序报有关部门批准。

（4）环境影响评价范围。

（5）环境影响评价工作等级、评价年限。

（6）项目建设控制污染与环境保护的目标。

2. 项目工程概况

（1）项目名称及建设的必要性。

（2）沿线地理位置（附图）基本走向（附路线图）及主要控制点。

（3）交通量预测、建设等级及技术标准。

（4）建设规模及主要工程概况。主要内容为：①建设里程、投资、占用土地（数量、土地类型）及主要工程数量表；②路基（包括防护及排水）、路面、桥涵、交叉工程及服务设施等概况。

（5）污染源分析及对环境的影响分析。

（6）主要筑路材料。用图表说明土、石、砂砾、粉煤灰等地方材料供应方案，取土、弃土方案及数量。

（7）项目实施方案。

3. 项目地区环境（现状）概况

（1）自然环境。地貌、地质、土壤、气象等概况及其特征；地表水分布或地区水系及水文资料自然灾害（包括洪涝、旱灾、风沙暴、泥石流等）概况。

（2）生态环境。主要内容为：①生态环境类型及其基本特征；②植被类型、林地、草场及农业种植等；③水生生物及水产养殖；④野生动物；⑤土壤侵蚀等。

（3）社会环境。主要内容为：①项目建设社会经济影响区划（附图）；②地区社会经济概况，包括现有工矿企业分布，居住区分布及人口状况，农业、牧业及其他生产概况，土地利用概况，农民人均耕地平均亩产及农民人均收入，教育及医疗条件，民众生活质量等；③地区发展规划；④主要基础设施，包括公路、铁路、航道、管道、水利工程及农业水利等；⑤文物古迹、风景名胜，自然保护区等有价值的景观资源分布及其概况；⑥评价范围内环境敏感点统计，统计格式见表7-5。

评价范围内敏感点统计表 表7-5

序号	路线桩号	敏感点名称	户数（户）	人口（人）	首排建筑距路中心线距离（m）	地区（市、县、乡镇）	备注

注：表中户数、人口栏，对于学校（或医院）填教师（或医务人员）、学生（或床位）。

4. 地区环境质量现状评价

（1）环境现状评价（也可以与生态环境现状概况部分合并）。

（2）声环境质量现状评价。

（3）水环境质量现状评价。

（4）环境空气质量现状评价。

（5）土壤中铅含量现状评价（一般可不做）。

5. 项目环境影响预测评价及减缓措施建议

公路建设期、营运近、中、远期对环境影响预测评价及减缓措施，应做到预测数据可靠评价客观，措施恰当。

（1）社会环境影响预测分析及减缓措施建议。主要内容有：①项目经济效益及社会经济效益分析；②征地，拆迁影响分析及减缓措施；③农业、牧业、养殖业等影响分析及减缓措施；④通行阻隔分析及减缓措施；⑤水利设施、公路交通等基础设施影响分析及减缓措施；⑥文物古迹、风景名胜、景观资源和景观环境影响分析及减缓措施；⑦水文及灾害影响分析及减缓措施；⑧安全影响分析及减缓措施；⑨社会环境影响评价结论。

（2）生态环境影响预测评价及减缓措施建议。主要内容有：①植被影响分析及减缓措施；②土地利用改变对生物量的影响分析及减缓措施；③公路绿化措施；④土地资源影响分析及保护措施；⑤路线阻断生物迁移和对生物多样性影响分析及减缓措施；⑥自然保护区、湿地等生物库影响分析及保护措施；⑦公路绿化效益分析；⑧生态环境影响评价结论。

（3）土壤侵蚀影响分析及水土保持方案。施工期土壤侵蚀影响分析及水土保持方案主要内容有：①土壤侵蚀因素分析，侵蚀强度（或侵蚀量）预测估算；②土壤侵蚀影响分析；③水土保持方案及其效果分析。土壤侵蚀发展趋势分析主要内容有：①土壤侵蚀强度的变化分析；②是否存在洪涝、泥石流等灾害隐患；③必要的防治措施。

（4）声环境影响预测评价及减缓措施建议。主要内容有：①营运近、中、远期公路交通噪声预测计算，计算敏感点的环境噪声级及超标量；②交通噪声环境影响评价及减缓措施；③施工期噪声影响分析及减缓措施；④声环境影响评价结论。

（5）水环境影响预测评价及减缓措施建议。主要内容有：①施工期水环境质量影响分析及减缓措施；②工程对地表水流形态及水文的改变及其影响分析；③营运期水环境质量影响预测评价及减缓措施，包括路面径流，服务区、收费站、管理处等污水和固体废弃物的影响防治措施；④营运期交通事故对水环境的风险分析及减缓措施；⑤水环境影响评价结论。

（6）环境空气影响预测评价及减缓措施建议。主要内容有：①施工期环境空气影响分析及防治措施；②营运期环境空气污染物浓度预测，计算近、中、远期敏感点环境空气污染物浓度及超标量；③营运期环境空气影响评价及减缓措施；④环境空气影响评价结论。

（7）施工期取料场、材料运输环境影响分析及减缓措施建议。主要内容有：①主要材料数量及料场位置（附材料供应及运距图）；②料场环境影响分析及减缓措施；③材料运输影响分析及减缓措施（以噪声、空气影响为主）。

6. 路线方案比选分析

（1）路线各方案简介。

（2）路线各方案比较。主要从工程数量、征地数量及类型、拆迁数量、影响人口、环境质量影响及环保投资等方面进行比较。

（3）路线方案比选结论。

7. 公众参与

（1）调查方式、地点、对象、成员及人数等。

（2）调查结果统计分析。

（3）公众意见及建议。

（4）公众意见的处理建议。

8. 环保计划、环境监测计划

（1）环境保护计划。拟定（或正在实施）项目在可行性研究阶段、设计阶段、施工期及营运期的环保计划，并用表格列出措施、时间、执行单位、主管部门等。

（2）环境监测计划。用表列出项目施工期、营运期环境监测地点、监测项目、频次、监测单位、主管部门等。

（3）环保机构。用框图表示施工期、营运期环保组织机构。列出必要的监测设备及人员培训计划。

9. 环境经济损益分析

（1）环境保护经费估算。

经费估算应包括所有环保措施的费用。关于工程设计中的环保措施，如防护工程、拆迁等可将因环境影响评价而增加的环保措施费用计入，或根据具体情况确定。

（2）环保投资经济损益分析。

拟建公路环境影响损益定性分析见表 7-6。

拟建公路环境影响损益定性分析 表 7-6

环保投资	环境效益	社会经济效益	综合效益
施工期 环保措施	防止噪声影响居民等； 防止地表水受到污染； 防止环境空气受到污染； 现有道路、农田水利等设施的修复	保护和改善沿线群众正常的生活、生产环境； 保护耕地、植被及居民正常的生产活动； 保护人员人身安全	使施工期对环境的影响降到最低； 使公路建设得到群众的支持； 利用施工期改善一些现有设施，提高部分土地的利用价值
绿化和临时 用地整治	美化公路景观； 改善区域生态环境； 防治水土流失	改善整体环境； 维护公路路基稳定； 提高沿线土地价值，保护耕地	改善区域的景观保护、改善地区的生态环境
噪声防治工程	防止交通噪声对沿线噪声敏感点的长期干扰	保护沿线居民等的生活环境	保护并改善人们生产、生活环境质量，保障人群健康
水环境 保护措施	保护沿线地表水水质，维护其原有水体功能	保护地表水资源	
环境管理 和监控	掌握项目沿线地区环境质量状况及变化趋势； 保护沿线地区环境	长期维护沿线环境质量	使环境和社会、经济协调发展

10. 环境影响评价结论

（1）项目地区环境质量现状评价结论。

（2）公路建设各环境要素影响评价结论。

（3）路线布设是否符合环保要求。

（4）环境影响评价结论。

11. 存在的问题及建议

主要针对环境影响的关键问题或对环境潜在的重大隐患等提出工程设计及环保设计建议。

12. 主要参考资料（略）

13. 附件、附图（略）

1. 环境保护投资估算的总体要求是什么？
2. 环境影响报告书的编制目的是什么？
3. 环境影响报告书的编制原则是什么？
4. 环境影响报告书有哪些主要内容？

项目八
公路工程环境监理

学习目标

1. 掌握公路工程环境监理的基本概念；
2. 熟悉公路工程环境监理的基本要求、工作制度；
3. 能准确描述公路工程准备阶段环境监理工作的主要内容和要求；
4. 能准确描述公路工程施工阶段环境监理工作的主要内容和要求；
5. 能准确描述公路工程试运营阶段环境监理工作的主要内容和要求。

2002 年，原环境保护总局联合原铁道部、原交通部等共计 6 家单位发出了《关于在重点建设项目中开展工程环境监理试点的通知》（环发〔2002〕141 号），率先在国家十三个重点建设项目工程开展环境监理。

2010—2011 年，原环境保护部根据原辽宁省环境保护厅和江苏省环境保护厅请示，同意将辽宁省和江苏省列为建设项目环境监理工作试点省份。2012 年 1 月，原环境保护部在辽宁、江苏两省建设项目环境监理试点工作的基础上增加河北等 11 省市进行环境监理试点工作。至此，环境监理工作基本全面铺开。

2015 年 12 月，原环境保护部印发《建设项目环境保护事中事后监督管理办法（试行）》（环发〔2015〕163 号），强调施工期的环境监理工作是事中监督管理的主要内容之一。2016 年 4 月，建设项目环境监理试点工作结束，原环境保护部出具《关于废止〈关于进一步推进建设项目环境监理试点工作的通知〉的通知》（环办环评〔2016〕32 号），未再对建设项目环境监理作相关要求。因此，建设项目的环境监理不是强制性的，由业主根据实际情况自行配置环境监理。

2016 年 7 月，在《“十三五”环境影响评价改革实施方案》（环环评〔2016〕95 号）中再次强调“强化事中事后监管”“鼓励建设单位委托具备相应技术条件的第三方机构开展建设期环境监理”。2022 年 4 月，生态环境部发布《“十四五”环境影响评价与排污许可工作实施方案》，该文件明确指出“严格重大生态影响类建设项目环评管理。推动做好生态现状调查和生物多样性等影响评价，加强珍稀濒危野生动植物、极小种群物种保护。统筹强化有关行业环境准入、施工期环境监理、生态环保措施专项设计、生态环境跟踪监测、环境影响后评价等环境管理。”交通运输部发布的《公路工程施工监理规范》（JTG G10—2016），对环保监理做出了相应的规定。河南、青海、江苏等省份对公路环境监理制定了相关的地方标准。

推行公路施工环境监理工作，既符合当前生态环境保护的基本政策，可以提前避开环境违法、规避政策矛盾冲突，也可以减少因环境问题导致的不必要的停工、返工问题。从某种程度上讲，公路施工环境监理是加快施工进度、减少施工污染、实现碳达峰、碳中和目标的有效手段，符合交通运输行业的发展趋势，也满足现代社会对环保、节能、高效、耐久等要求，是未来公路施工环境保护发展的主要方向。目前，我国建设项目环境监理仍然处在发展的初级阶段，环境监理的普及程度和监理工作质量有待提高，公路施工建设往往伴随产生诸多环境破坏和污染问题，随着生态环境保护工作的持续加强，公路环境监理仍然是公路工程建设中重要的环境保护监管手段之一。

任务一 基本知识

一、基本概念

公路环境监理是指环境监理单位受项目建设单位委托，依据环境保护法律法规、建设项目环境影响评价报告及其批复文件（以下简称环评及其批复）、设计文件及环境监理合同等，对项目施工环境保护进行监督管理、检查指导的专业化服务活动。

环境监理单位是指具有相应资质，为公路工程施工环境保护提供专业技术服务的机构。根据项目特点及业主要求，实行环境监理单独招标的项目，应独立设置现场环境监理机构，否则主体监理机构应参照本文件履行项目环境监理职责。

环境总监理工程师是具备相应资格，由环境监理单位授权，负责全面履行项目环境监理职责的管理者，简称环境总监。环境监理工程师是具备相应资格，经环境总监授权，从事项目环境监理工作的人员。环境监理员是从事项目环境监理具体工作的专业技术人员。

二、基本要求

（一）环境监理项目管理部

环境监理合同签订后，环境监理单位根据合同约定组建环境监理项目管理部。环境监理项目管理部的组织形式、人员构成应与当前管理制度、项目类型、规模相适应，并应满足环境监理合同的要求。环境监理单位应将项目管理部的组织形式、人员构成及对环境总监的任命，以书面形式通知建设单位。

（二）环境监理人员

环境监理人员包括项目环境总监、环境监理工程师和环境监理员。环境总监、环境监理工程师应持有监理工程师资格证书，并具有相应的环境保护监理资格；环境监理员应具有监理员证及相应的环境保护监理资格。

1. 环境总监应履行的职责

（1）组织编写环境监理实施方案，审批环境监理实施细则；

（2）确定环境监理项目管理部人员的岗位职责及分工；

（3）统筹管理环境监理项目管理部的日常工作；

（4）主持环境监理工作会议，签发环境监理项目管理部的文件和指令；

（5）审核签署施工单位提交的环保措施计划、环保设施的开工报告及环保相关工作的申请；

（6）处理施工单位提出的环保工程变更申请；

（7）主持或参与环保工程质量缺陷与环境污染事故的调查；

（8）组织环境监理人员对环保工程和隐蔽工程进行验收；

（9）检查和监督环境监理人员的工作，根据工程项目的进展情况可进行人员调配；

（10）组织环境监理人员参与竣工环保验收；

（11）组织编写并签发环境监理定期报告、环境监理阶段报告、环境监理专题报告和环境监理总报告；

（12）主持整理工程的环境监理资料。

2. 环境监理工程师应履行的职责

（1）编写环境监理方案及环境监理实施细则，报环境总监审批；

（2）指导检查环境监理员的工作；

（3）当环境监理员需要调整时，向环境总监提出建议；

（4）协助环境总监审核施工单位提交的环境保护计划、环境保护设施的开工报告、施工组织设计、专项施工方案、进度计划等；

（5）参与环保工程和隐蔽工程验收、竣工环保验收；

（6）定期向环境总监汇报环境监理工作内容，重大问题应及时汇报；

（7）参与编写环境监理定期报告、环境监理阶段报告、环境专题报告和环境监理总报告；

（8）参与环境监理资料的收集、汇总及整理。

3. 环境监理员应履行的职责

（1）在环境总监和环境监理工程师的指导下开展公路施工现场环境监理工作；

（2）根据环评及其批复、设计文件及有关标准，对施工单位的环境保护工作进行检查和记录；

（3）承担巡视检查和旁站工作，及时指出发现的环境问题并向环境监理工程师报告；

（4）负责填写环境监理日志和有关的环境监理记录。

（三）设施

环境监理单位应提供满足工作需要的办公场所，配备监理人员必要的生活、交通、通信等设施。环境监理单位应配备与工程特点相适应并取得有效计量证书的测量、采样设备。

（四）时段

环境监理工作应贯穿整个公路工程施工期，即环境监理合同签订之日起至工程完成竣工环保验收止，包括准备阶段、施工阶段和试运营阶段，各阶段的工作内容如图8-1所示。

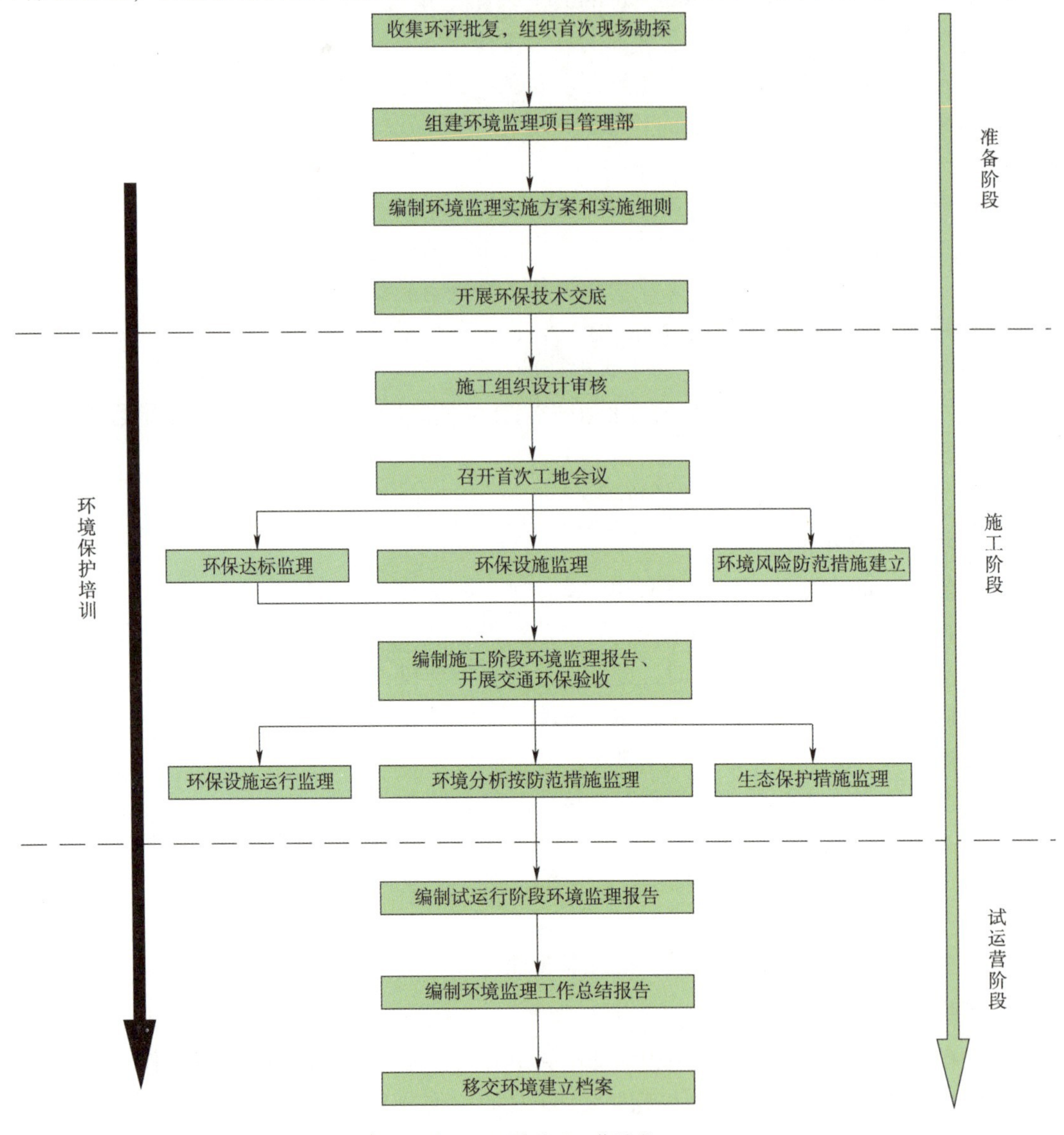

图8-1 环境监理工作阶段

三、工作制度

（一）工作记录制度

环境监理人员应在项目施工过程中，记录对现场环境保护工作的检查监督情况。记录的内容包括现场状况、发现的主要环境问题、问题的处理情况、往来信息、按环评批复的施工期环境监测计划执行的环境监测等。记录资料形式主要有环境监理日志、环境监理旁站记录、环境监理巡视记录、相关影像资料等。

（二）宣传培训制度

在前期准备时应对参建人员开展环境保护培训，内容包括公路工程施工环境保护基本知识、环境监理实施方案和实施细则。施工阶段应定期对参建人员开展环境保护培训，内容包括对上一阶段问题的总结及整改情况通报，拟开工的分部分项工程环境监理要点、施工环境保护要求。试运营阶段应对管理人员开展环境保护培训，内容包括公路试运营环境保护要求等。

（三）会议制度

环境监理项目管理部应定期组织环境监理会议，讨论、协调、解决建设过程中存在的各类环保问题。环境监理会议应包括首次工地会议、环境监理例会和环境监理专题会议。环境监理会议应明确召开会议的时间、地点、主要参加单位与人员、会议议程等。环境监理项目管理部应根据工程建设需要，参加建设单位组织的其他工作会议。环境监理项目管理部应以会议纪要形式反映会议成果，报送参会单位和相关单位，作为约束各方行为的依据。

（四）文件审核制度

环境监理项目管理部应对项目建设单位、工程监理单位、设计单位、施工单位提供的与环境保护有关的文件进行审核，主要文件及内容如下。

（1）工程设计文件。包括取、弃土场选址，开挖深度，表土处置方式，声屏障的设置规格、长度、数量，污水处理设施的数量、处理工艺等，审核其能否满足公路项目环保要求。

（2）施工组织设计。重点审核施工部署及施工方案，关注穿越或邻近经过的重要生态敏感区、重点环境保护目标处的工程施工计划、施工制度、施工时序、施工工艺方法，审核其与公路项目环保要求的一致性。

（3）突发环境事件应急预案。审核应急预案的完整性、可操作性，备案情况，演练情况。

（4）与环境保护有关的其他文件，如施工单位驻地垃圾清运协议签订情况、废旧建材处理方案等。

（五）函件往来制度

（1）环境监理项目管理部在检查过程中发现的环境问题，应通过下达环境监理整改通知单等形式，通知施工单位及时纠正或处理；情况严重时，环境总监应针对出现环境问题的分项工程签发工程暂停通知单。

（2）环境监理项目管理部应对环境问题整改情况及建议，向建设单位报送环境监理工作联系单，提出存在问题和相应处理意见。

(3) 当工程暂停原因消除、具备复工条件时，环境总监应签发工程复工通知单。

（六）报告制度

环境监理采用工作报告的形式总结环境监理工作成果，并向建设单位反映环境保护工作情况。环境监理工作报告包括环境监理定期报告、环境监理专题报告、环境监理阶段报告、环境监理总报告。

环境监理定期报告包括环境监理月报、年报。

当发生环境污染事件或发生环境隐患时，环境监理项目管理部应会同建设单位、施工单位、工程监理单位，在调查研究后，编制环境监理专题报告，内容应包括事件发生的起因、事件处理的过程和结果、造成的损失。

在完成施工及试运营阶段环境监理工作后，环境监理项目管理部应及时进行总结，反映项目环境保护工作存在的问题并提出处理建议，形成环境监理阶段报告。

开展竣工环境保护工程验收前，环境监理项目管理部应就工程施工、试运营情况和相应的环境监理工作情况进行总结，形成环境监理总报告。

环境监理项目管理部应根据建设单位及相关部门要求提交所需报告。

（七）应急处置制度

环境监理项目管理部应在开工前审核施工单位制订的施工期突发环境事件应急预案。当发生突发环境污染事件或出现环境隐患未及时消除时，环境总监应签发工程暂停通知单，并按规定逐级上报。项目暂停期间，环境监理人员应如实记录所发生的环境影响情况和采取的应急措施，必要时可上报建设单位组织环境监测。

1. 公路工程环境监理人员包括哪些？各自的职责是什么？
2. 公路工程环境监理时段是指哪个时间段，包括哪几个阶段？
3. 公路工程环境监理包括哪些工作制度？

任务二 公路工程环境监理

一、准备阶段监理

准备阶段的监理工作内容有：收集环评及其批复等相关文件，进行首次现场踏勘；组建环境监理项目管理部；编制环境监理实施方案和环境监理实施细则，并提交给建设单位；组织开展环保技术交底会，宣贯环评及其批复的要求。

环境监理实施方案的编制应明确环境监理项目管理部的工作目标，确定具体的环境监理工作制度、流程、方法，对于项目实际环境保护工作特点应具有针对性。实施方案应由环境总监主持，环境监理工程师参与编制。实施方案应在签订环境监理合同后开始编制，在召开首次工地会议前报送建设单位。

根据环境监理实施方案编制环境监理实施细则。实施细则由环境监理工程师编制，并经环境总监批准。实施细则在工程开工前编制完成，并报送建设单位。实施细则编制依据应包括：国家和地方相关的环境保护法律法规及行政规章；已批准的环境监理实施方案；环评文件及其批复；与工程相关的标准规范、设计文件和技术资料；施工组织设计等。环境监理实施细则内容包括：工程的概况及特点；环境监理工作要点及工作目标；环境监理工作采用的方法、制度及措施；环境监理质量保证体系等。

二、施工阶段监理

（一）施工组织设计审核

环境监理人员应对施工组织设计中涉及环境保护内容进行审核，主要包括：生态破坏的防治、生态环境恢复措施；水土流失的防治措施；环境保护管理体系；环境保护篇章。

（二）召开首次工地会议

建设单位负责组织召开首次工地会议，由环境监理单位宣贯与项目有关的各项环保要求，对参会人员进行施工环保交底，交底的内容主要包括：环评及其批复的主要内容；本项目施工阶段环境监理关注要点；对大型临时工程选址的意见和要求；对参会各方的相关要求。

研究确定各方在施工过程中参加环境监理例会的主要人员，召开例会周期和地点。会议纪要应由环境监理项目管理部负责整理，并经与会各方代表会签。

（三）环境保护达标监理

1. 废气

核实施工过程中产生废气的污染防治设施和措施是否符合环评及其批复的要求。巡视防尘措施、除尘设施的运行情况。巡视和统计工地施工机械、工程车辆的尾气排放达标情况。巡视非道路移动机械源的废气排放与监测情况，对于未设置监测的，应提出对废气相关指标进行监测的意见，下达环境监理整改通知单。根据监测单位对施工场界颗粒物等大气污染物指标的监测结果，按《大气污染物综合排放标准》（GB 16297—1996）、《环境空气质量标准》（GB 3095—2012）要求判定达标状况。

2. 污水

核实生产废水和生活污水的处理方式和排放去向是否符合相关法律法规的要求。巡视生产废水和生活污水的处理措施是否符合环评及其批复的要求。巡视污水处理设施的建设、运行情况。根据监测单位提供的污水监测结果，按《污水综合排放标准》（GB 8978—1996）、《地表水环境质量标准》（GB 3838—2002）要求判定排放水质的达标情况。

3. 噪声

现场调查受施工活动影响的声环境目标方位和数量，新增声环境保护目标的，应按当地声环境功能区划和环评提出的要求，要求施工单位采取防治措施。对施工过程中产生高噪声或强振动的污染源，督促施工单位按设计要求进行防治。在有声环境敏感目标的工程段，重点核查施工噪声排放情况，未经当地政府或其授权的部门同意，不得夜间施工。根据监测单位提供的施工场界和敏感点处噪声监测结果，按照《建筑施工场界环境噪声排放标准》（GB 12523—2011）、《声环境质量标准》（GB 3096—2008）判定声环境达标情况。

4. 固体废物

对一般固体废物堆放场选址及其临时贮存场地防渗情况进行核查，选址应位于居民区800m以外，地表水域150m以外，且避开易遭受洪水、滑坡、泥石流、潮汐等严重自然灾害影响区域，并且符合环评及其批复要求，应符合《一般工业固体废物贮存和填埋污染控制标准》（GB 18599—2020）的规定。

核查工程施工单位是否编制建筑垃圾处理方案，是否及时清运施工建筑垃圾，并按照环境卫生主管部门的规定进行利用或者处置。

核查施工单位是否存在擅自倾倒、抛撒或者堆放工程建筑垃圾的情况。

核查施工生活垃圾的临时储存场选址与建设情况、临时储存场防雨、防风及防渗漏措施的采取情况，以及是否在公路工程开工前完成并投入使用。

已列入《国家危险废物名录（2021年版）》以及经鉴定后属于危险废物的，应核查其储存场地防渗情况，防渗措施应符合《危险废物贮存污染控制标准》（GB 18597—2023）的规定。采取旁站或巡视方式，核实处置设施的建设和日常运行情况及清运台账。

5. 放射源

使用放射性同位素和加速器、中子发生器及含放射源和射线装置的项目，应在申请领取许可证前编制环境影响评价文件，经环境保护行政主管部门审查批准后，报环境总监备案，方可进入施工作业现场。使用含放射源的项目，应核查辐射防护措施的配备是否满足《电离辐射防护与辐射源安全基本标准》（GB 18871—2002）规定。应在环境监理日志中同步记录含放射源仪器设备使用人员、使用状况。发生放射源丢失、被盗和放射性污染事故时，应立即采取应急措施，将情况上报至环境总监和项目总监理工程师，并向公安部门、卫生行政部门和环境保护行政主管部门报告。

6. 生态

对大型临时工程、取弃土场、施工便道等临时用地，逐一核查位置选址及用地边界，根据征地文件判定是否存在乱挖乱弃、越界施工、超界占地等违规行为。巡视工程周边是否存在明显人为造成的植被破坏、动物猎杀现象，监督施工单位文明施工。巡视记录车辆是否存在用地边界外碾压农作物及其他植被现象，发现上述情况的应及时整改。对施工场地的水土流失状况进行核查，水土流失情况严重的，应通知施工单位立即进行整改。

（四）环境保护设施监理

1. 大气环境保护设施

巡视除尘装置的安装、运行，并保留相关影像资料。巡视房建区油烟净化装置的安装、运行，并保留相关影像资料。巡视施工过程中非道路移动机械采用燃油的品质，核查油品来源与品质达标情况。巡视施工现场工程机械和非道路移动源施工布置及班次运行情况，核查是否存在设备空转和冒黑烟现象。

2. 污水处理设施

按照污水分质分类处理原则，核查污水分质分类处理措施。核查污水管道、构筑物、污水处理设备的效能是否符合设计要求。巡视污水处理构筑物、配套设备的建设安装，旁站防渗措施的落实情况，并保留相关影像资料。污水循环利用不外排的，应核查污水循环利用设施参数和运行情况记录。污水纳入城市污水处理厂集中处理的，须核实水质与污水处理厂的纳管水质要求、处理工艺、富余处理量等参数的相符性，核查污水处理协议签订情况。

3. 声环境保护设施

巡视项目周围声环境保护目标与环评时期的变化情况。核实声屏障、隔声窗、降噪林带、消声器等降噪效果，分析其与环评及其批复的一致性。重点巡视因降噪而采用特殊设计（如采用低噪声路面材料、采取局部限速）路段的施工内容、措施落实情况。

4. 固体废物

核实固体废物处理设施防渗材料材质是否满足环评及其批复要求。巡视固体废物收集设施构筑物和设备安装，保留相关影像资料。自建机修场所的施工单位，重点核查废机油收集、贮存和处置措施，是否按危险废物的规定进行处置。

（五）突发环境事件应急措施监理

督促施工单位按照环评及其批复要求建立突发环境事件应急体系。突发环境事件应急体系应包含环境应急管理机构及人员组成，且应与区域联动；旁站环境风险防范设施隐蔽工程的建设；核实环境风险应急物资储备情况；督促施工单位开展环境风险应急演练。

（六）生态保护措施监理

核实建设项目涉及生态保护目标与环评时期的变化情况；旁站或巡视环境保护警示设施、动物通道、鱼类增殖站等的建设情况；调查工程取弃土场、砂石料场、施工营地、施工便道等的生态保护措施、生态恢复情况。

（七）合同管理

1. 暂停

在发生下列情况之一时，应由环境总监签发工程施工暂停通知单，要求施工单位暂时停工，并及时报告建设单位：环境污染防治设施、环境风险防范设施、生态环境保护措施不符合环评及其批复意见、施工图设计文件；施工过程造成较严重环境污染、生态破坏且未及时处理；施工单位拒绝服从环境监理项目管理部的管理，造成严重后果；施工过程中发生突发性环境污染事件；环境总监认为需要暂停的其他情况。

2. 复工

收到施工单位提交的复工申请后，环境监理工程师应对整改情况进行审核，审核通过后环境总监签发复工指令。

3. 变更

根据公路工程项目建设需要，按照以下方式实施变更：凡涉及环境保护设施、污染防治、生态保护措施的变更，应由建设项目各参建单位或运行单位提出；凡涉及环境保护设施、污染防治、生态保护措施的变更，环境监理项目管理部应出具意见，建设单位审查各相关单位的意见后，签署环境工程变更申请单。

4. 索赔、延期、违约

索赔、延期、违约等合同事项，按照以下方式处理：

（1）环境监理项目管理部应受理环境工程施工单位提交的费用索赔意向通知书，收集整理与索赔有关的资料，对索赔原因、费用测算等进行审核，编制费用索赔审核意见报告报工程监理单位和建设单位。建设单位因施工单位原因造成损失提出索赔，宜征求工程监理单位的意见。

（2）环境监理项目管理部应按合同约定，在工程监理单位授权的范围内核定价格调整和计日工。

（3）发生违约事件时，环境监理项目管理部应按规定协助工程监理单位进行调查分析、评估损失，提出处理意见。

三、试运营阶段监理

（一）资料收集

收集相关试运营资料，包括公路车流量、车型比、服务区和房建区容量、突发环境事件应急预案等。

（二）环保设施运营情况监理

巡视公路声环境保护设施是否维护保养适当，维护保养台账是否完善，根据声环境敏感点监测报告，判定噪声达标情况。巡视污水处理设施是否维护保养适当，维护保养台账是否完善，根据污水处理设施出水水质监测结果，判定污水处理达标情况。巡视大气环境保护设施是否维护保养适当，维护保养台账是否完善，根据排放废气的监测结果，判定废气排放达标情况。巡视固体废物的分类收集设施及清运台账，危险废物的委托处理协议及转移联单。

（三）突发环境事件应急措施监理

试运营阶段突发环境事件应急措施的监理内容主要包括：检查环境风险应急机构的设置和应急队伍的培训情况；检查应急物资的储备情况；检查保持事故池空置的机制是否建立；检查事故风险应急设施的标识标牌是否按要求安装。

（四）生态保护措施监理

核实和调查环评及其批复要求的生态保护措施落实情况，重点核查临时工程用地的生态恢复是否完成，督促拆除临时设施进行场地和植被恢复。

四、环境监测监理

（一）施工阶段和试运营阶段环境监测监理

应提示建设单位按计划组织实施环境监测监理工作。环境监测监理人员应见证监测采样过程，并在环境监理日志中予以记录。同时承担环境监理与环境监测工作的，环境监测宜按照相关规定执行。监督项目环境监测方案与环评及其批复及相关技术标准要求的符合性。根据环境监测结果，判定排污是否达标，给出进一步优化环境污染防治措施的建议。

（二）突发环境事件应急监测监理

环境监理项目管理部应根据突发环境事件发生情况，督促启动应急预案和开展环境监测。督查突发环境事件应急监测是否重点关注自然保护区、风景名胜区、饮用水水源保护区，居民集中区、医院、学校等环境敏感区域。

五、资料及管理

（一）资料内容

环境监理工作资料应包括：环境监理合同；环境监理实施方案；环境监理实施细则；施工期环境监测报告；环境监理报告；环境监理日志、表单；环境监理工作过程影像资料；其他与项目相关的资料。

（二）资料管理

环境监理项目管理部应按有关规定及环境监理合同约定，做好环境监理资料档案的管理工作。在监理服务期满后，对环境监理资料进行整编、归档，移交建设单位。

1. 公路工程环境监理准备阶段的工作包括哪些？
2. 公路工程环境监理施工阶段的工作包括哪些？
3. 公路工程环境监理试运营阶段的工作包括哪些？
4. 公路工程环境监理合同管理的措施包括哪些？
5. 公路工程环境监测监理的内容包括哪些？

项目九
公路环境质量监测

学习目标

1. 了解公路环境质量监测工作的意义；
2. 熟悉公路环境质量监测工作的流程；
3. 能准确描述公路施工期环境质量监测的主要内容和要求；
4. 能准确描述公路运用期环境质量监测的主要内容和要求。

公路由于建设线路长、工程影响范围大、工程周期长、施工机械及工艺复杂等原因，往往对环境和生态造成较大的影响，施工过程涉及路面、桥梁和隧道等主体工程，以及服务区、收费站、停车区等附属工程，公路施工过程容易产生水、大气、噪声、固体废物等环境污染问题，同时临时占地和永久占地会对生态环境造成破坏。为了准确掌握公路施工对环境质量和生态环境的影响，对高速公路施工期进行环境质量监测显得尤为重要。公路运营阶段服务区、收费站、停车区等附属设施产生的废水有可能对水体和生态环境造成影响，同时公路上行驶的车辆产生的噪声会对环境敏感点产生噪声污染，汽车运行产生的废气和摩擦产生的颗粒物等可能对大气环境和土壤环境造成一定的影响。为了准确掌握公路运营对环境质量和生态环境的影响，环境质量监测是必不可少的监控手段。

环境质量监测是交通运输行业环保监管的重要手段，开展公路施工期环境质量监测工作，可以有效地掌握高速公路施工对环境质量的影响程度，准确识别公路施工对周边自然生态环境的影响；在运营阶段开展环境监测可以及时监控和掌握污染治理设施的运行效果，促进污染治理设施有效运转，减少环境污染事故的发生，保护交通设施沿线生态环境，是建设绿色交通和生态文明的主要手段。本项目主要介绍高速公路施工期和运营期环境质量监测的相关内容，其他等级公路可参照执行。

任务一　公路施工期环境质量监测

公路施工期环境质量监测应秉承全面概括、布设合理、重点覆盖、方法可靠、代表性强、经济可行和质量保障的原则开展。监测点的设置应按照布设原则，综合各影响因素，选择具有代表性，能概括反映公路施工期环境影响问题。按要求编制公路施工期环境质量监测方案，再依据方案定期按点位开展监测，并应保证在正常施工状况下进行监测，同时宜对环境监测点位进行环境现状调查监测，以此结果作为环境背景值参考。环境质量监测结束后，应依据监测方案编制监测报告，客观、科学地评价公路施工对路线环境敏感点的影响情况，针对超标的点位，进行综合分析，提出切实可行的环境保护措施及建议。

一、水质监测

（一）监测断面设置

1. 基本要求

应选择高速公路跨越或伴行的河流、湖泊和水库等水体作为水环境质量监测对象。水样采集应分跨桥上、下游设置断面采集，在上游100m和下游100m处分别设置对照和控制断面水样，下游500～1000m设置衰减断面。

跨越饮用水水源地、自然保护区河流、天然产卵场、索饵场和越冬场等水域应作为必测断面，其他水环境监测点的选择应采用“专家打分法”筛选不低于70分的环境敏感点。若专家打分法的水环境敏感点均低于70分，可根据工程实际情况或分值最高的敏感点选择监测断面。若多次跨越同一河流，可合并为第一次跨越的上游和最后一次跨越的下游设置监测断面。宜根据工程实际情况以及环保投诉情况，调整监测断面数量。

若有对地下水有监测要求的公路施工项目，应按照《地下水环境监测技术规范》（HJ 164—2020）设置地下水环境监测点。监测断面可根据现场实际情况进行调整，若检测面上游、下游100m以内有排污口，应对排污口同时取水样进行监测。生活、生产废水的监测点，应根据排放情况设定。

2. 布点原则

水环境监测点布点原则采用专家打分法，具体为对各水环境敏感点影响因子进行属性确定，对不同属性确定分值，再根据实际情况打分，以此筛选水环境监测点。打分法的单项最高总分值为100分，各敏感点分值见表9-1。

高速公路水环境敏感点属性打分表　表9-1

序号	敏感点	桥梁大小			交通条件		水文属性（环境容纳量）			是否推荐点		兼顾性		多污染影响		得分（分）
		大	中	小	好	不好	大	中	小	是	否	是	否	是	否	
	分值	25	20	15	15	5	25	20	15	10	0	10	0	15	10	

（1）跨水桥梁的大小。

桥梁大小意味着施工时间长短和复杂程度，大型桥梁跨度较大，桥墩数量较多，作业时间长，对水体的污染时间长，污染更严重，应该重点考虑。桥的大小根据实际情况鉴定。

（2）采样断面的交通条件。

一般情况下桥面的采样都可实现，但按规范要求采样断面需在下游50～150m范围内（或大江大河在下游200～500m范围内）设置左、中、右垂线处，同时上游设置对照断面，某些交通条件是不可（或难以）进入的，此属性极大地影响着采样断面的设置，因此，交通条件便利的断面可优先设置为采样点。

（3）敏感点水文属性。

水环境敏感点的河宽、流速、水深和水期等都影响着水体的自净能力，各自有着大小不同的水环境容量。对于水环境容量较小的水点，在受到污染后，自净恢复能力差，影响持续时间长，故应优先考虑设置断面。

（4）是否为环评报告推荐的断面。

环评报告指导项目施工的环境保护工作，报告中提出的水环境监测点经过专家论证，如果敏感点属于环评报告设置的监测断面，则在编制施工期环境监测方案时充分考虑是否作为水环境监测点。

（5）兼顾性。

高速公路施工期环境监测工作主要涉及水、气和声三个方面。若水质采样断面附近同时是大气监测点或者噪声监测点，则应优先选择该点作为水环境监测点进行监测。

（6）多种污染源影响。

主要指桥上游是否有工业污染源或城、镇、村的生活污水和垃圾排放入水体。若有，须分不同断面进行监测，分清污染责任，故应设置水环境监测点。

（二）监测项目

（1）地表水监测项目：pH值、悬浮物（SS）、高锰酸盐指数（COD_{Mn}）或化学需氧量（COD_{Cr}）、溶解氧（DO）、石油类、氨氮、底质（选测），pH值和DO应现场监测。

（2）生产、生活废水监测项目：pH值，悬浮物（SS）、化学需氧量（COD_{Cr}），氨氮，五日生化需氧量（BOD_5），石油类和动植物油。

（3）环境影响评价文件及其批复中要求监测的项目。

（三）监测频次

水质监测频次见表9-2。

水质监测频次 表9-2

桥梁施工阶段	地表水监测频次	废水监测频次
桥墩基础施工	1次/月，分上、下游采集水样	1次/季度
桥柱施工	1次/2月，分上、下游采集水样	1次/季度
桥面施工	1次/季度，分上、下游采集水样	1次/季度

（四）监测方法

水质监测按照《地表水环境质量监测技术规范》（HJ 91.2—2022）、《地表水和污水监测技术规范》（HJ/T 91—2002）、《水质采样　样品的保存和管理技术规定》（HJ 493—2009）的有关规定执行。

二、大气监测

（一）监测点设置

1. 基本要求

应选择距离高速公路中心线两侧200m范围内具有代表性的环境敏感点作为大气监测点。若高速公路周边有自然保护区、风景名胜区和保护遗迹等，应适当扩大范围选择监测点。高速公路建设的施工预制场、挖方点、便道、拌和站、料场、取弃土场、桥梁施工点和爆破点，应根据施工情况设置大气监测点。沥青拌和、沥青生产设备的排烟监测，监测点位应设置在排烟筒出口。应采用“专家打分法”筛选不低于70分的环境敏感点作为代表性的大气监测点，若超过70分的大气环境敏感点分数接近并处于同一行政区划，应根据实际情况选取其中一个。若专家打分法的大气环境敏感点均低于70分，可根据实际情况选择敏感点。宜根据工程实际情况以及环保投诉情况调整监测点数量。

2. 布点原则

大气监测点布点原则采用专家打分法，具体为对大气环境敏感点影响因子进行属性确定，对不同属性确定分值，再根据实际情况打分，以此筛选监测点。打分法的单项最高总分值为100分，各敏感度分值见表9-3。

（1）敏感点的行政区域。

敏感点的行政区域属性决定着该区域对环境的要求标准。比如处于县城城区及集镇，需要重点监测，对于村庄则需综合考虑其他因素。

（2）敏感点所处地形条件。

敏感点所处地形分为平行、路上和路下三类，主要指敏感点与高速公路处于同一地面高度；敏感点在高速公路5m之上，具有山坡之势；敏感点在高速公路路面5m以下，处于被集中覆盖的条件。就空气质量监测而言，平行地形，大气污染物在空气中容易扩散；路上地形，大气污染物不易扩散至敏感点；但路下地形，大气污染物扩散集中至敏感点，可能对敏感点产生较大影响，需要重点监测。

（3）主导风向。

风对大气污染的扩散具有重要作用，风向影响污染物的扩散。由于一个地区主导风向是确定的，所以风向可作为一个指标来指示大气污染对敏感点的影响程度。对大气监测点设置而言，主导风向下风向的敏感点受到影响更大，需要重点考虑，其他风向的则作次要考虑。

高速公路大气敏感点属性打分表

表 9-3

序号	敏感点	行政区域		地形条件			风向			降水量			蒸发量			生态条件		
		城区/集镇	乡村	平行	路上	路下	上风向	下风向	其他	多	中	少	多	中	少	乔灌木丰富	乔灌木稀少	无
	分值	7	4	5	3	8	0	8	4	3	5	8	3	5	8	3	5	8

序号	敏感点	敏感点大小			距中心线距离 L			交通条件		现场条件		兼顾性		是否为推荐点		得分（分）
		大	中	小	$L \leqslant 50m$	$50m < L < 150m$	$L \geqslant 150m$	好	不好	好	不好	是	否	是	否	
	分值	15	10	5	15	10	5	5	0	5	0	8	4	5	0	

(4) 敏感点的降水情况。

一般高速公路穿越多个县市区，甚至穿越不同的省份，所经过的区域降水情况不同。降水对粉尘污染以及其他大气污染物都具有一定的稀释缓解作用。若高速公路同时跨越了几条年均降水量等值线，就空气污染因子而言，处于年均降水量较多区间的敏感点，扬尘情况能明显得到抑制；反之，处于年均降水量等值线较少区间的敏感点，则扬尘容易对周边敏感点生活造成较大影响。因此，年均降水量小的等值线区间应多设置大气监测点，反之，则少设置。

(5) 敏感点的蒸发量。

一个地区的干旱程度取决于该地的水分收支状况。某地是湿润还是干旱，要看该地湿润系数 K，其公式为 $K=P/E$，式中 P 为降水量，E 为蒸发量。K 大于等于 1 时，表明水分收入大于或等于支出，属于湿润状况；K 小于 1 时，反映水分收入不够支出，属于半湿润、半干旱或干旱。不同标段的敏感点上，越是蒸发量大的等值线区间内，敏感点越应考虑定为大气监测点，反之，则少设置。

(6) 敏感点的生态条件。

天然生态条件对于空气污染具有较好的吸收作用。若敏感点生态条件较好，乔灌木生长茂盛，则可一定程度减弱粉尘污染，随着空气飘散，大气污染物对敏感点的影响也降低；反之，生态条件较差，植被较少，一马平川，则对空气污染无任何阻挡作用，导致空气污染物直接影响敏感点，需要重点进行监测。生态条件分为乔灌木丰富、乔灌木稀少和无乔灌木三种情况进行赋分。

(7) 敏感点的大小。

敏感点的大小是对于大气监测点的选择十分重要。根据居住房屋（有人居住的房屋）数量来确定敏感点大小。有一些敏感点，如居民点为较大自然村或行政村所在村组，则居民点户数较多，居住房屋达到 50 栋以上，可作为大敏感点认定，10～50 户的可认定为中敏感点，小于 10 户的为小敏感点，通过大、中、小区分不同敏感点的大小。

(8) 距中心线的距离。

敏感点距线路中心线的距离越近，大气监测点越应优先考虑设置，可分三种距离考虑，分别是小于且等于 50m，大于 50m 且小于 150m，大于且等于 150m。

(9) 敏感点的交通条件。

沿线敏感点的交通条件有显著差异，环境监测车和监测人员能否或是否容易进出影响着大气监测点的确定，交通条件便利的敏感点优先设监测点。

(10) 敏感点现场条件。

敏感点现场能否找到较理想地安装仪器的平台和供电电源，农户是否愿意暂时管理仪器，酬金双方能否接受，均影响着大气监测点位的确定。

(11) 敏感点的兼顾性。

从监测工作上来说，如果能将大气监测点和噪声监测点重合监测，将大大减少监测工作量，前提是该点能同时反映大气污染和噪声污染的情况。所以若有敏感点存在兼顾性，则可优先选择作为大气监测点。

(12) 是否为推荐监测点。

环评报告书也会提出大气监测点，原则上应当毫无保留地将环评报告上推荐的监测点作为大气监测点来设置，但经研究和调查发现，环评单位所推荐的监测点常常依据不足，对定点缺乏充分论证，但提出的点位仍然具有一定的参考价值，所以在赋分时给予一定的分值。

（二）监测项目

（1）环境空气：总悬浮颗粒物（TSP）、可吸入颗粒物（PM10）、沥青烟、恶臭（选测）和细颗粒物（PM2.5，选测）。

（2）废气：颗粒物、沥青烟、恶臭（选测）。

（3）环境影响评价文件及其批复中要求监测的项目。

（三）监测频次

大气监测频次见表9-4。

大气监测频次 表9-4

施工工序	环境空气监测频次	废气监测频次
路基桥隧施工阶段	1次/月，每次3天	1次/季度，每次2天
桥柱施工	1次/2月，每次3天	1次/季度，每次2天
桥面施工	1次/季度，每次3天	1次/季度，每次2天

（四）监测方法

采样同时记录常规气象参数，监测按照《大气污染物综合排放标准》（GB 16297—1996）、《固定污染源排气中颗粒物测定与气态污染物采样方法》（GB/T 16157—1996）、《工业炉窑大气污染物排放标准》（GB 9078—1996）、《固定污染源排气中沥青烟的测定　重量法》（HJ/T 45—1999）、《大气污染物无组织排放监测技术导则》（HJ/T 55—2000）、《环境空气质量手工监测技术规范》（HJ 194—2017）、《恶臭污染环境监测技术规范》（HJ 905—2017）等相关规范进行。

三、噪声（振动）监测

（一）监测点设置

1. 基本要求

应选择距离高速公路中心线两侧200m范围内环境敏感点中具有代表性的环境敏感点作为噪声（振动）监测点。若周边有自然保护区和风景名胜区等，应适当扩大范围选择监测点。高速公路建设的施工预制场、挖方点、便道、拌和站、桥梁施工点、爆破点和已有道路，应根据实际情况设置噪声监测点。振动监测点设置应结合噪声监测点的情况，可从中选择受机械作业振动影响较大的点位进行监测。学校、医院、机关、科研单位、疗养院等敏感场所应作为必测点，其他噪声（振动）监测点的选择应采用“专家打分法”筛选不低于60

分的敏感点。若超过60分的噪声（振动）敏感点分数接近并处于同一行政区划，应根据实际情况选测其中一个。若专家打分法的噪声（振动）敏感点均低于60分，可根据实际情况选择敏感点。宜根据工程实际情况以及环保投诉情况调整监测点数量。

2. 布点原则

噪声（振动）监测点布点原则采用专家打分法，具体为对各噪声（振动）敏感点影响因子进行属性确定，对不同属性确定分值，再根据实际情况打分，以此筛选噪声（振动）监测点。打分法的单项最高总分值为100分，各敏感度分值见表9-5。

（1）敏感点的行政区域。

敏感点的行政区域属性决定该区域对环境的要求标准。比如处于县城及集镇，需要重点进行监测，对于村庄则需综合考虑其他因素。

（2）敏感点与高速公路路面高差。

由于架桥、填方和自然地形条件，往往高速公路路面与敏感点存在一定高差，根据实际情况，可分为零高差（路面与敏感点高差在正负1m以内），负高差和高差三种情况来区别敏感点与高速公路路面高差。根据噪声衰减原理，对三种高差情况赋分确定对敏感点的影响，负高差和高差情况的敏感点噪声都存在一定的衰减，相对零高差敏感点应优先考虑设置为监测点。

（3）敏感点的生态条件。

天然生态条件对于噪声（振动）传播具有一定的减弱作用。若敏感点生态条件较好，植被生长茂盛，乔木较多，植被郁闭度较高，则可使噪声得到明显衰减，有时候降噪效果明显超过声屏障，达到十几甚至几十分贝。根据植被的生长情况，将生态条件分为乔灌木丰富、乔灌木稀少和无乔灌木三种情况，进行赋分。

（4）敏感点的大小。

敏感点的大小对于噪声监测点的选择十分重要。本规范中根据居住房屋（有人居住的房屋）数量来确定敏感点大小。有一些敏感点如居民点为较大自然村或行政村所在村组，则居民点户数较多，居住房屋达到50栋以上，可作为大敏感点认定；10～50栋的可认定为中敏感点，小于10栋的为小敏感点，通过大、中、小很好地区分不同敏感点的大小。但对于医院、敬老院和学校等敏感点，本身由于保护性更强，则须比居民点更加重视。

（5）距中心线的距离。

敏感点距线路中心线的距离越近，噪声监测点越应优先考虑设置，可分三种距离考虑，分别是小于且等于50m，大于50m且小于150m，大于且等于150m。

（6）敏感点的交通条件。

高速公路穿越山体，建设涉及许多隧道。有些居民点处在山与山之间，交通不是十分便利，难以进入监测。所以沿线敏感点的交通条件有显著差异，环境监测车和监测人员能否或是否容易进出影响着噪声监测点的确定，交通条件便利的敏感点享有优先设点条件。

（7）敏感点的兼顾性。

从监测工作上来说，如果能将大气监测点和噪声监测点重合监测，将大大减少监测工作量，前提是该监测点能同时反映大气污染和噪声污染的情况。所以若有敏感点存在兼顾性，则可优先选择作为环境监测敏感点。

表 9-5

高速公路噪声（振动）敏感点属性打分表

序号	敏感点	行政区域		与路面高差			生态条件			敏感点大小		
		城区/集镇	乡村	负高差	高差	零高差	丰富	稀少	无	大	中	小
	分值	10	7	8	5	10	4	8	10	20	15	10

序号	敏感点	距中心线距离 L			交通条件		兼顾性		是否为推荐点		得分（分）
		$L \leq 50m$	$50m < L < 150m$	$L \geq 150m$	好	不好	是	否	是	否	
	分值	20	15	10	10	0	10	0	10	0	

（8）是否为推荐的监测点。

环评报告书会提出推荐噪声监测点位，原则上应当毫无保留地将环评报告上推荐的监测点作为噪声监测点来设置，但经研究和调查发现，环评单位所推荐的监测点依据不足，对监测点缺乏充分论证，但同时它还具有一定的参考价值，所以在赋分时给予一定的分值。

（二）监测项目

等效连续 A 声级，即 L_{Aeq}；铅垂向振动加权速度级，即 Z 震级。

（三）监测频次

监测频次见表 9-6，昼间、夜间各监测 1 次。

大气监测频次 表 9-6

施工工序	环境空气监测频次	废气监测频次
路基桥隧施工阶段	1 次/月，每次 2 天	1 次/月，每次 2 天
桥柱施工	1 次/季度，每次 2 天	1 次/季度，每次 2 天
桥面施工	1 次/季度，每次 2 天	1 次/季度，每次 2 天

（四）监测方法

噪声监测按照《建筑施工场界环境噪声排放标准》（GB 12523—2011）进行，振动监测按照《环境振动监测技术规范》（HJ 918—2017）进行。

四、生态环境监测

（一）监测点设置

选择高速公路中心线两侧 300m 范围内取弃土场和施工便道等临时用地，边坡、护坡、隧道口等生态恢复区域以及中央隔离带、服务区、停车区和收费站等景观绿化区域为生态环境监测对象。按照《生态环境状况评价技术规范》（HJ 192—2015）的规定，根据土地胁迫指数、取弃土场坡度、适时绿化率和生态保护度四个指标方法要求，开展监测点设置。某些施工路段，可能经过矿山，可适当布设土壤中重金属监测点位。

（二）监测项目

监测项目主要有土地胁迫指数、取弃土场坡度、适时绿化率和生态保护度；根据实际情况监测土壤中重金属。

（三）监测频次

根据施工工期进行分段监测，每个施工工序结束后监测一次，总体半年一次。

（四）监测方法

生态环境监测按照《生态环境状况评价技术规范》（HJ 192—2015）的有关照规范执行，土壤监测按照《土壤环境监测技术规范》（HJ/T 166—2004）、《土壤质量　土壤采样技术指南》（GB/T 36197—2018）的有关规定执行。

1. 公路工程施工期环境质量监测的流程是什么？
2. 公路工程施工期环境质量监测的内容有哪些？

任务二　公路运营期环境质量监测

高速公路运营期环境监测应以公路工程技术文件、环境影响评价报告及其审批文件等相关技术材料要求为依据。高速公路运营期环境监测应秉承全面概括、布设合理、重点覆盖、方法可靠、代表性强、经济可行和质量保障的原则开展。监测点的设置应按照布设原则，综合各影响因素，选择的点位和数量应客观，且具有代表性、经济可行，能概括反映高速公路运营期环境影响的问题。应根据高速公路运营期环境监测方案，定期按点位开展监测。环境监测结束后，应依据监测方案编制监测报告，客观、科学地评价高速公路运营对路线环境敏感点的影响情况，针对超标的点位，进行综合分析，提出切实可行的环境保护措施及建议。

一、水质监测

（一）监测点设置

应选择高速公路服务区、收费站和停车区等设有污水处理设施区域作为水质监测对象。应选择路线跨越的饮用水水源和自然保护区等区域重要水体进行水质监测，并按照水质采样技术规范要求设置监测断面。应根据路线车流情况择车流量较大的3～5个点位进行地表径流水监测。

（二）监测项目

（1）水处理设施监测项目：pH值、悬浮物（SS）、化学需氧量（COD_{Cr}）、五日生化需氧量（BOD_5）、石油类、动植物油、总磷、氨氮和粪大肠菌群、阴离子表面活性剂（选测）和磷酸盐（选测）。

（2）重要水体监测项目：pH值、悬浮物（SS）、高锰酸盐指数（COD_{Mn}）、溶解氧（DO）、石油类、总氮、总磷和氨氮。

(3) 地表径流监测项目：pH 值、悬浮物（SS）、高锰酸盐指数（COD_{Mn}）、溶解氧（DO）、总氮、总磷、氨氮和重金属铅、锌、氯离子（选测）、铜（选测）、镉（选测）、锰（选测）。

(三) 监测频次

水环境监测频次见表 9-7，重要水体监测频次应包含一个连续周期内的丰、平、枯水期。

水环境监测频次 表 9-7

水环境监测项目	水质采样监测频率
污水处理设施	1 次/半年，一次 2 天，分进水和出水口采集水样分析
重要水体	1 次/半年，一次 2 天，分上下游采集水样分析
地表径流	1 次/半年，一次 2 天，下雨时采集水样分析

(四) 监测方法

各指标监测方法应符合《污水综合排放标准》（GB 8978—1996）、《地表水和污水监测技术规范》（HJ/T 91—2002）、《水质采样 样品的保存和管理技术规定》（HJ 493—2009）的有关规定。

二、大气监测

(一) 监测点设置

应在长、特长隧道进出口 50m 以内区域设置大气监测点。应根据路线车流情况，选择车流统计较多的 3 ~ 5 个点位进行环境空气监测。高速公路服务区的入口或出口处应设置大气监测点。

(二) 监测项目

可吸入颗粒物（PM10）、CO、NO_X。以下项目可根据实际情况选择监测：总悬浮颗粒物（TSP）、细颗粒物（PM2.5）、SO_2。

(三) 监测频次

环境空气监测应每半年 1 次，每次监测 2 天。

(四) 监测方法

采样同时应记录常规气象参数，监测方法按照《大气污染物综合排放标准》（GB 16297—1996）、《环境空气质量手工监测技术规范》（HJ 194—2017）进行。

三、声环境监测

（一）监测点设置

1. 基本要求

应选择距离高速公路中心线两侧200m范围内环境敏感点中具有代表性的环境敏感点作为噪声监测点。若周边有自然保护区和风景名胜区等，应适当扩大范围选择监测点。

学校、医院、机关、科研单位、疗养院等敏感场所应作为必测点。其他噪声监测点的选择应采用“专家打分法”筛选不低于60分的敏感点，若超过60分的噪声敏感点分数接近并处于同一行政区划，应根据实际情况选测其中一个。若专家打分法的噪声敏感点均低于60分，可根据工程实际情况选择敏感点。环境影响评价文件要求采取降噪措施的敏感点应进行监测，监测比率不少于50%。宜根据环保投诉情况调整监测点数量。

2. 布点原则

声环境监测点布点原则采用“专家打分法”，具体为对各环境敏感点影响因子进行属性确定，对不同属性确定分值，再根据实际情况打分，以此筛选声环境监测点。打分法的单项最高总分值为100分，各敏感度分值见表9-8。

（1）敏感点的行政区域。

敏感点的行政区域属性决定该区域对环境的要求标准。比如处于县城及集镇，需要重点进行监测，对于村庄则需综合考虑其他因素。

（2）敏感点与公路路面高差。

实际有敏感点在公路路面之上、与公路路面平行、在公路路面之下三种情况，三种情况下噪声的衰减不同，进而对敏感点的影响也不同。因此需要对这三种情况进行界定，并赋予不同的分值，经过实际调查和工作经验，本规范以高差范围列出下表进行界定。敏感点与路面的高差大致分为三种，分别为小于且等于－5m，大于－5m且小于5m，大于且等于5m，其中敏感点地面高于路面时，高差取正值；敏感点地面低于路面时，高差取负值。

（3）敏感点的大小。

敏感点的大小对于声环境监测点的选择十分重要。有一些敏感点如居民点为较大自然村或行政村所在村组，则居民点户数较多，居住房屋达到50栋以上，可作为大敏感点认定，10～50栋的可认定为中敏感点，小于10栋的为小敏感点，通过大、中、小区分不同敏感点的大小。

（4）距中心线的距离。

敏感点距线路中心线的距离是声环境监测点选择的重要参考。一般可分三种距离考虑，分别是小于且等于50m，大于50m且小于150m，大于且等于150m。

（5）敏感点与路面之间有无屏障。

敏感点与路面之间存在声屏障、树林、土堆及建筑物等屏障，会大大降低交通噪声对敏感点的影响。

高速公路运营期声环境敏感点属性打分表

表 9-8

序号	敏感点	行政区域		与路面高差 H			敏感点大小			距中心线距离 L		
		城区/集镇	乡村	$-5m<H<5m$	$H\leqslant -5m$	$H\geqslant 5m$	大	中	小	$L\leqslant 50m$	$50m<L<150m$	$L\geqslant 150m$
	分值	10	7	10	8	5	20	15	10	20	15	10

序号	敏感点	有无屏障		敏感点朝向			兼顾性		得分（分）
		有	无	面向	背向	侧向	是	否	
	分值	20	10	10	4	7	10	0	

（6）敏感点的朝向。

敏感点建筑物相对公路的不同朝向对于声环境监测点的确定也有影响，可将敏感点建筑物朝向分为面向、侧向和背向三类。

（7）敏感点的兼顾性。

从监测工作上来说，如果能将噪声监测点与大气监测点和水监测点重合监测，将大大减少监测工作量，前提是该监测点能同时反映噪声、大气和水污染的情况。所以若有敏感点存在兼顾性则可优先选择作为环境监测敏感点。

（二）监测项目

等效连续 A 声级，即 L_{Aeq}。

（三）监测频次

声环境监测频次见表 9-9。

声环境监测频次 表 9-9

噪声监测项目	噪声监测频次
声环境监测点监测	1 次/半年，每次分昼间和夜间监测，测定 20min，同时记录车流情况
交通噪声 24h 连续监测	1 次/半年，连续 24h 监测
交通噪声衰减断面监测	1 次/半年，每次分昼间和夜间监测，测定 20min

（四）分析方法

声环境监测按照《建筑施工场界环境噪声排放标准》（GB 12523—2011）的方法进行。

四、生态环境监测

（一）监测点设置

应选择高速公路中心线两侧 300m 范围内取、弃土场等临时用地，边坡、护坡、隧道口等生态恢复区域以及中央隔离带、服务区、停车区和收费站等景观绿化区域为生态环境监测对象。可根据取、弃土场坡度和适时绿化率两个指标方法设置监测点。根据高速公路路线长短，设置土壤重金属监测点。50km 以下设置 2 个土壤监测点，50km 以上每增加 20km 增加一个土壤监测点，监测点设置在高速公路两侧 200m 范围内（包括农田）。

（二）监测项目

监测项目包括取、弃土场坡度和适时绿化率，土壤重金属铅、锌、铜、锰、镉。

（三）监测频次

生态环境监测应每 2 年 1 次。

（四）监测方法

土壤监测按照《土壤环境监测技术规范》（HJ/T 166—2004）、《土壤质量　土壤采样技术指南》（GB/T 36197—2018）的有关规定执行。

1. 公路工程运营期环境质量监测的流程是什么？
2. 公路工程运营期环境质量监测的内容有哪些？各自的监测频次为多少？

参考文献

[1] 李广涛,刘海英,张智鹏. 公路环境影响与保护[M]. 北京:人民交通出版社股份有限公司,2022.

[2] 杨仁斌. 环境质量评价[M]. 2 版. 北京:中国农业出版社,2016.

[3] 刘伟,邵超峰. 环境影响评价[M]. 北京:化学工业出版社,2023.

[4] 谢国莉. 环境监测[M]. 北京:化学工业出版社,2022.

[5] 张欣,徐洁. 环境分析与监测[M]. 2 版. 北京:化学工业出版社,2024.

[6] 张美珍,周德军. 公路工程检测技术[M]. 6 版. 北京:人民交通出版社股份有限公司,2019.

[7] 张池,潘兵宏. 道路勘测设计[M]. 6 版. 北京:人民交通出版社股份有限公司,2023.

[8] 付淑芳,郄彦龙. 公路工程经济[M]. 2 版. 北京:人民交通出版社股份有限公司,2021.

[9] 李克国. 环境经济学[M]. 4 版. 北京:中国环境出版集团,2021.

[10] 生态环境部. 中国噪声污染防治报告(2023 年)[J]. 环境保护,2023,51(18):58-66.

[11] 赵敏,许迪,李丽珍,等. 基于声功能区划的噪声污染防治对策研究:以五华区为例[J]. 环境工程,2023,41(S2):861-863.

[12] 王健,尚晓东,魏显威,等. 基于统计分析的交通噪声降噪目标值有效性研究[J]. 公路交通科技,2020,37(S2):30-35.

[13] 周勇. 绿色公路理念下的高速公路环境保护关键技术探究——以潮(州)-惠(州)高速公路 A3 合同段为例[J]. 中外公路,2019,39(1):303-306.

[14] 宋联杰. 高速公路项目全生命周期的水环境保护效果评价研究[J]. 环境工程,2023,41(S2):794-799.

[15] 吴琼,张晓峰,陈兵. 公路建设项目全过程环境管理探讨[J]. 公路,2023,68(1):349-353.

[16] 华开成,王笑,王健,等. 生态组合措施下公路径流污染物减除效果研究[J]. 公路交通科技,2022,39(S2):327-332.

[17] 李明亮,袁旻忞,程珊珊,等. 公路网建设对湿地生态影响研究综述[J]. 公路交通科技,2022,39(S2):310-318.

[18] 赵溦,刘欢,张东,等. 生态敏感区公路施工期水污染处理与雨洪管理技术[J]. 公路交通科技,2022,39(S2):319-326.

[19] 杨凯吕,李瑞娇,强蓉蓉,等. 基于"低碳 + 地域性"理念的高速公路路域景观设计探索[J]. 公路交通科技,2022,39(S2):359-363.

[20] 韩富庆,娄健,曾思清,等. 基于绿色设计新理念的山区高速公路设计实践[J]. 公路交通

科技,2020,37(S2):46-50.

[21] 韩善剑,邢智.绿色公路新理念在海南省公路规划设计和建设中的应用[J].中外公路,2020,40(3):323-325.

[22] 孙春虎,谢展,袁福银.探究绿色环保技术在高速公路施工中的应用[J].公路,2020,65(6):252-254.